Mikroprozessortechnik

Eine Einführung mit dem M6800-System

Von Dr. rer. nat. Herbert Tholl
Professor an der Fachhochschule Hamburg

Mit 86 Bildern, 33 Tafeln und 16 Beispielen

B. G. Teubner Stuttgart 1982

CIP-Kurztitelaufnahme der Deutschen Bibliothek

Tholl, Herbert:
Mikroprozessortechnik : e. Einf. mit d. M 6800-
System / von Herbert Tholl. – Stuttgart :
Teubner, 1982.
ISBN 978-3-519-06114-4   ISBN 978-3-322-92786-6 (eBook)
DOI 10.1007/978-3-322-92786-6

Satz: Schwetzinger Verlagsdruckerei GmbH, Schwetzingen

Umschlaggestaltung: W. Koch, Sindelfingen

Vorwort

Die Elektronik und hier besonders die Halbleiterelektronik hat sich in den vergangenen zwei Jahrzehnten derart atemberaubend schnell entwickelt wie kein anderer Bereich der Technik. Vorangetrieben durch neue Forschungsergebnisse der Festkörperphysik und durch eine sich ständig verbessernde Halbleitertechnologie, gelang es, eine immer größere Anzahl von Schaltkreisen auf einem einzigen Halbleiterkristall zu integrieren. Diese Entwicklung gipfelte schließlich in den höchstintegrierten Chips, den VLSI-Bausteinen, bei denen auf wenigen mm^2 Fläche bis zu 10^5 Transistorfunktionen integriert werden können. Verwendet wird derzeit meist die NMOS- oder CMOS-Technologie. Bei dieser VLSI-Technik (Very Large Scale Integration) kann jedoch die Komplexheit einer solchen Schaltung ihre Anwendbarkeit sehr einschränken, so daß dann ihre hohen Herstellungskosten nicht mehr zu rechtfertigen sind. Gerade im Bereich der Digitaltechnik können die Anforderungen an Steuerungsschaltungen so unterschiedlich sein, daß sie i. allg. von einem komplexeren VLSI-Steuerungsbaustein nicht abgedeckt werden können.

Ein Ausweg aus dieser Sackgasse wurde mit dem Mikroprozessor gefunden. Unter Anwendung der aus der Computertechnik seit langem bekannten Prinzipien, wurde die Struktur einer vollständigen Rechner-Zentraleinheit (Central Processing Unit CPU) auf einem einzigen VLSI-Chip integriert. Dieser erfolgreiche Weg wurde beginnend beim (4-Bit)-Prozessor über den (8-Bit)-Prozessor bis hin zum (16-Bit)-Prozessor weiter beschritten, so daß dem modernen Digitaltechniker derzeit universell programmierbare Steuerungsbausteine (Prozessoren) von höchster Effizienz zur Verfügung stehen. In digitalen Schaltungen sind diese Prozessoren die zentralen Schaltstationen, in denen alle logischen und arithmetischen Entscheidungen gefällt und über die i. allg. auch alle Datentransporte abgewickelt werden.

Kompatibel zu den Prozessoren bieten die Halbleiterhersteller weitere VLSI-Bausteine an, wie ROM-, PROM-, EPROM- und RAM-Speicher, in denen Steuerungsprogramme und Daten abgelegt werden können. Hinzu kommen Ein-/Ausgabebausteine, die durch Programmierung nahezu jedem Anwendungsfall anpaßbar sind. Um moderne digitale Steuerungen zu entwickeln, muß der Digitaltechniker deshalb z. T. völlig neue Wege beschreiten. Einerseits muß er sein Steuerungssystem (Hardware) unter Benutzung eines geeigneten Prozessors und weiterer dazu passender Speicher-, Ein-/Ausgabe- und Sonderbausteine zu einem Mikrorechner zusammenstellen, und andererseits muß er das erforderliche Steuerungsprogramm (Software) aufstellen und in den Programmspeicher dieses Mikrorechners laden.

Ziel dieses Buches ist es, die mit diesen Aufgaben verbundenen Probleme den Studenten von Technischen Universitäten und Fachhochschulen, aber auch den in der Praxis tätigen Ingenieuren und Technikern in lehrbuchartiger Form darzustellen. Um dabei mit möglichst konkreten Beispielen arbeiten zu können, wurde hierfür die M6800-Mikroprozessor-Familie von Motorola benutzt. Diese Familie enthält alle für den Aufbau von Mikrorechnern wichtigen VLSI-Bausteine, die hervorragend aufeinander abgestimmt und aufgrund ihrer klaren Architektur auch für die Lehre sehr gut geeignet sind. So wie die moderne Digitaltechnik heute eine Mischung aus Hard- und Software ist, so besteht auch dieses Buch aus einer Mischung von Hard- und Software, wobei auf der Hardware-Seite dem Timing und auf der Software-Seite dem Initialisieren von Ein-/Ausgabe- und Controller-Bausteinen besondere Aufmerksamkeit gewidmet wurde. Programme werden grundsätzlich in der von Motorola entwickelten Assembler-Sprache unter weitgehender Verwendung symbolischer Adressen geschrieben. Dem Aufbau und der Syntax dieser Sprache wurde deshalb der Abschn. 3 gewidmet.

Der Leser dieses Buches sollte Grundkenntnisse der Digitaltechnik besitzen, insbesondere sollten ihm die Methoden der Schaltungsalgebra bekannt sein. Um zügig mit der eigentlichen Mikroprozessortechnik beginnen zu können, wird für diejenigen Leser, denen die duale und hexadezimale Zahlendarstellung noch neu ist, im Anhang eine Zusammenstellung der damit verbundenen Probleme geboten. Ebenfalls sind dort die wichtigsten BCD-Codes und der alphanumerische ASCII-Code zu finden.

Der Verfasser dankt dem Verlag für das verständnisvolle Eingehen auf seine Wünsche und für die hervorragende Ausstattung des Buches.

Hamburg, im Frühjahr 1981   Herbert Tholl

Inhalt

5 Speicherbausteine

        5.3.1.1 Statische NMOS-RAM-Zelle.   5.3.1.2 Statische CMOS-RAM-Zelle.   5.3.1.3 Speicheraufbau mit statischen RAMs

        5.3.2.1 Dynamische NMOS-RAM-Zelle.   5.3.2.2 Aufbau dynamischer RAMs.   5.3.2.3 Auffrischen.   5.3.2.4 Ansteuerung dynamischer RAMs

6 Entwurf einer digitalen Schaltung mit Mikroprozessor

        6.1.1.1 Treppenverfahren.   6.1.1.2 Wägeverfahren

        6.1.2.1 Adressierung.   6.1.2.2 Externe Hardware

        6.1.3.1 Programmierung des Treppenverfahrens.   6.1.3.2 Programmierung des Wägeverfahrens

7 Anhang

1 Einführung

Durch die ständige Verbesserung der Halbleitertechnologien hat in den letzten 10 Jahren die Entwicklung hoch- und höchstintegrierter Schaltkreise einen stürmischen Verlauf genommen – und ein Ende dieser Entwicklung ist derzeit noch nicht abzusehen. Die Integration von immer mehr Transistorfunktionen auf einen einzigen Siliziumchip führte zunächst zu spezielleren Schaltungen, deren Verwendung nicht universell genug war, um große Stückzahlen und damit günstige Herstellungspreise sicherzustellen.

Mit der Einführung des Mikroprozessors änderte sich – zumindest für die Digital- und Computertechnik – dieser Zustand grundlegend. Als universell einsetzbarer Steuerungsbaustein bildet er die zentrale Intelligenz von Mikrorechnern, die in zunehmendem Maße in der Digital- und Regelungstechnik die herkömmlichen digitalen und analogen Schaltkreise ersetzen.

Als standardisierter universeller Steuerungsbaustein – ergänzt durch weitere hochintegrierte Speicher- und Ein-/Ausgabebausteine – ersetzt er mehr und mehr die klassischen, aus logischen Gattern und Flipflops aufgebauten, digitalen Steuerungsschaltungen. Der Vorteil liegt in der Verwendung weniger, kostengünstiger LSI-Schaltkreise (LSI Large Scale Integration) und in der damit verbundenen Erhöhung der Zuverlässigkeit. Hinzu kommt eine bessere Flexibilität bei Anpassung der Schaltung an geänderte Steuerungsrderungen. Während bei der klassischen Digitalschaltung geänderte Steuerungsabläufe nur durch z. T. erhebliche Veränderung der Schaltung, also durch Eingriffe in die Hardware, erreicht werden können, ist dies in der mikroprozessorgesteuerten Digitalschaltung meist durch Änderung des im Speicher hinterlegten Steuerungsprogramms, also durch Änderung der Software, möglich.

Mit dem Mikroprozessor werden für den Aufbau digitaler Steuerungsschaltungen die Verfahren der Computertechnik eingeführt. Der Unterschied zu den schon seit mehr als zwei Jahrzehnten arbeitenden größeren Rechenanlagen ist nur gradueller Art. Während der mit einem Mikroprozessor arbeitende Mikrorechner in einer kleineren digitalen Schaltung stets dasselbe Steuerungsprogramm abarbeitet, wird ein Großrechner von den wechselnden Benutzern mit ständig neuen Rechenprogrammen geladen. Die größere Leistungsfähigkeit der Großrechner wird einerseits durch eine den Anforderungen angepaßte umfangreiche Bedienungsperipherie und andererseits durch die Verarbeitung größerer Datenformate erreicht. Gegenüber Mikrorechnern, die Datenworte von 4 bis 16 Bit parallel, also gleichzeitig, verarbeiten, arbeiten Großrechner mit Datenformaten von 24 bis 64 Bit.

Die Herstellung von Mikroprozessoren und ihrer Ergänzungsbausteine in großen Stückzahlen reduzierte ihre Kosten derart, daß ihre Anwendung auch in billigeren elektronischen Geräten möglich wurde. Infolge dieses breiten Marktes werden heute Mikroprozessoren von vielen Halbleiterherstellern angeboten, die entsprechend unterschiedliche Marktverbreitung gefunden haben. Der Schaltungsentwickler sollte deshalb darauf achten, einen im Markt breit eingeführten Prozessor zu verwenden, der zudem noch eingebettet sein sollte in eine zum System passende Familie von ergänzenden Bausteinen. Ein solches geschlossenes Bausteinsystem ist die M6800-Familie von Motorola. Wegen ihrer klaren inneren Struktur sind die Prozessoren dieser Familie zudem sehr gut dafür geeignet, in das Gebiet der Mikroprozessortechnik einzuführen. Unter Verzicht auf die Darstellung aller derzeit auf dem Markt befindlichen Prozessoren – die ohnehin den Rahmen eines Buches sprengen würde – werden wir deshalb die Mikroprozessortechnik anhand der M6800-Mikroprozessor-Familie behandeln.

1.1 Struktur eines Mikrorechners

Im Rahmen einer digitalen Steuerungsschaltung hat ein Mikroprozessor folgende Aufgaben zu erledigen: Mit dem in einem Programmspeicher hinterlegten Arbeitsprogramm soll er die Eingangssignale, die in den zu steuernden Prozeß eingebaute Sensoren liefern, verarbeiten und daraus Ausgangssignale erzeugen, die über geeignete Stellglieder den Prozeß in geeigneter und gewünschter Weise beeinflussen. In einer solchen Regelungsschleife arbeitet die Mikroprozessor-Steuerungsschaltung als sogenannter DDC-Regler (Direct Digital Control). Eingangssignale müssen also digitale Signale sein bzw. der Mikroprozessor muß sie mit Analog-Digitalwandlern in solche umformen. Ausgangssignale sind ebenfalls digitale Signale und müssen, sofern sie nicht wie bei der Ansteuerung von Relais, Schrittmotoren oder digitalen Anzeigen direkt als solche verwendet werden, über Digital-Analogwandler in analoge, also in spannungs- oder stromproportionale Signale zurückgewandelt werden.

So verschieden in den unterschiedlichen Anwendungen die Eingangs- und Ausgangssignale, und so verschieden die Programme auch sein mögen, nach denen die Eingangssignale verarbeitet und daraus die Ausgangssignale erzeugt werden, so ähnlich ist jedoch die innere Struktur der Mikroprozessor-Steuerungsschaltung in den verschiedensten Anwendungsfällen. Diese grundsätzliche Hardware-Struktur des Mikrorechners ist in Bild 1.1 dargestellt. Die Blockschaltung besteht aus einigen wenigen hochintegrierten (VLSI) Halbleiterbausteinen, die an ein gemeinsames Bussystem, den Rechnerbus, angeschlossen sind. Ist die Steuerung in Betrieb, sendet die MPU (Micro Processing Unit) über den Adreßbus die Adresse derjenigen ROM-Speicherzelle (ROM Read Only Memory) aus, die den nächsten zu bearbeitenden Befehl enthält. Über den Datenbus wird der Befehl gelesen. Abhängig von der Komplexität des Befehls können für dieses Holen des Befehls (fetch-Phase) 1 bis 3 solche Lesevorgänge erforderlich sein, d. h., es müssen die Inhalte von 1 bis 3 aufeinanderfolgenden Speicherzellen gelesen werden. In der Ausführungsphase wird dieser Befehl gemäß seiner Vorschrift durchgeführt. Abhängig von der Befehlsvorschrift können dabei z. B. Daten über den Peripheren Interface-Adapter (PIA) ein- oder ausgegeben werden. Hierzu adressiert die MPU wiederum über den Adreßbus den gewünschten Ein-/Ausgabebaustein und übergibt diesem (store) oder holt von diesem (load) die Daten über den Datenbus. Der PIA-Baustein vermittelt dann die Durchkopplung zu oder von der externen Schaltung.

In gleicher Weise arbeitet der Prozessor, wenn Daten in eine RAM-Speicherzelle (RAM Random Access Memory) geschrieben (store) oder aus dieser gelesen (load) werden. Mikrorechner der M6800-Familie führen also Datentransporte in Ein-/Ausgabebausteine oder in Speicherzellen mit den gleichen Befehlen und nur mit entsprechend unterschied-

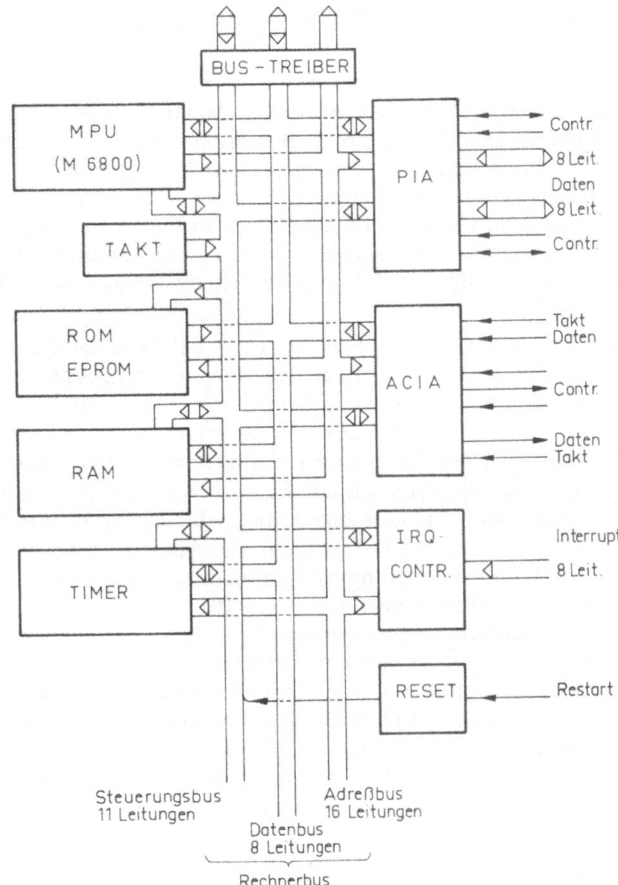

Bild 1.1 Blockschaltung eines Mikrorechners
MPU Mikroprozessor, ROM Read Only Memory, RAM Random Access Memory, TIMER programmierbarer Zeitgeber, PIA Peripherer Interface-Adapter, ACIA Asynchroner Communikations-Interface-Adapter, IRQ-CONTR. Prioritäts-Interrupt-Steuerung

lichen Bausteinadressen durch. Dies ist eine Besonderheit des Motorola-Systems, welche wesentlich zur Vereinfachung der Hardware-Struktur beiträgt. Für die Ausführung des Befehls notwendige Steuerungssignale werden den Bausteinen über den Steuerungsbus zugeführt. Z. B. wird über die Steuerungsleitung Read/Write mit R/W = 1 ein Lesevorgang und mit R/W = 0 ein Schreibvorgang in den angeschlossenen und adressierten Modul ausgeführt.

Neben der MPU, häufig auch CPU (Central Processing Unit) genannt, deren Arbeitsrhythmus von einem Taktbaustein festgelegt wird, enthält der Mikrorechner je nach Programmlänge eine entsprechende Anzahl von Halbleiter-Permanentspeicherbausteinen, die entweder herstellerseitig bereits fest programmiert sind (ROM) oder als EPROM (Erasable Programmable Read Only Memory) vom Anwender selbst programmiert und auch wieder gelöscht werden können. Hinzu kommt eine den Erfordernissen angepaßte Anzahl von Schreib-/Lesespeicher-Bausteinen (RAM), in denen der Prozessor während des Programmlaufs Daten zwischenspeichern kann. Diese RAMs dienen also als „Merkzettel" (engl. scratch pad) des Prozessors.

Für die Aus- und Eingabe von Daten dienen die Ein-/Ausgabebausteine. Der PIA ist ein peripherer Interface-Adapter, der programmierbar als Ein- oder als Ausgabebaustein wirken kann und über den die Daten im Parallelformat, d. h. hier auf 8 Leitungen gleichzeitig, aus- oder eingegeben werden können. Der ACIA (Asynchronous Serial Communications Interface Adapter) wird für die Ein- und Ausgabe der Daten im seriellen Format, also beim Datentransfer auf einer Leitung zeitlich nacheinander, verwendet. Meist wird er für den Anschluß seriell arbeitender Fernschreiber (TTY) oder Drucker verwendet.

Bei der Steuerung von Prozessen ist es häufig erforderlich, nach bestimmten Zeitintervallen Eingangssignale abzuholen oder Ausgangssignale auszugeben. Hierfür ist der Anschluß eines programmierbaren Zählerbausteins (TIMER) zweckmäßig. Er stellt, versorgt vom Prozessortakt oder von einem externen Taktsignal, eine unabhängige Uhr dar, die nach den festgelegten Zeitintervallen eine Meldung abgibt und dadurch den Prozessor an die erforderliche Ein- oder Ausgabe „erinnert". Bei der Steuerung von Prozessen kann es jedoch auch kritische Steuerungsphasen geben, in denen ein möglichst schneller Eingriff des Prozessors in das externe Prozeßgeschehen notwendig wird. Das gerade laufende Steuerungsprogramm muß dann unterbrochen werden. Der Prozeß sendet eine Unterbrechungsanforderung IRQ (Interrupt **Request**) aus. Sind mehrere Unterbrechungsanforderungen gleichzeitig möglich, so muß nach einer vorher festgelegten Prioritätsliste der IRQ mit der höchsten Priorität den Prozessor zuerst erreichen, das laufende Programm des Prozessors unterbrechen und ein Programm starten, welches die Interrupt-auslösende Ursache beseitigt. Die Ankopplung dieser IRQs kann über einen Interrupt-Controller erfolgen.

Schließlich ist in Bild **1**.1 noch ein RESET-Modul vorgesehen, der beim Einschalten der Steuerung oder auf Tastendruck den Mikrorechner an den Beginn seines Steuerungsprogramms führt. Soll bei größeren Systemen eine größere Anzahl von Speicher- und Ein-/ Ausgabebausteinen angeschlossen werden, so ist es aus Belastungsgründen meist notwendig, Bustreiber in den Rechnerbus einzufügen. Diese müssen beim Datenbus bidirektional und beim Adreßbus nur unidirektional sein, d. h., der Signalfluß muß entweder in beide Richtungen möglich sein oder braucht nur in eine Richtung zu erfolgen.

In den folgenden Abschnitten werden wir die in Bild **1**.1 verwendeten Halbleitermodule im Detail behandeln und dabei kennenlernen, wie sie anzuschließen, zu adressieren und zu programmieren sind.

1.2 Die M6800-Mikroprozessorfamilie

Aufbauend auf der Grundstruktur des Mikroprozessors MC6800 wurden von Motorola weitere Prozessoren entwickelt. Dabei sind zwei Entwicklungsrichtungen zu beobachten: Die erste Entwicklung führt hin zum S i n g l e - c h i p - M i k r o r e c h n e r, d. h., in dem Bestreben, preisgünstigere Hardware-Schaltungen zu ermöglichen, wurden immer mehr Bausteine, die für den Aufbau des Mikrorechners nach Bild **1**.1 erforderlich sind, direkt auf dem Prozessor-Chip integriert. Diese Prozessorbausteine, die in ihrer Struktur z. T.

Tafel 1.2 Vergleichstabelle der auf der Basis des MC6800-Prozessors zum Mikrorechner hin erweiterten Prozessoren

Prozessor-typ	Takt-versorg.	RAM	ROM	EPROM	Ein-/Ausgabe-Ports	Timer	Befehlssatz
MC6800	ext.	ext.	ext.	ext.	ext.	ext.	–
MC6808	int.	ext.	ext.	ext.	ext.	ext.	wie MC6800
MC6802	int.	128 Byte int.	ext.	ext.	ext.	ext.	wie MC6800
MC6803	int.	128 Byte int.	ext.	ext.	intern 1 Port 8 Leitungen 1 Port 5 Leitungen 1 serieller Port	int. (16 Bit)- Timer	wie MC6800 geringfügig erweitert
MC6801	int.	128 Byte int.	2 k Byte int.	ext.	intern 3 Ports 8 Leitungen 1 Port 5 Leitungen 1 serieller Port	int. (16 Bit)- Timer	wie MC6800 geringfügig erweitert
MC68701	int.	128 Byte int.	ext.	2 k Byte int.	wie MC6801	int. (16 Bit)- Timer	wie MC6801

schon vollständige Mikrorechner sind, sind zusammen mit dem Grundprozessor MC6800 in Tafel 1.2 dargestellt. Dabei bedeutet in Tafel 1.2 die Bezeichnung ext., daß der betreffende Baustein (z. B. ein RAM) nicht auf dem Prozessor-Chip mit integriert ist. Ist er mit int. gekennzeichnet, so ist er auf dem Prozessor-Chip enthalten.

Hat der Grundprozessor MC6800 keine Sonderbausteine „an Bord", so besitzt der MC6808 bereits eine eigene Takterzeugung, an die nur noch ein 4 MHz Schwingquarz angeschlossen zu werden braucht. Der MC6802 hat bereits zusätzlich ein (128 Byte)-RAM an Bord (1 Byte = 8 Bit), so daß in einfachen Steuerungen kein zusätzlicher RAM-Modul mehr benöigt wird. Der MC6803 enthält wiederum zusätzlich 2 parallele und einen seriellen Port und einen (16 Bit)-Timer. Vollständige Mikrorechner sind schließlich die Typen MC6801 und MC68701, wobei der letztere den Vorteil aufweist, ein EPROM als Programmspeicher auf dem Chip zu haben, was ihn wegen der dann möglichen Wiederprogrammierbarkeit für Entwicklungsaufgaben besonders geeignet macht.

Ein weiterer sehr kostengünstiger Mikrorechner in Single-chip-Ausführung ist der

MC6805   mit 28 Gehäuseanschlüssen bzw. der
MC146805 mit 40 Gehäuseanschlüssen.

Die Prozessoren dieser Single-chip-Mikrorechner weisen jedoch nicht die Struktur des MC6800-Prozessors auf. Sie enthalten ebenfalls Taktversorgung, RAM, ROM, Timer und eine unterschiedliche Anzahl von Ein-/Ausgabe-Ports an Bord. Ihr Befehlssatz unterscheidet sich jedoch von dem des MC6800.

Die zweite Entwicklungsrichtung läuft hin zu immer leistungsfähigeren Single-chip-Pro-
zessoren. Motorolas Vertreter dieser Entwicklungsrichtung sind die beiden Prozessoren

MC6809,   ein leistungsfähiger (8 Bit)-Prozessor, und

MC68000, der wohl derzeit leistungsfähigste (16 Bit)-Prozessor.

Während für die in Tafel **1**.2 aufgeführten Prozessoren der Befehlssatz des MC6800-
Prozessors Gültigkeit hat, ist dies für diese leistungsfähigeren Folgetypen nicht mehr der
Fall. Ihre größere Leistungsfähigkeit beruht auf der vergrößerten Taktfrequenz, dem
erweiterten Befehlssatz, der wesentlich größeren Anzahl von Adressierungsarten und
beim MC68000 der Verarbeitung von (16 Bit)-Datenformaten. Allerdings wurden bei
der Erweiterung des Befehlssatzes so weit möglich auf Aufwärts-Kompatibilität geachtet, so daß gleiche Befehle gleich codiert sind. Für die Einführung in die Mikroprozessortechnik sind sie wegen dieser erhöhten Komplexität nicht so gut geeignet. Wir werden
deshalb im folgenden die Mikroprozessortechnik mit dem MC6800 und seinen verwand-
ten Typen durchführen.

2 Der Mikroprozessor MC6800

Eine nach dem Prinzip des Digitalrechners aufgebaute digitale Steuerung besitzt als zentrale Kommando- und Entscheidungszentrale einen Prozessor – die CPU (Central Processing Unit). Ist die gesamte hierfür erforderliche digitale Schaltung auf einem einzigen Silizium-Chip in hochintegrierter Technik (LSI: Large Scale Integration) aufgebracht, so bezeichnet man diesen Prozessor als Mikroprozessor (MPU: Micro Processing Unit).

2.1 Wortlänge und Befehlsformat

Die von der MPU auszuführenden Befehle – das Programm – sind in dem Arbeitsspeicher, der aus ROM-, EPROM- und/oder RAM-Modulen bestehen kann, abgelegt. In ROM oder EPROM-Modulen sind aber auch feste Parameter und in RAM-Modulen veränderbare Daten hinterlegt. Sowohl die Befehle als auch die Parameter und Daten werden über den Datenbus von den Speichermodulen zum Prozessor übertragen. Ein wesentliches Merkmal eines Mikroprozessors und damit des gesamten Mikrorechners ist es deshalb, wieviel Bit eines Daten- oder Befehlswortes gleichzeitig auf entsprechend vielen Leitungen des Datenbusses vom Speicher zum Prozessor oder bei Datenworten vom Prozessor zum Speicher transportiert werden.

Datenbus Der MC6800-Mikroprozessor hat eine Datenbusbreite von 8 Leitungen. Alle mit ihm zusammenarbeitenden Speicher oder Ein-/Ausgabebausteine müssen deshalb so organisiert sein, daß sie gleichzeitig 8 Bit = 1 Byte aufnehmen oder beim Lesen ausgeben können. Die wichtigen Datenregister des Prozessors – die Akkumulatoren (s. Abschn. 2.2.2) – können ebenfalls 8 Bit aufnehmen.

Diese parallele Übertragung von 8 Bit ist typisch für die Mikroprozessoren der mittleren Leistungsklasse. Sehr einfache Systeme verwenden hierfür einen Datenbus mit nur 4 Leitungen. Leistungsfähigere Prozessoren wie der MC68000 übertragen dagegen 16 Bit gleichzeitig und in Großrechnern können bis zu 64 Bit gleichzeitig übertragen werden.

Bei einer Wortlänge von 8 Bit können meist nicht alle für die Ausführung eines Befehls erforderlichen Informationen gleichzeitig übertragen werden. Wir unterscheiden deshalb

(1 Byte)-Befehle. Die gesamte für die Ausführung des Befehls erforderliche Information kann mit 8 Bit = 1 Byte codiert und somit durch das Lesen eines Bytes aus dem Speicher dem Prozessor zur Verfügung gestellt werden.

(2 Byte)-Befehle. Das erste Byte des Befehls enthält den Befehlscode (operation code) und das zweite Byte einen Operanden. Dieser kann ein Datenwort oder eine Adresse sein.

(3 Byte)-Befehle. Das erste Byte enthält wiederum den Befehlscode, das zweite und dritte Byte einen (2 Byte = 16 Bit)-Operanden, der ebenfalls ein Datenwort oder eine Adresse sein kann.

Die MC6800-MPU liest also ihre Befehle Bit-parallel und Byte-seriell.

Adreßbus Die MC6800-MPU besitzt einen aus 16 Leitungen bestehenden Adreßbus. Mit $n = 16$ Adreßbits lassen sich

$$N = 2^n = 2^{16} = 65\,536 = 64 \cdot 1024 = 64\,\text{k}$$

verschiedene Speicherzellen adressieren. Hierbei ist in Analogie zur dezimalen Quantität $1\,\text{k} = 1000$ in der mit dem Dualsystem arbeitenden Computertechnik

$$1\,\text{k} = 2^{10} = 1024$$

definiert worden. In der Mikroprozessortechnik werden Adressen jedoch nicht im Dezimalsystem angegeben sondern im Dualsystem bzw. dessen „Kurzschrift", dem Hexadezimalsystem (s. im Anhang Abschn. 7.7). In dieser dualen bzw. hexadezimalen Darstellung sind mit $n = 16$ Adreßbits die Speicherzellen

dual					hexadezimal		dezimal
0000	0000	0000	0000	=	0000	=	0
0000	0000	0000	0001	=	0001	=	1
0000	0000	0000	0010	=	0002	=	2
⋮	⋮	⋮	⋮	⋮	⋮	⋮	⋮
1111	1111	1111	1101	=	FFFD	=	65533
1111	1111	1111	1110	=	FFFE	=	65534
1111	1111	1111	1111	=	FFFF	=	65535

adressierbar. Für jede duale Viergergruppe steht also eine hexadezimale Ziffer, wobei darauf hingewiesen sei, daß die hexadezimalen Ziffern A, B, C, D, E, F die dezimalen Quantitäten 10, 11, 12, 13, 14, 15 darstellen.

Wie in Bild **2.**1 gezeigt, sendet die MPU bei der Bearbeitung eines Befehls über den 16-adrigen Adreßbus diejenige Adresse aus, in der als Inhalt das erste Byte des Befehls

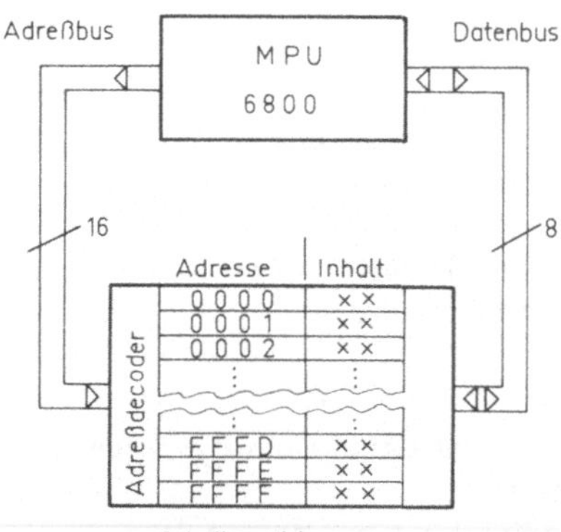

Bild 2.1
Blockbild für die Adressierung des Speichers durch die MPU

steht. Der Adreßdecoder des Speichers decodiert die Adresse und steuert die betreffende Zelle an. Über den 8-adrigen Datenbus wird das erste Befehlsbyte der MPU übergeben. Die MPU erkennt wieviel Byte für die Ausführung des Befehls erforderlich sind und liest gegebenfalls noch die Inhalte der beiden folgenden Adressen, wenn es sich um einen (3 Byte)-Befehl handelt. Werden bei der Ausführung des Befehls Datentransporte zwischen Speicher und MPU erforderlich, so wird ebenfalls wieder zunächst über den Adreßbus die zu lesende oder die zu beschreibende Speicherzelle oder das betreffende Ein-/Ausgabe-Register adressiert und dann der Datentransport über den Datenbus ausgeführt.

Es ist also eine klare Unterscheidung zwischen A d r e s s e , die über den Adreßbus ausgesandt wird, und I n h a l t der Speicherzelle dieser Adresse, der über den Datenbus übertragen wird, zu treffen. Adressen bestehen aus 16 Bit = 4 hexadezimalen und Inhalte aus 8 Bit = 2 hexadezimalen Ziffern.

2.2 Architektur des MC6800-Prozessors

Als Architektur eines Prozessors wird dessen innere logische Struktur bezeichnet. Die Gesamtschaltung eines Mikroprozessors enthält einige 1000 Transistorfunktionen, die in hochintegrierter Technik auf einem Siliziumchip von wenigen mm^2 Fläche realisiert sind. Es ist deshalb verständlich, daß die Darstellung dieser Schaltung, aufgelöst bis zur letzten Gatterfunktion, hier nicht möglich und auch nicht sinnvoll ist. Zudem werden derartige Detailangaben von den Herstellern an die Anwender nicht weitergegeben. Für den Anwender sind sie, will er mit dem Prozessor Digitalschaltungen entwickeln, auch nicht erforderlich.

Wichtig dagegen ist eine genaue Beschreibung der Wirkung von Eingangssignalen, der Belastbarkeit von Ausgangssignalen sowie das erforderliche zeitliche Zusammenwirken dieser Signale (timing). Wichtig ist es ferner, zu erfahren, welche Befehle der Prozessor ausführen kann und in welchem dualen Code diese Befehle anzugeben, also letztlich im Arbeitsspeicher abzulegen sind. Es muß also der B e f e h l s s a t z des Prozessors bekannt

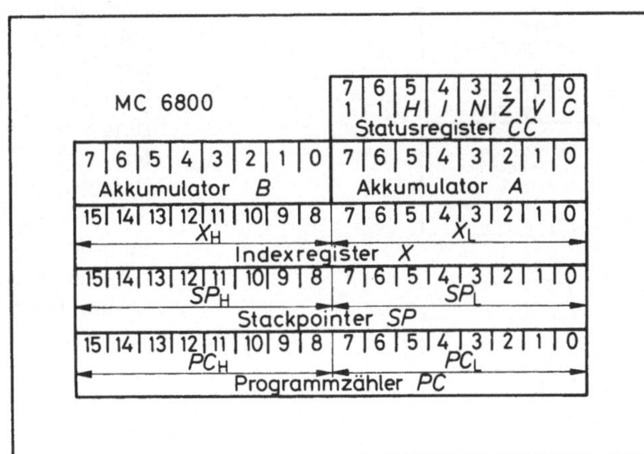

Bild 2.2
Registerstruktur (Programmiermodell) des MC6800-Mikroprozessors

sein. In diesem Zusammenhang ist es wichtig zu wissen, welche Register ein Prozessor für die Aufnahme von Daten und für die Ausführung von Befehlen besitzt und wie deren Inhalte durch die Ausführung der Befehle verändert werden können.

Ein Prozessormodell, das nur die für die Programmierung wichtigen Register enthält, bezeichnet man als Programmiermodell des Prozessors, und in Bild **2.**2 ist dieses Modell für den Prozessor MC6800 dargestellt. Im folgenden sollen die Aufgaben der verschiedenen Register diskutiert werden.

2.2.1 Programmzähler

Der Programmzähler (**Program Counter**) *PC* ist ein (16 Bit)-Zähler, dessen Zählerstand durch Programmbefehle geändert werden kann. Er enthält stets die Adresse desjenigen Programmbytes, das als nächstes aus dem Speicher zu holen und vom Prozessor zwecks Ausführung zu interpretieren ist. Bei einer Länge von 16 Bit ist der Programmzähler in der Lage, die Adresse einer Speicherzelle aufzunehmen, die im Adreßbereich von 0000 bis FFFF liegen kann, er kann also den gesamten (64 k)-Speicher adressieren.

Beim Start eines Programms wird der Programmzähler mit der Adresse derjenigen Speicherzelle geladen, in der das erste Programmbyte des ersten Programmbefehls steht. Gleichzeitig mit dem Lesen des Programmbytes wird der Zählerstand i n k r e m e n - t i e r t , also um 1 erhöht, und „zeigt" somit auf die Adresse des nächsten Programmbytes. Steht der gerade auszuführende Befehl auf der Adresse *n*, so enthält der Programmzähler bei Ausführung dieses Befehls die Adresse $n+1$, wenn es ein (1 Byte)-Befehl ist, $n+2$ bei einem (2 Byte)-Befehl und $n+3$, wenn ein (3 Byte)-Befehl ausgeführt wird.

Tritt im Programmablauf ein Sprungbefehl auf, d. h., soll das Programm an anderer Stelle fortgesetzt werden, so muß der Programmzähler mit der Adresse des Sprungzieles geladen werden. Sprungbefehle verändern also den Inhalt des Programmzählers. Bild **2.**3 zeigt in Form eines Flußdiagramms die einzelnen Phasen der Ausführung eines solchen Sprungbefehls. Der Befehl – ein (3 Byte)-Befehl bestehend aus Befehlscode und der (2 Byte)-Adresse $n_{xH}n_{xL} = n_x$ (Index H für Higher Byte, L für Lower Byte) des Sprungzieles – steht auf den Adressen *n*, $n+1$, $n+2$, und der Sprung führt hin zur Adresse n_x.

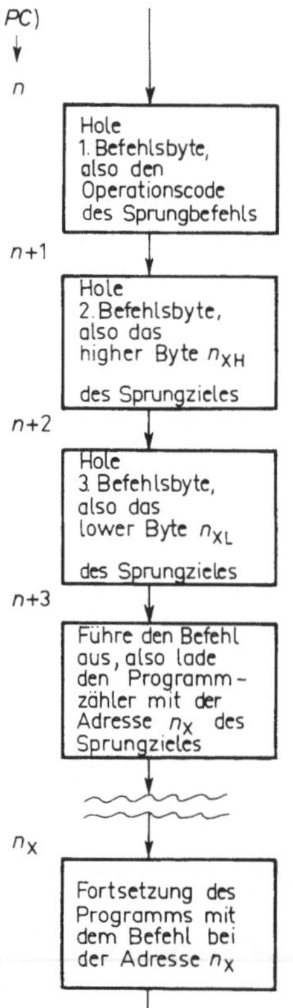

Bild 2.3
Flußdiagramm der Ausführung eines Sprungbefehls

Hier sei darauf hingewiesen, daß wir den Inhalt einer Speicherzelle oder eines Registers in Klammern, z. B. (*PC*) für den Inhalt des Programmzählers, die Adresse eines Registers oder einer Speicherzelle jedoch ohne Klammern schreiben werden. So ist also mit (*n*) der Inhalt der Speicherzelle mit der Adresse *n*, z. B. hexadezimal CE, und mit *n* die Adresse selbst, z. B. hexadezimal B000, gemeint. Hexadezimale Zahlen werden im weiteren Verlauf durch Voranstellung des Dollarzeichens $ gekennzeichnet:

hexadezimale   duales Bitmuster
Zelleninhalte

$$\begin{aligned}
\$CE &= 1100\ 1110 \\
\$86 &= 1000\ 0110 \\
\$09 &= 0000\ 1001
\end{aligned}$$

hexadezimale   duales Bitmuster
Adressen

$$\begin{aligned}
\$B000 &= 1011\ 0000\ 0000\ 0000 \\
\$5931 &= 0101\ 1001\ 0011\ 0001 \\
\$FFFF &= 1111\ 1111\ 1111\ 1111
\end{aligned}$$

Diese Kennzeichnung wird in Abschn. 3, also bei der Einführung der Assembler-Sprache, ebenfalls benutzt.

2.2.2 Akkumulatoren

Wie Bild 2.2 zeigt, enthält der MC6800-Prozessor 2 Akkumulatoren, die mit *A* und *B* gekennzeichnet werden. Die Akkumulatoren sind Datenregister von 8 Bit Länge, können also ein über den Datenbus zum Prozessor übertragenes (8 Bit)-Datenwort aufnehmen. Führt der Prozessor bei der Bearbeitung eines Programms arithmetische oder logische Verknüpfungen durch, so werden die Ergebnisse dieser Verknüpfungen ebenfalls in den Akkumulatoren abgelegt und können von dort in Speicherzellen abgespeichert werden. Bei der Eingabe von Daten in den Arbeitsspeicher holt der Prozessor zunächst das Datenwort von einem Ein-/Ausgabebaustein in einen seiner Akkumulatoren und gibt es dann über den Datenbus in die adressierte Speicherzelle weiter.

Die beiden Akkumulatoren *A* und *B* des MC6800 sind nahezu gleichberechtigt, d. h., alle Befehle, die auf Akkumulator *A* anwendbar sind, sind auch auf Akkumulator *B* anwendbar. Als Beispiel seien die Befehle für Laden aus der Speicherzelle mit der Adresse *M* und Speichern in die Zelle *M* angeführt:

```
LDAA  M      LDAB  M
STAA  M      STAB  M
```

Der sogenannte B e f e h l s - M n e m o n i c LDA für load accumulator und STA für store accumulator erhält als zusätzliche Angabe die Adresse *A* oder *B* des betreffenden Akkumulators.

Wie in Abschn. 2.4 genauer dargestellt, werden die verschiedenen Befehle durch duale Bitmuster, aus 8 Bit bestehend, codiert und im Arbeitsspeicher des Mikrorechners abgelegt. Ein solches M a s c h i n e n p r o g r a m m wird, selbst wenn es in der hexadezimalen Kurzschrift niedergeschrieben ist, für den Menschen schwer lesbar. In der A s s e m b l e r - S p r a c h e wird deshalb anstelle des Hexacodes der Befehle ein A s s e m b l e r -

Code verwendet, der die verschiedenen Befehle durch m n e m o t e c h n i s c h e A u s-
d r ü c k e (kurz M n e m o n i c s) kennzeichnet, die beim M6800-System aus jeweils 3
Buchstaben gebildet werden. Wir kommen hierauf in Abschn. 3 genauer zurück.

Lediglich 3 Befehle sind nur auf Akkumulator A anwendbar:

Befehls-Mnemonic	Wirkung
TAP	$(A) \rightarrow CC$ Inhalt von A wird in das Statusregister CC transportiert.
TPA	$(CC) \rightarrow A$ Inhalt von CC wird in Akkumulator A transportiert.
DAA	Decimal adjust: s. Abschn. 2.5.2

2.2.3 Indexregister

Das Indexregister X ist, wie Bild **2**.2 zeigt, ein (16 Bit)-Register. Es dient zur einfacheren Verarbeitung indizierter Daten, also meist zur Abarbeitung von Dateien (Datenfel-
dern). Für diese Anwendung besitzt der MC6800-Prozessor eine spezielle Adressierungsart – die indizierte Adressierung. Wir werden sie in Abschn. 2.3.5 besprechen. Als
(16 Bit)-Register kann das Indexregister X eine vollständige (16 Bit)-Adresse aufnehmen, und mit einem indiziert adressierten Befehl, der z. B. lautet „hole den Inhalt
derjenigen Speicherzelle in den Akkumulator A, deren Adresse im Indexregister steht",
kann der Inhalt einer Speicherzelle aus dem gesamten adressierbaren 64-k-Speicherbe-
reich geholt werden.

Bild **2**.4 zeigt als Beispiel das Flußdiagramm einer Dateiverarbeitungsschleife unter Verwendung des Indexregisters X.

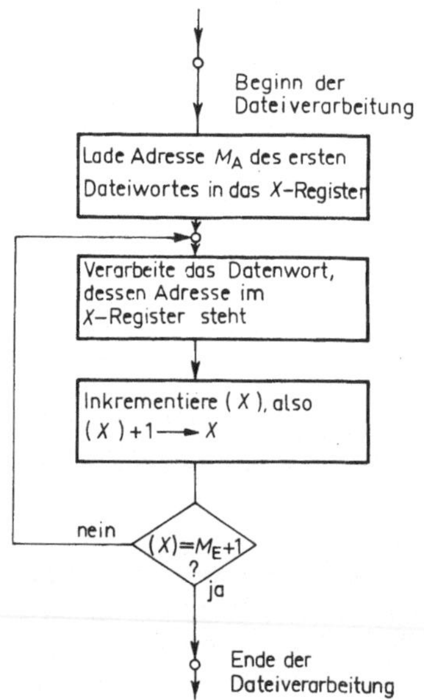

Bild **2**.4
Flußdiagramm für die Abarbeitung einer Datei mit
Hilfe des Indexregisters
M_A Dateianfangsadresse, M_E Dateienadresse

2.2.4 Stackpointer

Die deutsche Übersetzung von Stackpointer – Stapelzeiger – wird kaum verwendet. Wir werden deshalb auch stets den englischen Begriff verwenden. Nach Bild **2.2** ist der Stackpointer SP ein (16 Bit)-Register, und kann deshalb ebenfalls mit einer vollständigen (16 Bit)-Adresse geladen werden. Wird der Stackpointer mit dem Befehl

LDS #M

mit der Adresse M geladen, so wird ein Speicherbereich, der bei der Adresse M beginnt und sich zu kleineren Adressen fortsetzt, als sogenannter Stapelspeicher – kurz Stack genannt - definiert. Das Symbol # kennzeichnet im hier verwendeten Assembler-Code, daß nicht der Inhalt der beiden Speicherzellen M und $M+1$ sondern die Adresse M selbst geladen wird. Wir kommen auf diese unmittelbare Adressierung in Abschn. 2.3.2 zurück.

Der Stack ist nun ein Speicherbereich, in den mit den PUSH-Befehlen

PSHA bzw. PSHB

die Inhalte der Akkumulatoren A bzw. B gespeichert werden können. Dabei ergibt sich folgende Wirkung: Der Inhalt des betreffenden Akkumulators wird in diejenige Speicherzelle geschrieben, deren Adresse im Stackpointer SP steht. Danach wird der Stackpointer automatisch dekrementiert, also sein Inhalt um 1 erniedrigt. Er zeigt dadurch auf die Zelle $M-1$, in die noch kein Datenwort gespeichert wurde. Dieses Verhalten ist in Bild **2.5** dargestellt. Mit jedem PUSH-Befehl wird Datenwort für Datenwort gewissermaßen im Speicher übereinander gestapelt.

Das Gegenstück hierzu sind die PULL-Befehle

PULA bzw. PULB

bei denen zunächst der Stackpointer inkrementiert und dann der Inhalt der Zelle, auf die der Stackpointer zeigt, in den betreffenden Akkumulator geladen wird. Arbeitet man in einem Programm mit PUSH- und PULL-Befehlen, so muß dasjenige Datenwort wieder zuerst aus dem Stack geholt werden, das zuletzt dort abgespeichert wurde.

Der Stack arbeitet also nach dem Prinzip

Last in first out

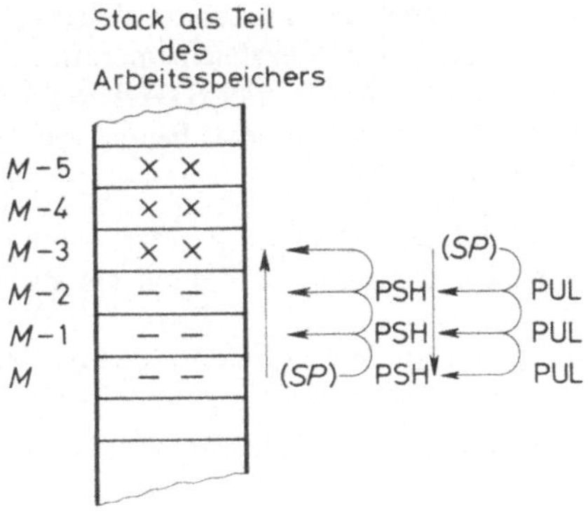

Bild 2.5
Darstellung der Arbeitsweise des Stacks und des Stackpointers SP bei Push- und Pull-Befehlen (PSH und PUL)
− − durch Push-Befehle beschriebene Zellen,
× × noch nicht beschriebene Zellen

und wird deshalb auch als Lifo-Speicher bezeichnet. Da der Stackpointer ein (16-Bit)-Register ist, kann jeder beliebige Speicherbereich zum Stack deklariert werden.

Allerdings muß berücksichtigt werden, daß der Stack auch bei Unterprogramm-Sprungbefehlen (s. Abschn. 2.4.8) und bei Interrupts (s. Abschn. 2.5) als Zwischenspeicher dient. Wir kommen in den entsprechenden Abschnitten darauf zurück.

2.2.5 Statusregister

Das Statusregister wird auch als Condition Code Register CC bezeichnet und enthält nach Bild **2.**2 die 6 Registerstellen:

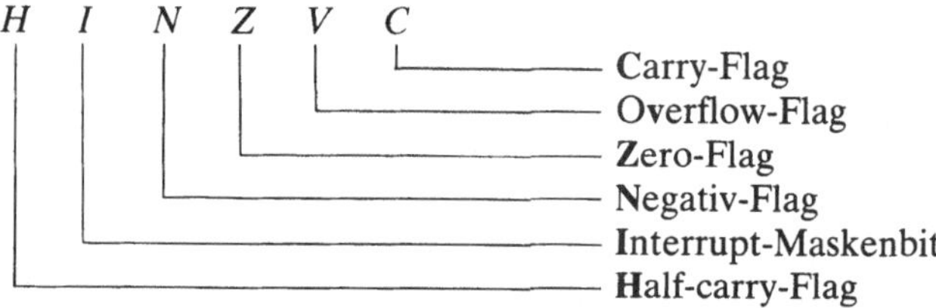

Wird das Statusregister gelesen, z. B. mit dem Befehl TPA, der den Inhalt des Statusregisters in den Akkumulator A transportiert, so wird ein (8 Bit)-Wort übertragen. Wie in Bild **2.**2 gezeigt, sind dann die Stellen 6 und 7 mit 1 besetzt. Dies ist bei der Interpretation des Statusregisterinhalts zu berücksichtigen.

Besondere Zustände nach der Ausführung eines Befehls, wie z. B. der Inhalt eines Registers wird 0 oder negativ, werden in den dafür vorgesehenen Flipflops (Flags) des Statusregisters hinterlegt, d. h., das betreffende Flag wird gesetzt. Mit nachfolgenden bedingten Sprungbefehlen, sogenannten Branches (Verzweigungen), wird der Zustand dieser Flags abgefragt und festgestellt, ob die geforderte Bedingung, z. B. Registerinhalt ist 0, erfüllt ist, und der bedingte Sprung wird bei Erfüllung ausgeführt. Die Flipflops des Statusregisters werden als Flags (Flaggen) bezeichnet, weil sie beim Eintreten der durch sie markierten Bedingung gesetzt und beim Verschwinden dieser Bedingung wieder „eingeholt", also gelöscht werden.

Zero-Flag Z Es wird gesetzt (mit 1 beschrieben), wenn sich bei der Ausführung eines Befehls durch den Prozessor als Resultat 0 ergibt. Dies kann bei arithmetischen, logischen, Test- oder Vergleichsoperationen der Fall sein. Aber auch Datentransportbefehle wie LDAA, LDAB oder STAA, STAB setzen das Zero-Flag, wenn eine 0 transportiert wird. Es ist bei jedem Befehl zu prüfen, inwieweit er das Zero-Flag beeinflußt (s. Abschn. 2.4).

Negativ-Flag N Es wird gesetzt, wenn bei der Befehlsausführung ein negatives Ergebnis entsteht. Da negative Zahlen als Zweierkomplemente dargestellt werden (s. Anhang Abschn. 7.3), prüft der Prozessor das höchstwertige Bit des Ergebnisses der soeben ausgeführten Operation und setzt das Negativ-Flag, wenn dieses Bit 1 ist (negative Zahl), und löscht es, wenn das höchstwertige Bit des Ergebnisses 0 ist (positive Zahl).

Eine häufige Anwendung tritt z. B. bei den Vergleichsbefehlen (Compare) auf. Ist z. B. (A) der Inhalt von Akkumulator A und (M) der der Zelle M, so vergleicht der Befehl

CMPA M durch die Subtraktion $(A) - (M) = D$ die beiden Inhalte, und abhängig vom Vergleichsergebnis D werden die Flags Z und N in folgender Weise beeinflußt:

$$(M) < (A) \quad \text{also} \quad D > 0 \quad (Z) = 0 \quad (N) = 0$$

$$(M) > (A) \quad \text{also} \quad D < 0 \quad (Z) = 0 \quad (N) = 1$$

$$(M) = (A) \quad \text{also} \quad D = 0 \quad (Z) = 1 \quad (N) = 0$$

Der Fall $(Z) = 1$ und $(N) = 1$ tritt nicht auf, da ein Vergleichsergebnis nicht gleichzeitig 0 und negativ sein kann.

Carry-Flag C Das Carry-Flag (Übertrags-Flag) wird gesetzt, wenn bei arithmetischen Operationen oder bei Vergleichsbefehlen in der höchstwertigsten Stelle der Operation ein Übertrag entsteht. Betrachten wir als Beispiel den Befehl ADDA M, der die Wirkung $(A) + (M) \rightarrow A$ hat:

```
 ┌ 0101 1000   = (M)
+┤ 0011 0110   = (A)    vor der Ausführung des Befehls
0└ 1110 000    = Carry
   1000 1110   = (A)    nach der Ausführung des Befehls
   ─────────→  = (C)    nach der Ausführung des Befehls
```

```
 ┌ 0111 0110   = (M)
+┤ 1111 1000   = (A)    vor der Ausführung des Befehls
1└ 1110 000    = Carry
   0110 1110   = (A)    nach der Ausführung des Befehls
   ─────────→  = (C)    nach der Ausführung des Befehls
```

Im zweiten Beispiel ist das Carry-Flag C nach der Befehlsausführung gesetzt. Wichtig ist die Speicherung des Übertrags aus der höchstwertigen Stelle bei Mehrbyte-Additionen oder -Subtraktionen. Solche Operationen sind immer dann erforderlich, wenn die zu verarbeitenden Zahlen länger als 8 Bit = 1 Byte sind. Im folgenden Beispiel steht die erste (2 Byte)-Zahl in den Zellen M und $M+1$ und die zweite Zahl in den Akkumulatoren A und B:

Höherwertiges Byte   Niederwertiges Byte

```
 ┌ 0011 0110  = (M)          ┌ 0111 0110  = (M+1)     1. Zahl
+┤ 0101 1000  = (A)        +┤ 1111 1000  = (B)        2. Zahl
0└ 1110 0001 ←──────── 1 └ 1110 000   = Carry
   1000 1111  = (A)            0110 1110  = (B)        Ergebnis
   ────────→ = (C)            ────────→ = (C)
```
   ↳ nach Addition der   ↳ nach Addition der
     höherwertigen Bytes   niederwertigen Bytes

Der in der höchstwertigen Stelle der niederwertigen Bytes bei der Addition entstehende Carry (C) muß bei der Addition der niederwertigsten Stelle der höherwertigen Bytes mit hinzuaddiert werden. Dies erfolgt durch die beiden Befehle

$$\text{ADDB M+1} \qquad \text{Wirkung } (B) + (M+1) \rightarrow B$$
$$\text{ADCA M} \qquad \text{Wirkung } (A) + (M) + (C) \rightarrow A$$

Der zweite Befehl lautet: Add with Carry (addiere mit Übertrag).

Half-carry-Flag H Gespeichert wird in diesem Flag der „halbe Übertrag", das ist der Übertrag, der bei der Addition zwischen dem unteren und dem oberen Halbbyte auftritt. Das Half-carry-Flag wird nur durch Additionsbefehle gesetzt oder gelöscht. Das folgende Beispiel verdeutlicht das Auftreten eines Half carrys:

$$
\begin{array}{rlll}
 & 0011 & 0110 = (M) & \\
+ & 0100 & 1100 = (A) & \text{vor der Befehlsausführung} \\
0 & 1111 & 1000 = \text{Carry} & \\
 & 1000 & 0010 = (A) & \text{nach der Befehlsausführung} \\
 & & = (H) & \text{nach der Befehlsausführung} \\
 & & = (C) & \text{nach der Befehlsausführung}
\end{array}
$$

Häufig werden nämlich die beiden Halbbytes als im 8421-Code codierte Dezimalziffern (BCD-Ziffern) aufgefaßt. Werden solche BCD-Ziffern mit dualer Arithmetik addiert, besteht das Ergebnis meist nicht mehr aus gültigen BCD-Ziffern. Ein Korrekturbefehl DAA (Decimal adjust s. Schnitt 2.4.2) korrigiert das Additionsergebnis und benötigt hierzu die Kenntnis, ob aus der niederwertigen BCD-Ziffern-Addition ein Übertrag, also ein Half-carry, aufgetreten ist.

Interrupt-Maskenbit I Das I-Bit kann mit dem Befehl CLI (Clear Interrupt-Maskenbit) gelöscht und mit SEI (Set Interrupt-Maskenbit) gesetzt werden. Bei gesetztem I-Bit $((I) = 1)$ werden Unterbrechungsanforderungen auf der Leitung IRQ (Interrupt Request) nicht wirksam; der Prozessor ist also für Interrupts gesperrt. Wir kommen darauf in Abschn. 2.5 zurück.

Overflow-Flag V Bei der Arithmetik mit positiven und negativen Zahlen (Zweierkomplementzahlen s. Anhang Abschn. 7.4) kann der zugelassene Zahlenbereich, der sich bei Einbyte-Zahlen von $+127 = \$7F = 0111\ 1111$ bis $-128 = \$80 = 1000\ 0000$ erstreckt, sowohl in positiver als auch in negativer Richtung überschritten werden. In beiden Fällen wird das Additions-, Subtraktions- oder Vergleichsergebnis falsch, und diese Tatsache wird im Overflow-Flag mit $(V) = 1$ gespeichert. Das V-Flag kann dann mit nachfolgenden Branch-Befehlen abgefragt, und auf den Überlauf durch Eintreten in den betreffenden Programmzweig reagiert werden.

T a f e l **2.6** Definitionstafel für das Overflow-Flag V bei der Addition $a_7 + b_7 + c_6 = r_7$

c_6	b_7	a_7	c	r_7	(V)	Bemerkung
0	0	0	0	0	0	A pos. B pos. R pos. kein Überlauf
0	0	1	0	1	0	A neg. B pos. R neg. kein Überlauf
0	1	0	0	1	0	A pos. B neg. R neg. kein Überlauf
0	1	1	1	0	1	A neg. B neg. R pos. Überlauf im Negativen
1	0	0	0	1	1	A pos. B pos. R neg. Überlauf im Positiven
1	0	1	1	0	0	A neg. B pos. R pos. kein Überlauf
1	1	0	1	0	0	A pos. B neg. R pos. kein Überlauf
1	1	1	1	1	0	A neg. B neg. R neg. kein Überlauf

Wir wollen das Auftreten des Überlaufs bei der Addition von zwei Zweierkomplementzahlen verfolgen. Die Zahl A bestehe aus den Bits $a_7a_6a_5a_4a_3a_2a_1a_0$, die Zahl B entsprechend aus $b_7...b_0$. A und B sind positiv, wenn die Bits $a_7 = b_7 = 0$ sind und negativ, wenn $a_7 = b_7 = 1$ gilt. Addiert man die beiden Zahlen, so entsteht das Resultat R mit den Bits $r_7...r_0$, und in der höchstwertigsten Stelle tritt der von der nächstniederwertigeren Stelle herrührende Übertrag c_6 auf und muß mit addiert werden. Dabei entsteht das Resultatbit r_7 und der Ausgangsübertrag c. Damit können wir für die Addition der höchstwertigen Stelle die Tafel **2.6** aufstellen.

Ein Überlauf tritt also auf, wenn die Addition von zwei negativen Zahlen ein positives Ergebnis hat. Ebenso tritt bei der Addition zweier positiver Zahlen ein Überlauf auf, wenn das Ergebnis negativ ist.

Mit $c = (C)$ kann der Inhalt des Überlauf-Flags nach Tafel **2.6** entweder aus dem Carry-Bit C_6 und dem Inhalt des Carry-Flags (C) durch

$$(V) = [c_6 \wedge (C)] \vee [c_6 \wedge (\overline{C}) = c_6 \longleftrightarrow (C) \tag{2.1}$$

oder aus den Zahlenbits nach

$$(V) = (a_7 \wedge b_7 \wedge r_7) \vee (\overline{a}_7 \wedge \overline{b}_7 \wedge r_7) \tag{2.2}$$

gebildet werden. Letztere Verknüpfung wird von der Prozessor-Hardware durchgeführt und das Overflow-Flag V entsprechend gesetzt oder gelöscht.

Eine ähnliche Tafel wie Tafel **2.6** läßt sich auch für die Subtraktion $a_7 - b_7 - c_6 = r_7$ aufstellen. Man erhält ebenfalls Gl. (2.1) bzw.

$$(V) = (a_7 \wedge \overline{b}_7 \wedge \overline{r}_7) \vee (\overline{a}_7 \wedge b_7 \wedge r_7) \tag{2.3}$$

2.2.6 Detailliertere Struktur des MC6800-Mikroprozessors

Der MC6800-Mikroprozessor, dessen Blockschaltung in Bild **2.7** wiedergegeben ist, ist ein synchrones digitales Schaltwerk, das in NMOS-Technik auf wenigen mm² eines Siliziumkristalls hergestellt und in einem 40-poligen Dual-in-Line-Gehäuse (DIL) aus Plastik oder Keramik untergebracht ist.
Dieser Single-chip-Prozessor benötigt nur die positive Versorgungsspannung $V_{CC} = 5$ V und wird von einem zweiphasigen Signal $\Phi1 \Phi2$ getaktet, dessen Taktimpulsdiagramm in Bild **2.8** und dessen genaue Spezifikationen in Tafel **2.9** wiedergegeben sind. Wichtig ist hierbei, daß die Taktsignale $\Phi1 \Phi2$ keine gegenseitige Überlappung aufweisen. Für diese Taktversorgung liefert Motorola die in integrierter Technik aufgebauten Taktgeneratoren MC6870, MC6871 und MC6875, die gesteuert von einem Schwingquarz die geforderten Taktsignale erzeugen. Die Prozessoren MC6801, 6802, 6803, 6808 und 68701 enthalten – wie Tafel **1.2** zeigt – diesen Taktgenerator bereits. An sie braucht deshalb nur noch der Schwingquarz angeschlossen werden, dessen Schwingfrequenz i. allg. $4f_{cyc}$ sein soll, wenn f_{cyc} die Frequenz des Taktsignals $\Phi1$ bzw. $\Phi2$ ist.
Die maximale Taktfrequenz liegt bei $f_{cycmax} = 2$ MHz (MC68B00). Sie darf aber auch einen minimalen Wert $f_{cycmin} = 100$ kHz nicht unterschreiten. Grund hierfür sind die dynamischen Register des Prozessors, die mindestens alle 10 µs eine A u f f r i s c h u n g (R e f r e s h i n g) benötigen, wenn sie ihre gespeicherte Information nicht verlieren sollen.

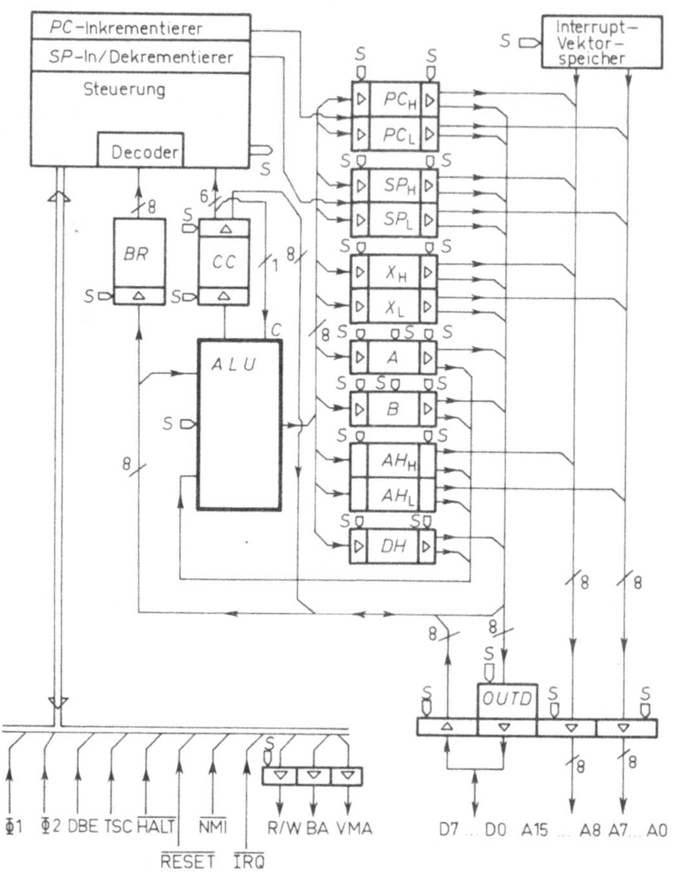

Bild 2.7 Architektur des MC6800-Mikroprozessors

ALU Arithmetisch Logische Einheit, $PC_H PC_L$ Programmzähler higher und lower Byte, $SP_H SP_L$ Stackpointer, $X_H X_L$ Indexregister, *A* Akkumulator A, *B* Akkumulator B, $AH_H AH_L$ Adreß-Hilfsregister, *DH* Daten-Hilfsregister, *CC* Statusregister (Condition Code), *BR* Befehlsregister, *OUTD* Daten-Ausgaberegister, *S* interne Steuerungssignale

Steuerungseingang TSC Dieser Three-state-control-Eingang schaltet, wenn TSC = 1 ist, den Adreßbus und die Read-/Write-Leitung R/W in den hochohmigen Zustand. Als Kennung hierfür werden die Ausgänge VMA und BA auf 0 geschaltet. Ferner dürfen während TSC = 1 keine 0/1- oder 1/0-Übergänge auf Φ1 und Φ2 auftreten. Die maximale Zeit, für die die Taktversorgung unterbrochen werden kann, ist $PW_{\Phi H}$ = 4,5 µs (Tafel **2.9**). Benutzt wird TSC im Zusammenhang mit dem direkten Speicherzugriff (DMA s. Abschn. 4.5.1.1).

Steuerungseingang DBE Dieser Data-bus-enable-Eingang schaltet bei DBE = 1 den internen MPU-Datenbus über das Ausgangsregister *OUTD* auf den externen Datenbus. Bei DBE = 0 ist der Datenbusausgang im hochohmigen Zustand und der Bus kann von externen Bausteinen benutzt werden. Bei Read-Zyklen der MPU wird das Ausgangsregister *OUTD* durch die prozessorinternen Steuerungssignale *S* automatisch vom Datenbus

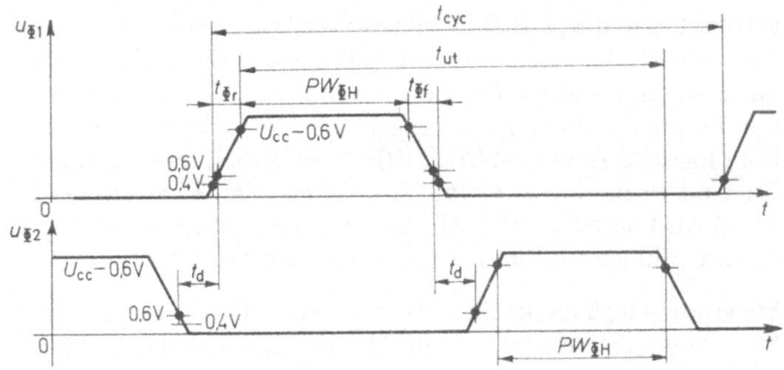

Bild **2**.8 Takt-Timing-Diagramm

Tafel 2.9 Takt- und Read/Write-Timing-Spezifikationen für den Prozessor MC6800 [5]

Definierte Größe	Symbol	Min.	Typ.	Max.	Einheit
Arbeitsfrequenz	f_{cyc}	0,1	–	1,0	MHz
Zykluszeit	t_{cyc}	1,0	–	10	µs
Taktimpulsbreite	$PW_{\Phi H}$	400	–	4500	ns
Takt-high-level-Zeit	t_{ut}	900	–	–	ns
Anstiegs- und Abfallzeit von Φ1 und Φ2	$t_{\Phi r}\ t_{\Phi f}$	–	–	100	ns
Takttrennungszeit	t_d	0	–	9100	ns
Adreßvorlaufzeit	t_{AS}	190	–	–	ns
Adreßverzögerungszeit	t_{AD}	–	220	300	ns
Adressenhaltezeit	t_{AH}	30	50	–	ns
Erlaubte Datenlese-Verzögerungszeit	t_{DDR}	–	200	350	ns
Setzzeit (lesen) für stabilen Datenpegel	t_{DSR}	100	–	–	ns
Speicher-Lesezugriffszeit	t_{acc}	–	–	530	ns
Datenschreib-Verzögerungszeit	t_{DDW}	–	165	225	ns
Setzzeit (schreiben) für stabilen Datenpegel	t_{DSW}	225	–	–	ns
Eingangsdaten-Haltezeit	t_H	10	–	–	ns
Ausgangsdaten-Haltezeit	t_H	10	–	–	ns
Freigabe-high-level-Zeit des DBE-Eingangs	t_{EH}	450	–	–	ns
Freigabe-low-level-Zeit von DBE, während Φ1 auf high level ist	t_{DBE}	150	–	–	ns
Anstiegs- und Abfallzeit des DBE-Eingangs	t_{DBEf} t_{DBEr}	–	–	25	ns

getrennt, und die (8 Bit)-Befehlswörter können über die Eingangstreiber in das Befehls-register *BR*, Adressen in das Adreßregister *AH,* Daten in die Akkumulatoren *A, B,* in das Datenhilfsregister *DH* oder auch in das Indexregister *X,* den Stackpointer *SP* oder den Programmzähler *PC* gelangen. Dieser Transport führt dann stets über die arithme-tisch logische Einheit *ALU.* DBE muß jedoch im Gegensatz zu TSC alle 4,5 μs seinen Zustand wechseln, da er für die dynamischen Register das Auffrischungssignal liefert. Meist wird deshalb auf DBE das Taktsignal $\Phi2$ geschaltet, also DBE = $\Phi2$. Genauere Spezifikationen sind im Datenbuch angegeben [5].

Steuerungseingänge RESET, HALT, NMI, IRQ Die Wirkungen dieser komplizierteren Steuerungseingänge werden in Abschn. 2.5 genauer behandelt. Wir verzichten deshalb an dieser Stelle darauf und verweisen auf diesen Abschnitt.

Steuerungsausgang R/W Dieser Ausgang **Read/Write** führt das Signal R/W = 1, wenn die MPU einen Lesezyklus durchführt, also von angeschlossenen Speicher- oder periphe-ren Bausteinen Daten abholt. Diese Leitung, die eine TTL-Last, also im high-Zustand max 50 μA und im low-Zustand max −1,6 mA, treibt, muß allen RAM-Speicher- und peripheren Bausteinen zugeführt werden, um deren Datenbustreiber in Schreib- oder Leserichtung zu schalten. In einem Schreibzyklus ist R/W = 0 und die MPU sendet über das Ausgangsregister *OUTD* Daten zum Speicher oder zur Peripherie.

Steuerungsausgang VMA In der Ausführungsphase von Befehlen führt die MPU häufig interne Operationen durch, während deren Ablauf auf dem Adreßbus ungültige Spei-cheradressen liegen (s. Abschn. 2.3). Meist wird dann das Ausgangssignal **V**alid **M**emory **A**ddress VMA auf VMA = 0 geschaltet. Wird im Mikrorechner diese Leitung mit in die Adreßdecodierung der Speicher- und peripheren Bausteine einbezogen, so werden die Bausteine in solchen Zyklen nicht adressiert, und ungültige Lesevorgänge können nicht durchgeführt werden. Der Ausgang VMA ist ebenfalls in der Lage eine TTL-Last zu treiben.

Quittungsausgang BA Dieser Ausgang **B**us-**a**vailable führt immer BA = 0, wenn die MPU ein Programm bearbeitet und deshalb über Daten- und Adreßbus mit den Spei-cher- und peripheren Bausteinen gekoppelt ist. Der Programmlauf kann gestoppt wer-den, wenn entweder die Hardware-Leitung HALT auf HALT = 0 geschaltet wird oder der Software-Befehl WAIT (Warten) in ein Programm an gewünschter Stelle eingebaut wird. Begibt sich die MPU nach Beendigung des letzten Befehls in den Haltzustand, schaltet sie die Three-state-Treiber von Adreß- und Datenbus und der R/W-Leitung in den hochohmigen Zustand (floatende Busse) und meldet diesen Zustand auf dem Quit-tungsausgang mit BA = 1. Externe Komponenten wie DMA-Controller (Abschn. 4.5) oder auch ein weiterer Prozessor können dann auf Adreß-, Datenbus und R/W-Leitung arbeiten. Bus-available BA kann ebenfalls eine TTL-Last treiben.

Daten- und Adreßbus Die stets als Ausgang geschalteten unidirektionalen Adreßbustrei-ber sowie die bidirektionalen Datenbustreiber können ebenfalls eine TTL-Last treiben. Reicht bei größeren Mikrorechnersystemen diese Treiberkapazität nicht aus, muß sie über zusätzliche Bustreiber (z. B. MC6880/MC8T26 oder MC6885/MC8T95) erweitert werden.

Blockbild Die Diskussion der Prozessor-Blockschaltung mit den schon bekannten Regi-stern *PC, SP, X, A, B,* und *CC* sowie der Arithmetisch Logischen Unit (Einheit) *ALU* und den weiteren für den Programmierer nicht „sichtbaren" Registern *BR* (Befehlsregister), *AH* (Adressenhilfsregister und *DH* (Datenhilfsregister) werden wir bei der Behandlung der Adressierungsarten (Abschn. 2.3), des Befehlssatzes (Abschn. 2.4) und beim Interrupt-Verhalten (Abschn. 2.5) durchführen.

Read/Write-Timing Bild **2**.10 zeigt das zeitliche Zusammenspiel, wenn die MPU Daten aus einem Speicher- oder einem peripheren Baustein liest. Die Spezifikationen hierfür sind in Tafel **2**.9 angegeben. Beginnend mit der 0/1-Flanke des Taktes $\Phi 1$ werden mit der prozessorbedingten Adreßverzögerungszeit t_{AD} der Adreßbus, R/W und VMA mit den gültigen Signalen versorgt. Der externe Baustein wird adressiert. Mit der 0/1-Flanke von $\Phi 2$ wird der Datenbus freigegeben, und spätestens nach der Zugriffszeit t_{acc} müssen die

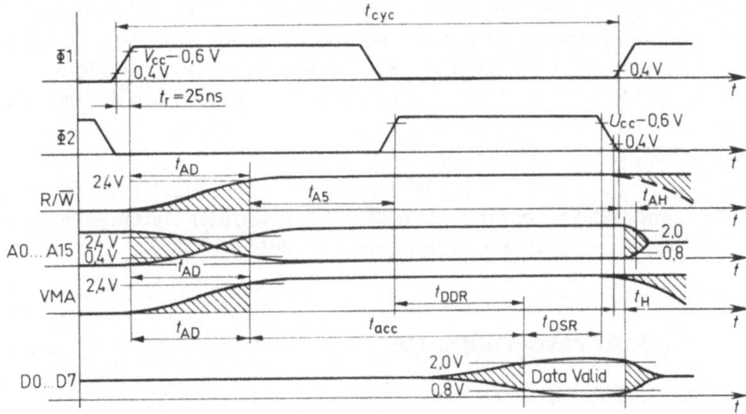

Bild **2**.10 Read-Timing (Bus- und Steuersignale beim Lesen des Speichers); schraffiert: Signale ungültig

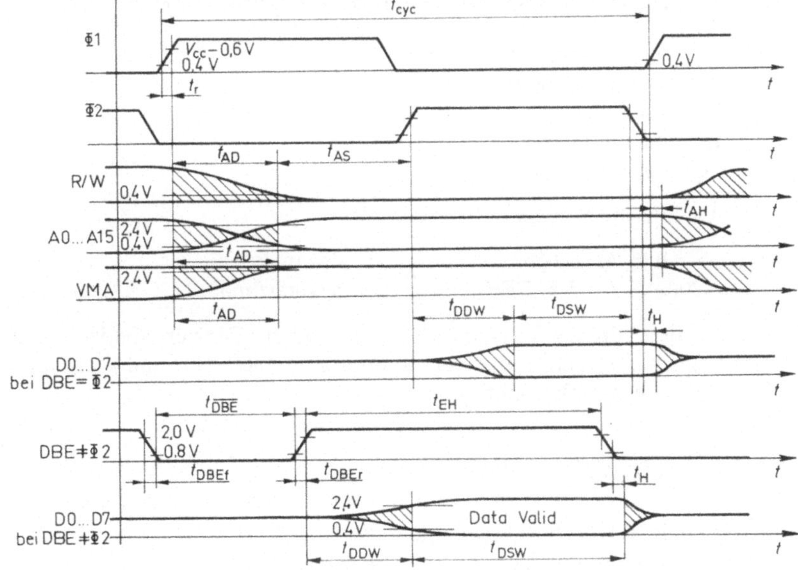

Bild **2**.11 Write-Timing (Bus- und Steuersignale beim Schreiben in den Speicher); schraffiert: Signale ungültig

Daten auf dem Datenbus der MPU zur Verfügung gestellt werden, damit für die minimale Daten-Setz-Zeit t_{DSR} = 100 ns (bei der MC6800-MPU, s. Tafel **2.9**) die Daten der MPU zum Lesen zur Verfügung stehen. Der angesprochene Speicher- oder periphere Baustein muß also rechtzeitig seine Daten zur Verfügung stellen.

Das zeitliche Zusammenspiel beim Ausgeben von MPU-Daten (Write-Timing) zeigt Bild **2.11**. Der zu beschreibende Baustein wird ebenfalls wieder nach der Adreßverzögerungszeit t_{AD} adressiert, und mit DBE = 1 wird der MPU-Datenbus freigegeben. Nach der maximalen Zeit t_{DDW} (data delay write t_{DDW} = 225 ns für die MC6800-MPU s. Tafel **2.9**) gibt die MPU die Daten aus. Wichtig ist, daß die Daten nun während der Zeit t_{DSW} dem Speicherbaustein hinreichend lange zur Verfügung stehen, damit der Schreibvorgang in diesen erfolgen kann. I. allg. wird der Eingang DBE mit $\Phi2$ beschaltet, so daß also beginnend mit der 0/1-Flanke des Taktes $\Phi2$ um die Zeit t_{DDW} verzögert der Datentransport zum Speicher beginnt. Bei etwas langsamer arbeitenden Speichern kann die Zeit t_{EH} auf Kosten der Zeit t_{DBE} vergrößert werden; die MPU beginnt dann schon vor der 0/1-Flanke von $\Phi2$ mit dem Datentransport. Allerdings darf die Zeit t_{DBE} z. B. für die MC6800-MPU nicht kleiner als 150 ns werden.

Während also Adressen verzögert gegenüber der 0/1-Flanke von $\Phi1$ ausgesendet werden (t_{AD} maximal 250 ns bei der MC6800-MPU), werden Daten gegenüber der 0/1-Flanke von $\Phi2$ verzögert empfangen oder ausgesendet.

2.3 Adressierungsarten

Daten, die vom Prozessor bei der Ausführung eines Programms verarbeitet werden, stehen entweder in Speicherzellen, zu denen auch die Register von Ein/Ausgabebausteinen zählen, oder in den Registern des Prozessors selbst. Adressen der Prozessorregister sind:

A	Akkumulator A
B	Akkumulator B
X	Indexregister
SP	Stackpointer
CC	Statusregister

Für die symbolische Speicheradresse M gilt

$$0 \leqq M \leqq 65535 \qquad \text{dezimal}$$
$$\$0000 \leqq M \leqq \$FFFF \qquad \text{hexadezimal}$$

Wir werden die Adressen stets hexadezimal angeben. Die verschiedenen Adressierungsarten ermöglichen es dem Prozessor auf unterschiedliche Art und Weise die zu verarbeitenden Daten im Speicher zu finden.

2.3.1 Inhärente Adressierung

Der Code eines Befehls besteht aus einem (8 Bit)-Wort, so daß 256 verschiedene Befehle codiert werden könnten. Dieser mögliche Vorrat wird jedoch vom MC6800-Prozessor nicht vollständig ausgenutzt. Bei vielen einfachen Befehlen, bei denen kein Datenwort aus dem Speicher benötigt wird, kann deshalb die Adresse des Akkumulators A oder B oder des Indexregisters X mit in den Befehlscode (Operation Code) hineingenommen werden.

Ist die Adresse des Registers, auf dessen Inhalt der Befehl wirkt, mit im Befehlscode enthalten, bezeichnet man den Befehl als i n h ä r e n t adressiert. Da kein weiteres Datenwort für die Befehlsausführung erforderlich wird, sind inhärent adressierte Befehle stets (1 Byte)-Befehle.

Typische Vertreter sind:

Mnemon. Darst.	Hexadez. Darst.	Wirkung
CLRA	$4F	$0 \rightarrow A$
INCB	$5C	$(B) + 1 \rightarrow B$
INX	$08	$(X) + 1 \rightarrow X$
ABA	$1B	$(A) + (B) \rightarrow A$

Inhärent adressierte (1 Byte)-Befehle sind auch die Stackpointer bezogenen Push- und Pull-Befehle (s. Abschn. 2.2.4). Sie unterscheiden sich jedoch von den eben angeführten Befehlen dadurch, daß sie eine Speicheradresse benötigen. Benutzt wird als Adresse der bei Ausführung des Befehls gerade vorliegende Inhalt des Stackpointers. Dieser muß also zuvor mit der gewünschten Speicheradresse geladen werden.

Bild **2.**12 zeigt schematisiert die Ausführung der beiden Befehle INCA und PSHA. In Bild **2.**13 ist das dazugehörige Timing-Diagramm dargestellt. Etwas verzögert zur 0/1-Flanke des Taktes $\Phi 1$ finden die Adreßwechsel auf dem Adreßbus statt, und etwas verzögert gegenüber der 0/1-Flanke von $\Phi 2$ beginnt der Datentransport über den Datenbus. Eine Eigenart des MC6800 ist es, bei (1 Byte)-Befehlen in der Ausführungsphase bereits die Adresse des nächsten Befehls auszusenden. So tritt in der Ausführungsphase des Befehls INCA, der auf der Adresse $5000 steht, bereits die Adresse $5001 und, da VMA = 1 ist, auch deren Inhalt $36 (PSHA) auf. Erst im nächsten Zyklus beginnt jedoch die Holphase des Befehls PSHA. Das in der Ausführungsphase des laufenden Befehls schon auftretende nächste Befehlswort $36 $\triangleq$ PSHA wird vom Prozessor nicht verwertet, da er mit der Ausführung der Inkrementierung beschäftigt ist und seine Datenbus-Eingangsbuffer gesperrt sind. Ähnliches Verhalten zeigt auch der Befehl PSHA, wo im 2. Zyklus bereits die Adresse $5002 auftritt, auf der der nächste Befehl INCB $\triangleq$ $5C steht, im 3. Zyklus wird der Inhalt des Stackpointers (SP) = $A07F auf den Adreßbus geschaltet und über den Datenbus der Inhalt von Akkumulator A, also (A) = $58 zum Speicher übertragen. Im 4. Zyklus wird schließlich der Stackpointer dekrementiert, wobei VMA = 0 geschaltet wird, so daß trotz auftretender Adresse kein Speicherbaustein angesprochen wird. Da der Datenausgang der adressierten Speicherzelle $A07E hochohmig ist und da wegen R/W = 1 der MPU-Datenport als Eingang geschaltet ist, floated der Datenbus, und das vorangegangene Datenwort $58 bleibt in den Datenbuskapazitäten gespeichert.

Anhand des Blockschaltbildes **2.**7 und der Bilder **2.**12a und **2.**13 können wir z. B. die Ausführung des Stackpointer-bezogenen Befehls PSHA verfolgen:

Im 1. Zyklus wird die Adresse $5001 ausgesendet, in der der Befehlscode steht, und der Operator $36 wird über den Datenbus und den als Eingang geschalteten MPU-Datenport in das Befehlsregister BR transportiert. Der Befehl wird vom Befehlsdecoder decodiert, und die Steuerung veranlaßt im 2. Zyklus die Übertragung des Inhalts von Akku-

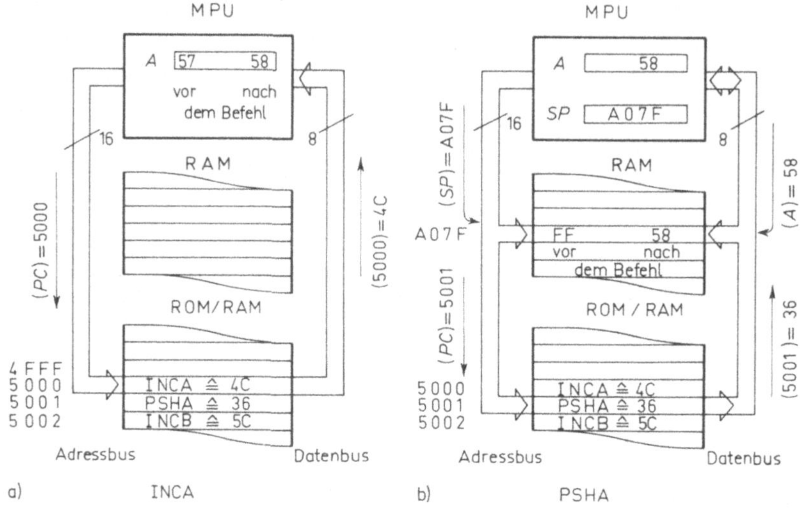

Bild 2.12 Symbolische Darstellung der Ausführung der inhärent adressierten Befehle INCA und PSHA

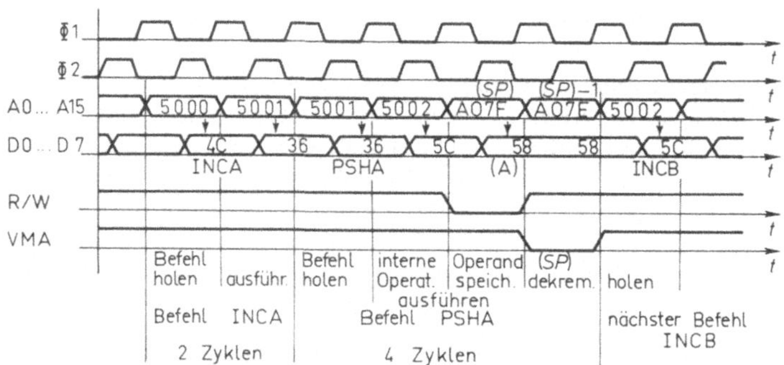

Bild 2.13 Timing-Diagramm der inhärent adressierten Befehle INCA und PSHA

mulator *A* in das Ausgaberegister *OUTD*. Im 3. Zyklus wird der Inhalt des Stackpointers *SP,* also \$A07F, auf den Adreßbus geschaltet und der Inhalt des Ausgaberegisters, also die \$58, in die Speicherzelle mit der Adresse \$A07F geschrieben. Im 4. Zyklus wird der Stackpointer dekrementiert, und die Adresse \$A07E erscheint auf dem Adreßbus.

2.3.2 Unmittelbare Adressierung

Befehle, die u n m i t t e l b a r (i m m e d i a t e) adressiert sind, bestehen bei Akkumulator-bezogenen Befehlen aus 2 Byte und bei Indexregister- oder Stackpointer-bezogenen Befehlen aus 3 Byte. Das erste Byte enthält den Befehlscode, das zweite und dritte Byte einen (1 Byte)-oder (2 Byte)-Operanden. Dieser wird nun nicht als Adresse aufgefaßt, deren Inhalt vom Prozessor zu verarbeiten ist, sondern der Operand selbst, also die im zweiten Byte bzw. im zweiten und dritten Byte angegebene Zahl, soll vom Prozessor unmittelbar verarbeitet werden.

Nicht alle Befehlstypen sind unmittelbar adressierbar. Z. B. kann zwar mit LDX #$BFF0 die Zahl $BFF0, die natürlich auch eine Adresse sein kann, in das Indexregister geladen werden; es kann aber mit STX $BFF0 nur der Inhalt des Indexregisters in die Speicherzellen mit den Adressen $BFF0 und $BFF1 gespeichert werden. Store-Befehle sind also nie unmittelbar adressierbar.

Typische Vertreter sind:

Mnemon. Darst.	Hexadez. Darst.	Wirkung
LDAA #$55	$86	$55 → A
	$55	
LDX #$B0FF	$CE	$B0FF → X
	$B0	
	$FF	
ADDB #$4F	$CB	(B) + $4F → B
	$4F	
LDS #$007F	$8E	$007F → SP
	$00	
	$7F	

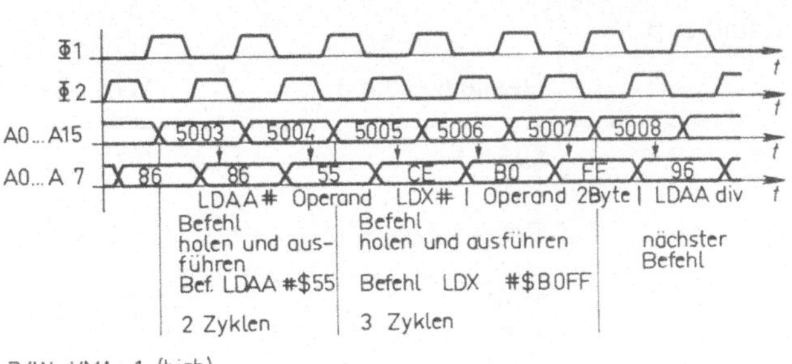

Bild 2.14 Symbolische Darstellung der Ausführung der unmittelbar adressierten Befehle LDAA #$55 und LDX #$B0FF

Bild 2.15 Timing-Diagramm der Befehle LDAA #$55 und LDX #$B0FF

Dabei verwenden wir in der mnemonischen Darstellung die in Abschn. 3 angegebenen Vorschriften der Assembler-Sprache von Motorola, in der der $ eine Hexazahl und das Symbol # die unmittelbare Adressierung kennzeichnen.

Bild **2**.14 zeigt als Schaubild und Bild **2**.15 als Timing-Diagramm den Ablauf der Akkumulator- und Indexregisterbezogenen Befehle LDAA #$55 und LDX #$B0FF, die in den Speicherzellen mit den Adressen $5002 bis $5007 stehen. Bei diesen Befehlen unterscheidet sich die Holphase nicht von der Ausführungsphase. Im 1. Zyklus wird der Operator geholt und in das Befehlsregister BR gebracht. Im 2. Zyklus wird der (1 Byte)-Operand (hier $55) über die auf Laden geschaltete ALU in den Akkumulator A transportiert. Beim Befehl LDX wird im 2. und 3. Zyklus der (2 Byte)-Operand (hier $B0FF) über die ALU in das higher Byte X_H und das lower Byte X_L des Indexregisters gebracht. Damit ist der Befehl auch ausgeführt. Unmittelbar adressierte Befehle sind schnelle Befehle, da bereits in der Holphase der gewünschte Operand verarbeitet wird.

2.3.3 Direkte Adressierung

Direkt adressierte Befehle besitzen als Operand eine (1 Byte)-Adresse. Damit ist nur der Speicherbereich

$$\$0000 \leqq M \leqq \$00FF,$$

mit den ersten 256 Speicherzellen, adressierbar. Da nur ein Adreßbyte benötigt wird, sind direkt adressierte Befehle stets (2 Byte)-Befehle. Sie bestehen aus Befehlscode (Operator) und Adreßbyte (Operand). Der gesamte adressierbare Speicherbereich von $2^{16} = 65\,536$ Zellen läßt sich in Teilbereiche zerlegen:

Es ist

$$2^{16} = 2^8 \cdot 2^8 = 256 \cdot 256 = 65\,536$$

so daß man sich den Speicher als ein B u c h mit 256 S e i t e n mit jeweils 256 Z e i l e n und 8 B i t pro Zeile vorstellen kann. Von diesem „S p e i c h e r b u c h" ist mit der direkten Adressierung nur die Seite mit der Nummer 0 – also die Zeilen 0 bis 255 – adressierbar. Man bezeichnet diese Adressierungsart deshalb meist als Z e r o - P a g e - A d r e s s i e r u n g.

Typische Vertreter sind z. B.:

Mnemon. Darst.	Hexadez. Darst.	Wirkung
LDAA $01	$96 $01	$(01) \rightarrow A$
STAA $02	$97 $02	$(A) \rightarrow 02$
ADDB $7F	$DB $7F	$(B) + (\$7F) \rightarrow B$
LDX $FE	$DE $FE	$(\$FE) \rightarrow X_H$ $(\$FF) \rightarrow X_L$

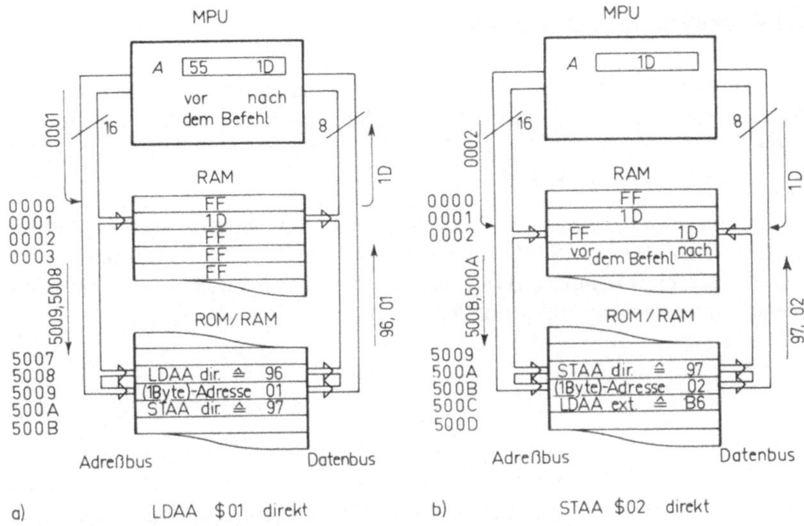

Bild 2.16 Symbolische Darstellung der Ausführung der direkt adressierten Befehle LDAA $01 und STAA $02

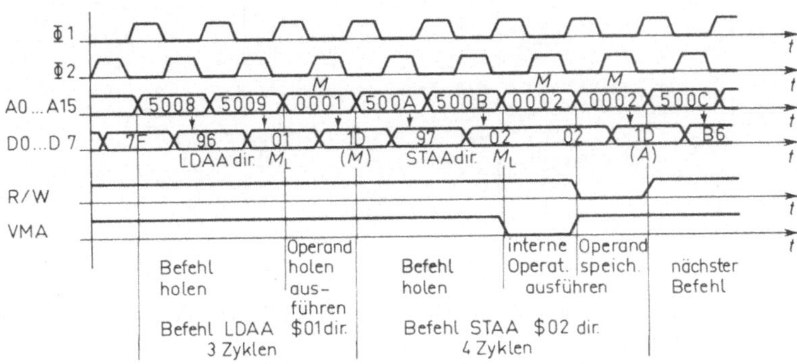

Bild 2.17 Timing-Diagramm der direkt adressierten Befehle LDAA $01 und STAA $02

Der Ablauf eines direkt adressierten Lade- und Speicherbefehls LDAA $01 und STAA $02 ist in Bild 2.16 und 2.17 zu verfolgen. Betrachten wir den Befehl STAA $02: Im 1. Zyklus wird der Operator $97, der in der Adresse $500A steht, über den Datenbus in das Befehlsregister BR geholt und dort decodiert. Daraufhin veranlaßt die Steuerung im 2. Zyklus das Holen des Operanden 02 aus der Adresse $500B und transportiert ihn über die ALU in das lower Byte des Adreßhilfsregisters AH_L. Gleichzeitig wird das higher Byte AH_H dieses Registers gelöscht. Im 3. Zyklus wird nun (A) in das Ausgaberegister $OUTD$ verschoben. Dabei ist VMA = 0, und auf dem Adreßbus liegt bereits der Inhalt des Adreßregisters, also 0002. Im 4. Zyklus wird schließlich der Inhalt des Ausgaberegisters, also hier (A) = $1D, in den Speicher geschrieben. Dabei ist R/W = 0, da es sich um einen Store-Zyklus handelt.

2.3.4 Erweiterte Adressierung

Erweitert (extended) adressierte Befehle besitzen als Operand eine (2-Byte)-Adresse. Es sind also stets (3 Byte)-Befehle, und der gesamte (erweiterte) Speicherbereich

$$\$0000 \leqq M \leqq \$FFFF$$

ist mit ihnen adressierbar. Natürlich ist mit der erweiterten Adressierung auch der Zero-Page-Bereich 0000 bis \$00FF adressierbar. Der Vorteil der direkten Adressierung ist jedoch, daß hierfür nur (2 Byte)-Befehle benötigt werden, so daß Programme entsprechend kürzer werden und schneller laufen.

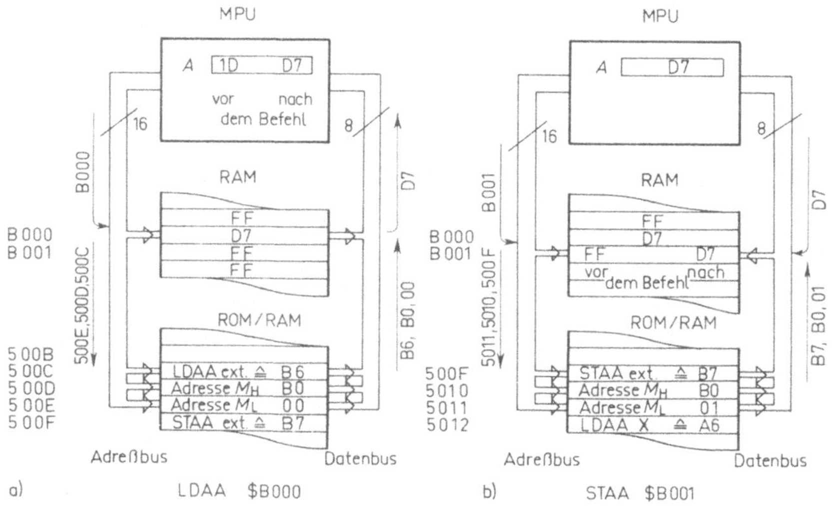

Bild 2.18 Symbolische Darstellung der Ausführung der erweitert adressierten Befehle LDAA \$B000 und STAA \$B001

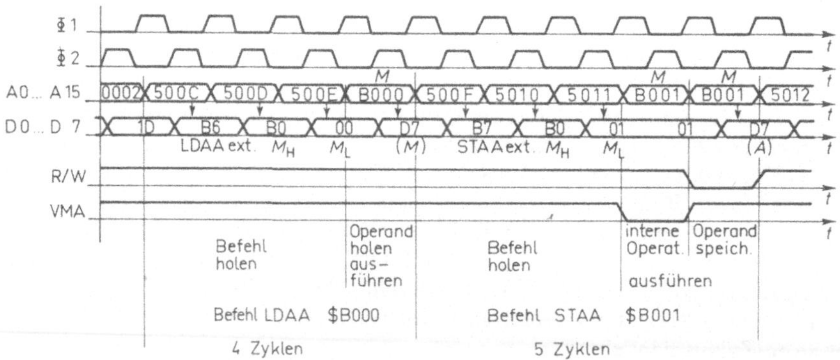

Bild 2.19 Timing-Diagramm der erweitert adressierten Befehle LDAA \$B000 und STAA \$B001

Typische Vertreter sind z. B.:

Mnemon. Darst.	Hexadez. Darst.	Wirkung
LDAA $B000	$B6 $B0 $00	($B000) $\to A$
STAA $B001	$B7 $B0 $01	$(A) \to$ $B001
LDS $BFFE	$BE $BF $FE	($BFFE) $\to SP_H$ ($BFFF) $\to SP_L$

Die Ausführung der Befehle LDAA $B000 und STAA $B001, die im Beispiel auf den Adressen $500C bis $5011 stehen, ist im Blockbild **2.**18 und im Timing-Diagramm Bild **2.**19 dargestellt. Betrachten wir den in 5 Zyklen ausgeführten Store-Befehl STAA $B001, so wird im Unterschied zum direkt adressierten STAA-Befehl lediglich im 2. Zyklus das higher Byte der Adresse M_H = $B0 aus der Zelle $5010 in das higher Byte des Adreßregisters AH_H geladen; im 3. Zyklus wird noch das lower Byte der Adresse M_L = $01 aus der Zelle $5011 in das lower Byte des Adreßregisters AH_L über die *ALU* transportiert. Der weitere Ablauf ist wie beim direkt adressierten Befehl (Bild **2.**17).

2.3.5 Indizierte Adressierung

Indiziert (indexed) adressierte Befehle bestehen aus dem Befehlscode (Operator) und einem (1 Byte)-Adreßoffset *W*. Es sind also stets (2 Byte)-Befehle. Die Adresse *M* des zu verarbeitenden Datenworts ergibt sich aus

$$M = (X) + W$$

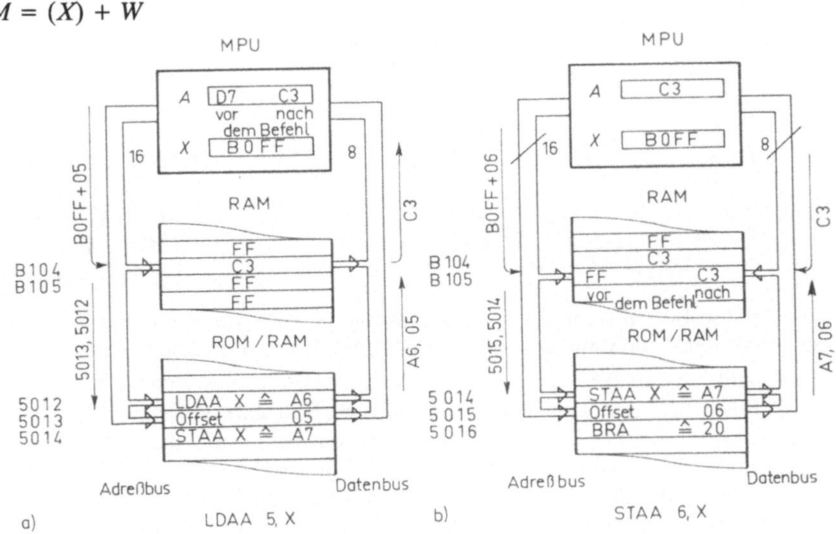

Bild **2.**20 Symbolische Darstellung der Ausführung der indiziert adressierten Befehle LDAA 5,X und STAA 6,X

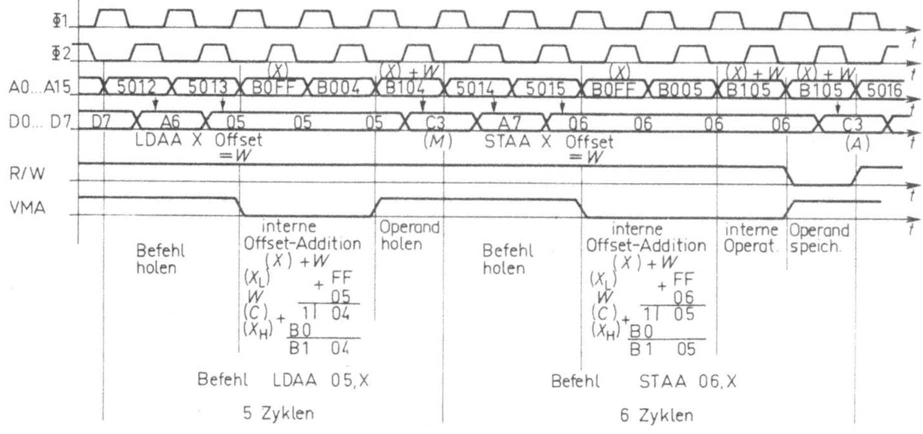

Bild 2.21 Timing-Diagramm der indiziert adressierten Befehle LDAA 5,X und STAA 6,X

Für die Adreßermittlung wird also zum Inhalt des Indexregisters X der im 2. Befehlsbyte stehende Adreßoffset W addiert. Wird kein Adreßoffset gewünscht, so muß im 2. Befehlsbyte für $W = 0$ eingegeben werden, da von der MPU-Hardware die Offset-Addition stets durchgeführt wird. Der Adreßoffset W, der aus 1 Byte = 8 Bit besteht, ist eine positive Zahl zwischen 00 und $FF (0 bis 255). Es werden also nur positive Offset-werte zum Inhalt des Indexregisters addiert.

Wichtig ist hierbei: Der Inhalt des Indexregisters (X) wird durch die Offset-Addition nicht verändert! Wie die folgende Ablaufbeschreibung eines indiziert adressierten Befehls zeigt, erfolgt die Offset-Addition in das Adressen-Hilfsregister AH.

Typische Vertreter sind z. B.:

Mnemon. Darst.	Hexadez. Darst.	Wirkung
LDAA 05,X	$A6	$M = (X) + 05$
	$05	$(M) \rightarrow A$
STAA 06,X	$A7	$M = (X) + 06$
	$06	$(A) \rightarrow M$
LDX 00,X	$EE	$M = (X) + 00 = (X)$
	$00	$(M) \rightarrow X_H$
		$(M+1) \rightarrow X_L$

Beim letzten Befehl steht vor der Ausführung die Adresse M und nach der Ausführung der Inhalt der Zellen mit den Adressen M und $M+1$ im Indexregister.

Die Ausführung eines indiziert adressierten Store-Befehls wollen wir wieder anhand des Blockbildes **2.20** und des Timing-Diagramms Bild **2.21** verfolgen: Der in 6 Zyklen durchgeführte Befehl STAA 06,X steht in den Zellen mit den Adressen $5014 und $5015. Im 1. Zyklus wird der Befehlscode $A7 in das Befehlsregister BR übertragen. Im 2. Zyklus folgt der Adreßoffset $W = 06$ und wird über die ALU in das lower Byte AH_L des Adreßregisters geleitet und das higher Byte AH_H gelöscht. Im 3. Zyklus beginnt die Offset-Addition $(X_L) + (AH_L) \rightarrow AH_L$. In diesem Zyklus liegt der Inhalt des Indexregisters (X) auf dem Adreßbus (hier (X) = $B0FF). Im 4. Zyklus wird der Inhalt des Adreßregisters (AH) auf den Adreßbus geschaltet und ein bei der Addition der lower Bytes auftretender Carry (C) in das higher Byte AH_H addiert. Auf dem Adreßbus tritt deshalb das Zwischenergebnis $B005 auf. Im 5. Zyklus wird (A) in das Ausgaberegister $OUTD$ verschoben, und auf dem Adreßbus liegt jetzt bereits die gültige Adresse $B0FF + 06 = $B105 = (X) + W. Während dieser internen Operationen ist VMA = 0, und auf dem floatenden Datenbus bleibt die letzte gelesene Information 06 erhalten. Im 6. Zyklus wird schließlich $(OUTD)$ = (A) in die Speicherzelle mit der Adresse $B105 transportiert. Dabei ist wegen des Schreibbefehls R/W = 0. Die Adreßoffset-Addition wird von der MPU auch über die arithmetisch-logische Einheit ausgeführt.

2.3.6 Relative Adressierung

Relativ adressierte Befehle bestehen aus dem Befehls-Code (Operator) und einer aus einem Byte bestehenden relativen Adresse R. Es sind also stets (2 Byte)-Befehle. Die MC6800-MPU wendet die relative Adressierung nur bei den Verzweigungsbefehlen (Branch-Befehle) an. Um von einer bestimmten Programmstelle zu einer anderen zu verzweigen, könnte man entweder direkt die Adresse des Befehls angeben, zu dem hin verzweigt (gesprungen) werden soll, oder man könnte angeben, um wieviele Schritte in Vorwärts- oder Rückwärtsrichtung vom Verzweigungsbefehl aus zu springen ist. Letzteres Verfahren wird bei der relativen Adressierung angewendet.

Um vorwärts und rückwärts verzweigen zu können, muß die relative Adresse positiv oder negativ sein, denn sie wird bei der Ausführung des Befehls zum momentanen Inhalt des Programmzählers PC addiert. Für die Darstellung negativer relativer Adressen wird die Zweierkomplementdarstellung (s. Anhang Abschn. 7.3) verwendet. Mit der aus einem Byte, also aus 8 Bit, bestehenden relativen Adresse R läßt sich der Zahlenbereich

$$-128 \; \leqq R \leqq 127 \qquad \text{dezimal}$$
$$\$80 \; \leqq R \leqq \$7F \qquad \text{hexadezimal und negative Zahlen als Zweierkomplement}$$

darstellen, so daß vom momentanen Programmzählerstand aus 128 Schritte zurück und 127 Schritte vorwärts gesprungen werden kann.

Die Ausführung eines relativ adressierten Verzweigungsbefehls wollen wir anhand des Blockbildes 2.22a und des Timing-Diagramms Bild 2.22b verfolgen: Der Befehl BRA $04 (verzweige immer um 4 Schritte vorwärts) stehe in den Zellen $50FA und $50FB. Im 1. und 2. Zyklus wird der Operator $20 in das Befehlsregister BR und die relative Adresse R in das Adreßregister AH_L geladen, sowie AH_H gelöscht. Dann beginnt im 3. Zyklus die Addition der relativen Adresse zum Programmzählerstand. Da nach jedem Holzyklus der Programmzähler automatisch inkrementiert wird, steht dieser inzwischen schon auf $(PC)+2$ = $50FC, wenn (PC) = $50FA der Programmzählerstand ist, auf dem der Branch-Befehl BRA steht. Die Addition wird nun einschließlich der erforderlichen Carry-Addition im 3. und 4. Zyklus durchgeführt. Auch hier ergibt sich im 4. Zyklus ein zunächst noch falsches Ergebnis auf dem Adreßbus, das erst durch die Carry-Addition korrigiert wird. Im hier 5. Zyklus liegt der gültige Programmzählerstand vor, und es wird bereits der Befehlscode des Befehls am Sprungziel geholt.

Wir wollen noch als Beispiel die Addition der relativen Adresse zum Programmzählerstand (PC) = $50FC für einen Vorwärts- und einen Rückwärtssprung durchführen.

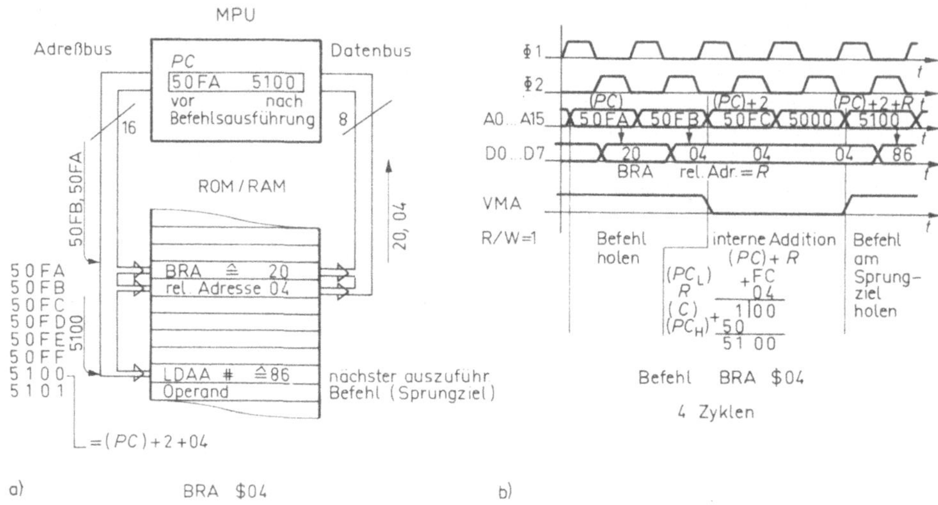

Bild 2.22 Relativ adressierter Befehl BRA $04
a) Symbolische Darstellung der Ausführung,   b) Timing-Diagramm

Vorwärtssprung um $R = 4$ Schritte: Bei positiven relativen Adressen ($00 \triangleq 0$ bis $\$7F \triangleq 127$) ist stets das höchstwertige Bit der relativen Adresse R auf 0. Findet die Steuerung der MPU dies im lower Byte AH_L des Adreßregisters, löscht sie auch alle Bits im higher Byte AH_H des Adreßregisters. Es ergibt sich dann folgende Addition:

Symbolisch	Hexadez.	Dual
$+\;\begin{array}{cc} AH_H & AH_L \\ PC_H & PC_L \end{array}$	$+\;\begin{array}{cc} \$00 & 04 \\ \$50 & FC \end{array}$	$+\;\begin{array}{l} 0000\;0000\;0000\;0100 \\ 0101\;0000\;1111\;1100 \end{array}$
$\begin{array}{cc} PC_H & PC_L \end{array}$	$\begin{array}{cc} \$51 & 00 \end{array}$	$+\;\begin{array}{l} 0000\;0001\;1111\;1000 \text{ Carry} \\ 0101\;0001\;0000\;0000 \end{array}$

Rückwärtssprung um $R = -4$ Schritte: -4 in Zweierkomplement-Darstellung ist $\$FC$ (s. Anhang). Bei negativen relativen Adressen ($\$FF \triangleq -1$ bis $\$80 \triangleq -128$) ist stets das höchstwertige Bit der relativen Adresse auf 1. Findet die Steuerung dies im lower Byte des Adreßregisters AH_L setzt sie im higher Byte AH_H ebenfalls alle Bits auf 1. Es ergibt sich dann folgende Addition:

Symbolisch	Hexadez.	Dual
$+\;\begin{array}{cc} AH_H & AH_L \\ PC_H & PC_L \end{array}$	$+\;\begin{array}{cc} \$FF & FC \\ \$50 & FC \end{array}$	$+\;\begin{array}{l} 1111\;1111\;1111\;1100 \\ 0101\;0000\;1111\;1100 \end{array}$
$\begin{array}{cc} PC_H & PC_L \end{array}$	$\begin{array}{cc} \$50 & F8 \end{array}$	$+\;\begin{array}{l} 1\;1111\;1111\;1111\;1000 \text{ Carry} \\ 0101\;0000\;1111\;1000 \end{array}$

Die Addition der negativen Zahl $-4 \triangleq \$FFFC$ zum Programmzählerstand erniedrigt diesen also um 4.

Der Nachteil der relativen Adressierung ist hier die geringe Sprungweite. Ist N die Adresse, auf der ein relativ adressierter Branch-Befehl steht, so kann von dort aus ein Sprungziel erreicht werden, für dessen Adresse Z gilt

$$N + 2 - 128 \leqq Z \leqq N + 2 + 127$$

also

$$N - 126 \leqq Z \leqq N + 129$$

Der Vorteil der relativen Adressierung liegt darin, daß Programme, in denen nur relativ gesprungen wird, in jeden beliebigen Speicherbereich geladen werden können, ohne daß Sprungadressen ausgetauscht werden müssen. Solche Programme sind im Speicher ve r-s c h i e b b a r (r e l o c a t a b l e). Der Nachteil der geringen Sprungweite ist bei den verbesserten Folgetypen MC6809 und MC68000 dadurch beseitigt worden, daß bei diesen eine relative Adresse aus 2 Byte angegeben werden kann.

2.4 Befehlssatz

Nicht nur die verschiedenen Adressierungsmöglichkeiten, sondern auch die Vielzahl der möglichen Befehle sind für die Leistungsfähigkeit eines Prozessors entscheidend. In den Tafeln 2.23 und 2.24 ist der vollständige Befehlssatz des MC6800-Prozessors in übersichtlicher Weise geordnet zusammengestellt. Er setzt sich aus den Gruppen

Datentransportbefehle
Schiebebefehle
Arithmetische Befehle
Inkrementierungs-Dekrementierungs-Clear-Befehle
Logische Befehle und Komplementierungsbefehle
Vergleichs- und Testbefehle
Verzweigungsbefehle
Sprung- und Sonderbefehle
CC-Register bezogene Befehle

zusammen. Die 1. Spalte enthält die Befehlsart, die 2. Spalte die mnemotechnische Abkürzung im Motorola-Assembler-Code. In den Spalten der Adressierungsart ist unter OP (Operation Code) die hexadezimale Codierung des Befehls angegeben, die mit ~ gekennzeichnete Spalte gibt die Anzahl der Maschinenzyklen an, die für die Ausführung des Befehls erforderlich sind, und die mit # markierte Spalte enthält die Anzahl der Programmbytes des betreffenden Befehls. In der Spalte Wirkung ist die Wirkung des Befehls auf Speicherzellen und Register angegeben. Inhalte sind in Klammern gesetzt, Adressen ohne Klammern geschrieben. Eine Ausnahme machen unmittelbar adressierte Befehle, bei denen unter (M) die Zahl M selbst zu verstehen ist. Die ConditionCode-Register-Spalte HINZVC gibt an, welche Wirkung der betreffende Befehl auf die einzelnen Status-Flags ausübt. Der Punkt ● bedeutet: keine Wirkung; das Zeichen $\updownarrow$ bedeutet: das betreffende Flag wird gesetzt, wenn die durch das Flag signalisierte Wirkung bei dem soeben ausgeführten Befehl erfüllt ist (z. B. $(Z) = 1$, wenn der soeben ausgeführte Befehl 0 ergab), anderenfalls wird es gelöscht. Weitere Angaben befinden sich in der Legende zu Tafel 2.24.

Tafel 2.23 Befehlssatz des MC 6800-Mikroprozessors

Adressierungsart   CC-Register

Gruppe	Befehl	Abk.	unmittelbar OP	~	#	direkt OP	~	#	indiziert OP	~	#	erweitert OP	~	#	inhärent OP	~	#	Wirkung	5 H	4 I	3 N	2 Z	1 V	0 C
Datentransport-Befehle	Load Accumulators	LDAA	86	2	2	96	3	2	A6	5	2	86	4	3				$(M)\rightarrow A$	●	●	↕	↕	R	●
		LDAB	C6	2	2	D6	3	2	E6	5	2	F6	4	3				$(M)\rightarrow B$	●	●	↕	↕	R	●
	Store Accumulators	STAA				97	4	2	A7	6	2	87	5	3				$(A)\rightarrow M$	●	●	↕	↕	R	●
		STAB				D7	4	2	E7	6	2	F7	5	3				$(B)\rightarrow M$	●	●	↕	↕	R	●
	Transfer Accumulators	TAB													16	2	1	$(A)\rightarrow B$	●	●	↕	↕	R	●
		TBA													17	2	1	$(B)\rightarrow A$	●	●	↕	↕	R	●
	Push Data	PSHA													36	4	1	$(A)\rightarrow M_{SP}\,(SP)-1\rightarrow SP$	●	●	●	●	●	●
		PSHB													37	4	1	$(B)\rightarrow M_{SP}\,(SP)-1\rightarrow SP$	●	●	●	●	●	●
	Pull Data	PULA													32	4	1	$(SP)+1\rightarrow SP.(M_{SP})\rightarrow A$	●	●	●	●	●	●
		PULB													33	4	1	$(SP)+1\rightarrow SP.(M_{SP})\rightarrow B$	●	●	●	●	●	●
	Load Index-Reg.	LDX	CE	3	3	DE	4	2	EE	6	2	FE	5	3				$(M)\rightarrow X_H.(M+1)\rightarrow X_L$	●	●	⑨	↕	R	●
	Load Stack-Pntr.	LDS	8E	3	3	9E	4	2	AE	6	2	BE	5	3				$(M)\rightarrow SP_H.(M+1)\rightarrow SP_L$	●	●	⑨	↕	R	●
	Store Index-Reg.	STX				DF	5	2	EF	7	2	FF	6	3				$(X_H)\rightarrow M.(X_L)\rightarrow M+1$	●	●	⑨	↕	R	●
	Store Stack-Pntr.	STS				9F	5	2	AF	7	2	BF	6	3				$(SP_H)\rightarrow M.(SP_L)\rightarrow M+1$	●	●	⑨	↕	R	●
	Indx Reg.→Stack Pntr.	TXS													35	4	1	$(X)-1\rightarrow SP$	●	●	●	●	●	●
	Stack Pntr.→Indx Reg.	TSX													30	4	1	$(SP)+1\rightarrow X$	●	●	●	●	●	●
Schiebebefehle	Rotate Left	ROL							69	7	2	79	6	3				(M)	●	●	↕	↕	⑥	↕
		ROLA													49	2	1	(A)	●	●	↕	↕	⑥	↕
		ROLB													59	2	1	(B)	●	●	↕	↕	⑥	↕
	Rotate Right	ROR							66	7	2	76	6	3				(M)	●	●	↕	↕	⑥	↕
		RORA													46	2	1	(A)	●	●	↕	↕	⑥	↕
		RORB													56	2	1	(B)	●	●	↕	↕	⑥	↕
	Shift Left, Arithmetic	ASL							68	7	2	78	6	3				(M)	●	●	↕	↕	⑥	↕
		ASLA													48	2	1	(A)	●	●	↕	↕	⑥	↕
		ASLB													58	2	1	(B)	●	●	↕	↕	⑥	↕
	Shift Right, Arithmetic	ASR							67	7	2	77	6	3				(M)	●	●	↕	↕	⑥	↕
		ASRA													47	2	1	(A)	●	●	↕	↕	⑥	↕
		ASRB													57	2	1	(B)	●	●	↕	↕	⑥	↕
	Shift Right, Logic	LSR							64	7	2	74	6	3				(M)	●	●	R	↕	⑥	↕
		LSRA													44	2	1	(A)	●	●	R	↕	⑥	↕
		LSRB													54	2	1	(B)	●	●	R	↕	⑥	↕
Arithmetische Befehle	Add	ADDA	8B	2	2	9B	3	2	AB	5	2	8B	4	3				$(A)+(M)\rightarrow A$	↕	●	↕	↕	↕	↕
		ADDB	CB	2	2	DB	3	2	EB	5	2	FB	4	3				$(B)+(M)\rightarrow B$	↕	●	↕	↕	↕	↕
	Add Accumulators	ABA													1B	2	1	$(A)+(B)\rightarrow A$	↕	●	↕	↕	↕	↕
	Add with Carry	ADCA	89	2	2	99	3	2	A9	5	2	B9	4	3				$(A)+(M)+(C)\rightarrow A$	↕	●	↕	↕	↕	↕
		ADCB	C9	2	2	D9	3	2	E9	5	2	F9	4	3				$(B)+(M)+(C)\rightarrow B$	↕	●	↕	↕	↕	↕
	Decimal Adjust, A	DAA													19	2	1	Converts Binary Add. of BCD Characters into BCD Format	●	●	↕	↕	↕	③
	Subtract	SUBA	80	2	2	90	3	2	A0	5	2	B0	4	3				$(A)-(M)\rightarrow A$	●	●	↕	↕	↕	↕
		SUBB	C0	2	2	D0	3	2	E0	5	2	F0	4	3				$(B)-(M)\rightarrow B$	●	●	↕	↕	↕	↕
	Subtract Accumulators	SBA													10	2	1	$(A)-(B)\rightarrow A$	●	●	↕	↕	↕	↕
	Subtr. with Carry	SBCA	82	2	2	92	3	2	A2	5	2	B2	4	3				$(A)-(M)-(C)\rightarrow A$	●	●	↕	↕	↕	↕
		SBCB	C2	2	2	D2	3	2	E2	5	2	F2	4	3				$(B)-(M)-(C)\rightarrow B$	●	●	↕	↕	↕	↕
Inkrementierungs-Dekrementierungs-Clear-Befehle	Increment	INC							6C	7	2	7C	6	3				$(M)+1\rightarrow M$	●	●	↕	↕	⑤	●
		INCA													4C	2	1	$(A)+1\rightarrow A$	●	●	↕	↕	⑤	●
		INCB													5C	2	1	$(B)+1\rightarrow B$	●	●	↕	↕	⑤	●
	Incremet Index-Reg.	INX													08	4	1	$(X)+1\rightarrow X$	●	●	●	↕	●	●
	Increment Stack-Pntr.	INS													31	4	1	$(SP)+1\rightarrow SP$	●	●	●	●	●	●
	Decrement	DEC							6A	7	2	7A	6	3				$(M)-1\rightarrow M$	●	●	↕	↕	④	●
		DECA													4A	2	1	$(A)-1\rightarrow A$	●	●	↕	↕	④	●
		DECB													5A	2	1	$(B)-1\rightarrow B$	●	●	↕	↕	④	●
	Decrement Index-Reg.	DEX													09	4	1	$(X)-1\rightarrow X$	●	●	●	↕	●	●
	Decrement Stack-Pntr.	DES													34	4	1	$(SP)-1\rightarrow SP$	●	●	●	●	●	●
	Clear	CLR							6F	7	2	7F	6	3				$00\rightarrow M$	●	●	R	S	R	R
		CLRA													4F	2	1	$00\rightarrow A$	●	●	R	S	R	R
		CLRB													5F	2	1	$00\rightarrow B$	●	●	R	S	R	R
Logische- und Komplementierungsbefehle	And	ANDA	84	2	2	94	3	2	A4	5	2	B4	4	3				$(A)\wedge(M)\rightarrow A$	●	●	↕	↕	R	●
		ANDB	C4	2	2	D4	3	2	E4	5	2	F4	4	3				$(B)\wedge(M)\rightarrow B$	●	●	↕	↕	R	●
	Or, Inclusive	ORAA	8A	2	2	9A	3	2	AA	5	2	BA	4	3				$(A)\vee(M)\rightarrow A$	●	●	↕	↕	R	●
		ORAB	CA	2	2	DA	3	2	EA	5	2	FA	4	3				$(B)\vee(M)\rightarrow B$	●	●	↕	↕	R	●
	Exclusive OR	EORA	88	2	2	98	3	2	A8	5	2	B8	4	3				$(A)\oplus(M)\rightarrow A$	●	●	↕	↕	R	●
		EORB	C8	2	2	D8	3	2	E8	5	2	F8	4	3				$(B)\oplus(M)\rightarrow B$	●	●	↕	↕	R	●
	Complement, 1's	COM							63	7	2	73	6	3				$(\overline{M})\rightarrow M$	●	●	↕	↕	R	S
		COMA													43	2	1	$(\overline{A})\rightarrow A$	●	●	↕	↕	R	S
		COMB													53	2	1	$(\overline{B})\rightarrow B$	●	●	↕	↕	R	S
	Complement, 2's (Negate)	NEG							60	7	2	70	6	3				$00-(M)\rightarrow M$	●	●	↕	↕	①	②
		NEGA													40	2	1	$00-(A)\rightarrow A$	●	●	↕	↕	①	②
		NEGB													50	2	1	$00-(B)\rightarrow B$	●	●	↕	↕	①	②

Tafel 2.24 Befehlssatz des MC6800-Mikroprozessors (Fortsetzung von Tafel 2.23)

	Befehl	Abk.	unmittelbar			direkt			indiziert			erweitert			inhärent			Wirkung	5	4	3	2	1	0
			OP	~	#	OP	~	#	OP	~	#	OP	~	#	OP	~	#		H	I	N	Z	V	C
Vergleichs- und Test-Befehle	Compare	CMPA	81	2	2	91	3	2	A1	5	2	B1	4	3				$(A)-(M)$	●	●	↕	↕	↕	↕
		CMPB	C1	2	2	D1	3	2	E1	5	2	F1	4	3				$(B)-(M)$	●	●	↕	↕	↕	↕
	Compare Acmltrs.	CBA													11	2	1	$(A)-(B)$	●	●	↕	↕	↕	↕
	Compare Index-Reg.	CPX	8C	3	3	9C	4	2	AC	6	2	BC	5	3				$(X_H/X_L)-(M/M+1)$	●	●	⑦	↕	⑧	●
	Bit Test	BITA	85	2	2	95	3	2	A5	5	2	B5	4	3				$(A)\wedge(M)$	●	●	↕	↕	R	●
		BITB	C5	2	2	D5	3	2	E5	5	2	F5	4	3				$(B)\wedge(M)$	●	●	↕	↕	R	●
	Test. Zero or Minus	TST							6D	7	2	7D	6	3				$(M)-00$	●	●	↕	↕	R	R
		TSTA													4D	2	1	$(A)-00$	●	●	↕	↕	R	R
		TSTB													5D	2	1	$(B)-00$	●	●	↕	↕	R	R

	Befehl	Abk.	relativ			indiziert			erweitert			inhärent			Verzweigungsbedingung	5	4	3	2	1	0
			OP	~	#	OP	~	#	OP	~	#	OP	~	#		H	I	N	Z	V	C
Verzweigungsbefehle	Branch Always	BRA	20	4	2										None	●	●	●	●	●	●
	Branch If Carry Clear	BCC	24	4	2										$(C)=0$	●	●	●	●	●	●
	Branch If Carry Set	BCS	25	4	2										$(C)=1$	●	●	●	●	●	●
	Branch If = Zero	BEQ	27	4	2										$(Z)=1$	●	●	●	●	●	●
	Branch If ≥ Zero	BGE	2C	4	2										$(N)\leftrightarrow(V)=0$	●	●	●	●	●	●
	Branch If > Zero	BGT	2E	4	2										$(Z)\vee[(N)\leftrightarrow(V)]=1$	●	●	●	●	●	●
	Branch If Higher	BHI	22	4	2										$(C)\vee(Z)=0$	●	●	●	●	●	●
	Branch If ≤ Zero	BLE	2F	4	2										$(Z)\vee[(N)\leftrightarrow(V)]=1$	●	●	●	●	●	●
	Branch If Lower Or Same	BLS	23	4	2										$(C)\vee(Z)=1$	●	●	●	●	●	●
	Branch If < Zero	BLT	2D	4	2										$(N)\leftrightarrow(V)=1$	●	●	●	●	●	●
	Branch If Minus	BMI	2B	4	2										$(N)=1$	●	●	●	●	●	●
	Branch If Not Equal Zero	BNE	26	4	2										$(Z)=0$	●	●	●	●	●	●
	Branch If Overflow Clear	BVC	28	4	2										$(V)=0$	●	●	●	●	●	●
	Branch If Overflow Set	BVS	29	4	2										$(V)=1$	●	●	●	●	●	●
	Branch If Plus	BPL	2A	4	2										$(N)=0$	●	●	●	●	●	●
Sprung- und Sonder-Befehle	Branch To Subroutine	BSR	8D	8	2										} See Special Operation	●	●	●	●	●	●
	Jump	JMP				6E	4	2	7E	3	3					●	●	●	●	●	●
	Jump To Subroutine	JSR				AD	8	2	BD	9	3					●	●	●	●	●	●
	No Operation	NOP										01	2	1	Advances Program Counter Only	●	●	●	●	●	●
	Return From Interrupt	RTI										3B	10	1	} See special Operations	⑩	⑩	⑩	⑩	⑩	⑩
	Return from Subroutine	RTS										39	5	1		●	●	●	●	●	●
	Software Interrupt	SWI										3F	12	1		●	S	●	●	●	●
	Wait for Interrupt	WAI										3E	9	1		●	⑪	●	●	●	●

	Befehl	Abkz.	inhärent			Wirkung	5	4	3	2	1	0
			OP	~	#		H	I	N	Z	V	C
CC-Register-bezogene Befehle	Clear Carry	CLC	0C	2	1	$0\rightarrow C$	●	●	●	●	●	R
	Clear Interrupt Mask	CLI	0E	2	1	$0\rightarrow I$	●	R	●	●	●	●
	Clear Overflow	CLV	DA	2	1	$0\rightarrow V$	●	●	●	●	R	●
	Set Carry	SEC	0D	2	1	$1\rightarrow C$	●	●	●	●	●	S
	Set Interrupt Mask	SEI	0F	2	1	$1\rightarrow I$	●	S	●	●	●	●
	Set Overflow	SEV	0B	2	1	$1\rightarrow V$	●	●	●	●	S	●
	Acmltr A→CCR	TAP	06	2	1	$(A)\rightarrow CC$	⑫	⑫	⑫	⑫	⑫	⑫
	CCR→Acmltr A	TPA	07	2	1	$(CC)\rightarrow A$	●	●	●	●	●	●

LEGEND:

OP	Operation Code (Hexadecimal);	00	Byte = Zero:
~	Number of MPU Cycles;	H	Half-carry from bit 3;
#	Number of Program Bytes;	I	Interrupt mask
+	Arithmetic Plus;	N	Negative (sign bit)
−	Arithmetic Minus;	Z	Zero (byte)
∧	Boolean AND;	V	Overflow, 2's complement
(M_{SP})	Contents of memory location pointed to be Stack Pointer;	C	Carry from bit 7
		R	Reset Always
∨	Boolean Inclusive OR;	S	Set Always
↔	Boolean Exclusive OR;	↕	Test and set if true, cleared otherwise
$(\overline{M})$	Complement of (M);	●	Not Affected
→	Transfer Into;	CC	Condition Code Register
0	Bit = Zero;	LS	Least Significant
		MS	Most Significant

CONDITION CODE REGISTER NOTES:
(Bit set if test is true and cleared otherwise)

① (Bit V) Test: Result = 1000 0000?
② (Bit C) Test: Result = 0000 0000?
③ (Bit C) Test: Decimal value of most significant BCD Character greater than nine? (Not cleared if previously set.)
④ (Bit V) Test: Operand = 1000 0000 prior to execution?
⑤ (Bit V) Test: Operand = 0111 1111 prior to execution?
⑥ (Bit V) Test: Set equal to result of $(N)\wedge(C)$ after shift has occured.
⑦ (Bit N) Test: Sign bit of most significant (MS) byte of result = 1?
⑨ (Bit N) Test: Result less than zero? (Bit 15 = 1)
⑩ (ALL) Load Condition Code Register from Stack. (See Special Operations)
⑪ (Bit I) Set when interrupt occurs. If previously set, a Non-Maskable Interrupt is required to exit the wait state.
⑫ (ALL) Set according to the contents of Accumulator A.

Spalte Wirkung: Inhalte in Klammern, Adressen ohne Klammern z. B. $(M) \rightarrow A$: Inhalt M nach A; Ausnahme: Unmittelbare Adressierung, dabei ist mit (M) die Zahl M gemeint.

2.4.1 Datentransport-Befehle

Zu den Datentransport-Befehlen gehören als wichtigste die Akkumulator-bezogenen
Lade- und Speicherbefehle LDAA, LDAB, STAA und STAB sowie die Akkumulator-
Akkumulator-Transferbefehle TAB und TBA, bei denen abhängig vom geladenen oder
abgespeicherten Datenwort das Zero-Flag Z und das Negativ-Flag N gesetzt oder
gelöscht wird. Das Overflow-Flag V wird stets gelöscht. Das Carry-Flag C bleibt unbeeinflußt, da, wie das folgende Beispiel zeigt, bei Mehrbyte-Additionen oder -Subtraktio-
nen der Carry durch Lade- und Speicherbefehle nicht zerstört werden darf:

Beispiel 2.1 Zu addieren sind zwei aus jeweils 2 Byte bestehende Dualzahlen. Die 1. Zahl steht
higher Byte voran in den Zellen M und $M+1$, die 2. Zahl in den Zellen $M+2$ und $M+3$, und das
Ergebnis der Addition wird in den Zellen $M+4$ und $M+5$ abgespeichert. Die Addition wird im
Akkumulator A durchgeführt.

Assembler-Programmabschnitt:

```
LDAA    M+1
ADDA    M+3
STAA    M+5  ⎫     ⎰Bei diesen Transportbefehlen darf der
LDAA    M    ⎬  ← ⎱Carry (C) nicht verändert werden, da er
ADCA    M+2       ←  in diesem Befehl benötigt wird!
STAA    M+4
```

Die mit dem Stackpointer zusammenarbeitenden PUSH- und PULL-Befehle
(s. Abschn. 2.2.4) beeinflussen die Status-Flags überhaupt nicht.

Indexregister- und Stackpointer-Ladebefehle laden stets 2 Byte. Der Befehl LDX M lädt
den Inhalt (M) in das higher byte X_H des Indexregisters und den Inhalt der $(M+1)$ in das
lower byte X_L. Entsprechendes gilt auch für die Befehle STX, LDS und STS. Zero-Flag
Z und Negativ-Flag N werden beeinflußt, wobei Flag N gesetzt wird, wenn das Bit x_{15}
(höchstwertiges Bit) des Indexregisters oder des Stackpointers 1 ist, so daß der Inhalt als
negative Zahl interpretiert wird.

Besonderes Verhalten zeigen die Stackpointer-Indexregister-Transferbefehle, denn es
wird mit TXS der dekrementierte Inhalt des Indexregisters in den Stackpointer und mit
TSX der inkrementierte Inhalt des Stackpointers in das Indexregister transportiert. Der
Grund hierfür ist folgender: Ist $N = (SP)$ der momentane Inhalt des Stackpointers, so
ist der Stack bis zur Adresse $N+1$ beschrieben und von der Adresse N zu kleineren
Adressen hin noch leer. Wird mit TSX der inkrementierte Stackpointer-Inhalt ins Indexregister geladen, so enthält dieses die Adresse $N+1$, und die letzte Stack-Eintragung
kann mit einem indiziert adressierten Befehl gelesen werden.
Programmabschnitt:

```
TSX          (SP)+1 ins Indexregister
LDAA 0,X     Letzter Stack-Eintrag wird in Akku A geholt.
```

Ebenso kann mit dem Programmabschnitt

```
TXS          (X) – 1 in den Stackpointer
PSHA         (A) in den Stack bringen
```

der Inhalt von Akku A in den nächsten freien Platz eines durch (X) festgelegten Stacks
gebracht werden.

2.4.2 Schiebebefehle

Mit den in Tafel **2.**23 zusammengefaßten Schiebebefehlen können die Inhalte der Akkumulatoren A, B und der Inhalt jeder beliebigen Speicherzelle M um einen Schritt rechts oder links verschoben werden. Das dabei „herausfallende" Bit wird stets im Carry-Flag C aufgefangen. Wichtig ist die Behandlung des beim Verschieben frei werdenden Platzes:

Rotate:	Der frei werdende Platz wird mit dem Inhalt des Carry-Flags besetzt.
Shift left arithmetic:	Der frei werdende Platz wird mit 0 besetzt.
Shift right logic:	Der frei werdende Platz wird mit 0 besetzt.
Shift right arithmetic:	Der frei werdende Platz wird mit seinem eigenen Inhalt besetzt.

Ist der Inhalt eines Registers oder einer Zelle eine Dualzahl, so bedeutet die Verschiebung um einen Schritt nach links eine Multiplikation mit 2 und die Verschiebung um einen Schritt nach rechts eine Division durch 2. Beispiele:

Linksverschiebung einer positiven Zahl:

vorher: 0011 1111 = \$3F =   63
nachher: 0111 1110 = \$7E = 126 = 2 · 63

Linksverschiebung einer negativen (Zweierkomplement-)Zahl:

vorher: 1111 1110 = \$FE ≙ −2
nachher: 1111 1100 = \$FC ≙ −4 = 2 · (−2)

Rechtsverschiebung einer positiven Zahl:

vorher: 0111 1110 = \$7E = 126
nachher: 0011 1111 = \$7F =   63 = 126 : 2

Rechtsverschiebung einer negativen Zahl:

vorher: 1111 1100 = \$FC ≙ −4
nachher: 1111 1110 = \$FE ≙ −2 = −4 : 2

Aus den letzten zwei Beispielen wird klar, daß der links außen liegende höchstwertige Platz stets mit seinem eigenen Inhalt besetzt werden muß, wenn es sich um eine arithmetische Rechtsverschiebung handelt, denn würde er im letzten Beispiel (wie beim logischen Rechts-Shift) mit 0 besetzt, entstünde aus einer negativen Zahl durch Division eine positive – ein offensichtlich falsches Ergebnis.

Die Rotationsbefehle werden vorteilhaft bei der Verschiebung von Zahlen angewendet, die als Mehrbyte-Zahlen in mehreren aufeinander folgenden Zellen gespeichert sind. Als Beispiel stehe eine (3 Byte)-Zahl (24 Bit) in den Zellen M, $M+1$ und $M+2$ (higher Byte in M); und Bild **2.**24 zeigt schematisch den Ablauf der Multiplikation mit 2 und der Division durch 2. Diese Operationen können mit folgenden Befehlsgruppen ausgeführt werden:

Multiplikation	Division
ASL M+2	ASR M
ROL M+1	ROR M+1
ROL M	ROR M+2

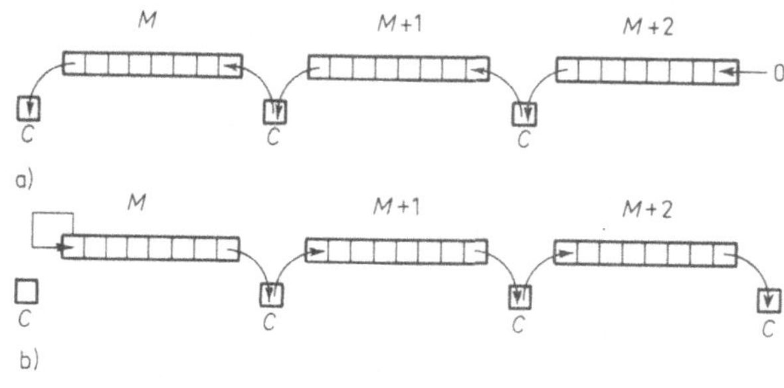

a)

b)

Bild 2.24
Schematische Darstellung der Multiplikation mit 2 (a) und der Division durch 2 (b) einer 3 Byte langen Zahl
C Carry-Flag, M Symbolische Adresse der Speicherzelle

Hier wirkt es sich als großer Vorteil aus, daß sämtliche Schiebebefehle direkt auf Speicherzelleninhalte angewendet werden können. Könnte man z. B. nur in den Akkumulatoren schieben, wären zur Ausführung folgende Befehlsgruppen erforderlich:

Multiplikation		Division	
LDAA	M+2	LDAA	M
ASLA		ASRA	
STAA	M+2	STAA	M
LDAA	M+1	LDAA	M+1
ROLA		RORA	
STAA	M+1	STAA	M+1
LDAA	M	LDAA	M+2
ROLA		RORA	
STAA	M	STAA	M+2

Die Anzahl der Befehle verdreifacht sich hierdurch. Bei der Ausführung eines erweitert adressierten, auf eine Speicherzelle angewandten Schiebebefehls wird von der MPU in 3 Zyklen Operator und Adresse geholt. Dann wird der Inhalt des Adreßregisters AH auf den Adreßbus geschaltet und im 4. Zyklus der Zelleninhalt über Datenbus und auf Schieben geschaltete ALU (s. Bild **2.**7) um ein Bit verschoben in das Datenhilfsregister DH gebracht. Im 5. Zyklus wird der Inhalt von DH ins Ausgangsregister $OUTD$ verschoben, und im 6. Zyklus wieder in dieselbe Zelle zurücktransportiert. Während der letzten 3 Zyklen liegt auf dem Adreßbus der Inhalt von AH, also die Adresse M der Zelle, deren Inhalt verschoben wird. Lade- und Store-Befehl wird also von der Prozessor-Hardware automatisch ausgeführt.

Negativ-, Zero- und Carry-Flag N, Z und C werden jeweils in Abhängigkeit vom Schiebeergebnis gesetzt oder gelöscht. Z. B. wird das Zero-Flag auf $(Z) = 1$ gesetzt, wenn nach 8 Schiebebefehlen ASLA der Akku A gelöscht ist. Tritt durch das Schieben ein Zustandswechsel des höchstwertigen Bits auf, wechselt also die verschobene Zahl das Vorzeichen, wird das Overflow-Flag $(V) = 1$ gesetzt. Dies wird abgeprüft durch die Bedingung $(V) = (C) \longleftrightarrow (N)$.

Beispiel eines Überlauffalles (Wechsel von positiver zu negativer Zahl):

```
            (C) (N)
vorher:      0   0  101  110 0
                 a₇ .  .  .  . a₀      Hier wird also (C) ungleich (N)
nachher:     0   1  011  100 0
```

2.4.3 Arithmetische Befehle

Bei Betrachtung der Gruppe der arithmetischen Befehle fällt auf, daß der MC6800-Prozessor als Grundrechenarten nur die Addition und Subtraktion beherrscht. Multiplikation und Division sind kompliziertere Operationen und müssen, werden sie in einem Programm benötigt, programmiert werden. Sie benötigen dann für ihre Ausführung entsprechend mehr Zeit (ca. 1 ms bis 2 ms). Für langwierigere und kompliziertere arithmetische Berechnungen ist deshalb der MC6800-Prozessor weniger geeignet.

Additionsbefehle Das Ergebnis einer Addition beeinflußt außer dem Interrupt-Maskenbit I alle anderen Status-Flags H, N, Z, V und C. Man unterscheidet die Befehle ADDA, ADDB und ABA, bei denen wie Tafel **2.**23 zeigt, der Inhalt des Carry-Flags (C) nicht mitaddiert wird, und die Befehle ADCA, ADCB (Add with Carry), bei denen auch der Carry-Inhalt mitaddiert wird. Diese Befehle werden für Mehrbyte-Additionen benötigt (s. hierzu Beispiel 2.1).

Beispiel 2.2 Zwei aus 5 Byte bestehende Dualzahlen sollen addiert werden. Die 1. Zahl steht higher Byte voran in den Zellen M bis $M+4$; die 2. Zahl ist in den Zellen $M+5$ bis $M+9$ abgelegt, und das Ergebnis soll in die Zellen $M+10$ bis $M+14$ gespeichert werden. Die Addition soll in Akkumulator A durchgeführt werden.

Assembler-Programmabschnitt:

```
        :
        LDX    #M+4   Indexreg. mit Adresse 1. Zahl lower Byte laden
        CLC           Carry löschen
LOOP    LDAA   0,X    Ein Byte der 1. Zahl laden
        ADCA   5,X    Ein Byte der 2. Zahl addieren
        STAA   10,X   Ergebnis abspeichern
        DEX           Adresse im Indexreg. um 1 erniedrigen
        CPX    #M-1   Letztes Byte verarbeitet?
        BNE    LOOP   wenn nein, dann zurück zu LOOP
        :
```

Bemerkungen: Damit bei der Addition der niederstwertigen Bytes mit dem Befehl ADCA garantiert (C) = 0 mit hinzu addiert wird, muß das Carry-Flag vor Eintritt in die indiziert adressierte Additionsschleife LOOP gelöscht werden. Enthält das Indexregister nach 4 Dekrementierungen die Adresse M, werden die beiden höchstwertigen Bytes addiert. Danach wird nochmal dekrementiert, und im X-Register steht die Adresse $M-1$. Die Bedingung not equal zero gilt nicht mehr, und die Schleife LOOP wird verlassen.

Subtraktionsbefehle Im Gegensatz zu den Additionsbefehlen wird von den Subtraktionsbefehlen das Half-carry-Flag H nicht beeinflußt. Dies hat wichtige Konsequenzen für die Anwendung des im folgenden zu besprechenden Decimal-Adjust-Befehls DAA. Sonst sind im Befehlssatz die entsprechenden Befehlstypen wie bei der Addition enthalten.

Decimal-Adjust-Akkumulator A (DAA) Mit dem MC6800 können auch im 8421-Code (s. Abschn. 7.5) vorliegende BCD-Zahlen addiert werden. Dabei sind in einem Byte 2 BCD-Ziffern enthalten:

höherwertige BCD-Ziffer   niederwertige BCD-Ziffer

$$\underbrace{0\ \ 1\ \ 1\ \ 0}_{6} \qquad\qquad \underbrace{1\ \ 0\ \ 0\ \ 1}_{9} = (M)$$

Der Inhalt der Speicherzelle M wird also nicht als Dualzahl aufgefaßt, sondern soll 2 BCD-Ziffern darstellen, in unserem Beipsiel also die Dezimalzahl 69. Als Dualzahl würde obiger Zelleninhalt die Zahl 105 ergeben. Die arithmetisch-logische Einheit ALU des MC6800 kann jedoch nur nach den Additionsregeln des Dualsystems addieren. Diese sind aber auf die Addition von solchen **gepackten** BCD-Ziffern nicht anwendbar. Addiert man z. B. die im gepackten Dezimalformat vorliegenden Dezimalzahlen $57 + 36 = 93$ mit den Regeln der Dualarithmetik, also mit dem Befehl ADDA M

```
  0101  0111  = (M)
+ 0011  0110  = (A)
  1110  1100  = Carry
  1000  1101  = (A)    nach der Addition
  ⎵     ⎵
   8     D    ?
```

so ergibt sich nicht 93, sondern 8D, ein Ergebnis, das falsch ist, also einer Korrektur bedarf. Diese Korrekturoperation führt der DAA-Befehl aus.

Der DAA-Befehl darf zur Korrektur nur nach einer Addition in den Akkumulator A, also nach den Befehlen ADDA, ADCA und ABA, gegeben werden. Da er den Zustand des Half-carry-Flags auswertet, ist er nach Subtraktionsbefehlen verboten, denn diese beeinflussen dieses Flag nicht.

Die erforderliche Korrektur wollen wir zunächst an einer einstelligen BCD-Zahl festlegen. Bei der dualen Addition von 2 BCD-Ziffern sind 3 Fälle zu unterscheiden:

Fall 1:   Das Ergebnis R ist wieder eine gültige BCD-Ziffer

z. B.   dezimal $5 + 3 = 8$
        dual $0101 + 0011 = 1000$ gültige BCD-Ziffer

Es ist keine Korrektur erforderlich.

Fall 2:   Das Ergebnis ist eine Pseudodezimale $10 \leqq R \leqq 15$

z. B.   dezimal $5 + 8 = 13$
        dual $0101 + 1000 = 1101$ keine BCD-Ziffer

Zur Korrektur muß 10 subtrahiert und in der nächsthöheren BCD-Stelle ein Übertrag erzeugt werden. Die Subtraktion wird durch die Addition des Zweierkomplements der 10 zur 16, also durch Addition von 6, ausgeführt.

```
+  1101 = 13   Pseudodezimale
   0110 =  6   Korrekturkonstante
 1 0011        Ergebnis imBCD-Format
   ⎵
 1  3          im BCD-Format
```

Fall 3:   Das Ergebnis liegt im Bereich $16 \leqq R \leqq 19$

z. B.   dezimal $8 + 9 = 17$
        dual $1000 + 1001 = 1\ 0001$

Zur Korrektur muß in der niederwertigen BCD-Ziffer ebenfalls 6 addiert werden.

$$\begin{array}{r}1\ 0001 = 17\\ +\quad\underline{0110} = \ \ 6\\ \underline{1\ 0111}\\ \underbrace{\qquad}\\ 1\quad 7\end{array}\qquad\begin{array}{l}\text{in dualer Darstellung}\\ \text{Korrekturkonstante}\\ \text{Ergebnis im BCD-Format}\\ \\ \text{im BCD-Format}\end{array}$$

Bei der Addition 2stelliger BCD-Ziffern ist die größte Zahl 19, wenn $9 + 9 + 1$ addiert wird, wobei die 1 der Inhalt des Carry-Flags (C) sein kann. Falls also eine Korrektur erforderlich wird, muß die Konstante $0110_2 = 6$ addiert werden.

Bei einer 2stelligen BCD-Zahl kann entweder in der niederwertigen Stelle (unteres Halbbyte) oder in der höherwertigen Stelle (oberes Halbbyte) von Akkumulator A eine gültige BCD-Ziffer, eine Pseudodezimale oder ein Ergebnis $R \geqq 16$ nach einer Addition auftreten. Es sind also insgesamt $3 \cdot 3 = 9$ verschiedene Fälle bei der Korrektur zu prüfen. Diese 9 Fälle sind in Tafel **2**.25 aufgeführt, und es ist angegeben, welche Korrekturaddition der DAA-Befehl jeweils ausführt.

Beispiel 2.3 Ähnlich wie in Beispiel 2.2 sollen in den Zellen M bis $M+4$ und $M+5$ bis $M+9$ zwei 10stellige Dezimalzahlen stehen (2 BCD-Stellen pro Zelle). Nach Addition der beiden Zahlen in Akkumulator A soll das Ergebnis in den Zellen $M+10$ bis $M+14$ abgespeichert werden.

Assembler-Programmabschnitt:

```
          :
     LDX    #M+4
     CLC
LOOP LDAA   0,X
     ADCA   5,X
     DAA           ← Hier wird die Korrektur des dualen Additionsergebnisses ins
     STAA   10,X     BCD-Format durchgeführt.
     DEX
     CPX    #M-1
     BNE    LOOP
          :
```

Weiterer Kommentar wie in Beispiel 2.2.

T a f e l **2**.25 Zusammenstellung der Korrekturadditionen, die der DAA-Befehl nach einer vorangegangenen Addition ausführt

| Inhalte nach einer Addition mit den Befehlen ADDA, ADCA, ABA und vor der Ausführung von DAA | | | | Korrektur, die der DAA ausführt | |
Carry (C)	(A) oberes Halbbyte	Half-carry (H)	(A) unteres Halbbyte	Konstante, die DAA addiert	Carry (C) nach DAA-Ausführung
0	0 bis 9	0	0 bis 9	$00	0
0	0 bis 8	0	A bis F	$06	0
0	0 bis 9	1	0 bis 3	$06	0
0	A bis F	0	0 bis 9	$60	1
0	9 bis F	0	A bis F	$66	1
0	A bis F	1	0 bis 3	$66	1
1	0 bis 2	0	0 bis 9	$60	1
1	0 bis 2	0	A bis F	$66	1
1	0 bis 3	1	0 bis 3	$66	1

Dezimale Subtraktion Da bei den Subtraktionsbefehlen das Half-carry-Flag H nicht beeinflußt wird, darf nach diesen der DAA-Befehl nicht gegeben werden. Die Subtraktion von Dezimalzahlen muß deshalb durch eine Komplementaddition durchgeführt werden und ist somit komplizierter. x, y und z seien 2stellige, im gepackten BCD-Format vorliegende Dezimalzahlen. Dann kann für

$$x - y = z \tag{2.4}$$

auch

$$x + (99 - y) + 1 - 100 = z \tag{2.5}$$

$$x + y' \quad\quad + 1 - 100 = z \tag{2.6}$$

geschrieben werden, wobei y' das N e u n e r k o m p l e m e n t ist. Als Neunerkomplement bezeichnen wir in Analogie zum E i n s e r k o m p l e m e n t (s. Anhang Abschn. 7.3) beim Dualsystem die Ergänzung der Zahl y zu der Zahl: nächsthöhere Zehnerpotenz minus eins. Dies ist eine Zahl, bei der alle Stellen mit 9 besetzt sind. (Bei der entsprechenden Zahl im Dualsystem sind alle Stellen mit 1 besetzt.)

Es sei jetzt $x = (M)$, $y = (M+1)$, und das Ergebnis der Subtraktion soll abgespeichert werden in die Zelle $M+2$. Damit können wir die Subtraktion von Gl. (2.4) nach Gl. (2.6) wie folgt programmieren:

Assembler-Programmausschnitt:

```
LDAA  #$99      Bilden des Neunerkomplements y' des Subtrahenden y
SUBA  M+1
SEC             Durchführung der Komplementaddition bei gesetztem Carry, um die
ADCA  M         1 nach Gl. (2.6) mit zu addieren.
DAA             Dezimale Korrektur
STAA  M+2       Abspeichern des Ergebnisses
```

Man beachte, daß gepackte BCD-Zahlen, z. b. 99, mit den entsprechenden Hexazahlen (hier \$99) identisch in der Darstellung sind. In BCD-Zahlen kommen nur die Ziffern A bis F nicht vor.

Mit den Zahlenwerten $x = 35$, $y = 21$, $z = x - y = 14$ läuft dieser Programmabschnitt wie folgt ab:

$$
\begin{array}{llll}
& 99 & = & -\left\{\begin{array}{ll} 1001 & 1001 \\ 0010 & 0001 \end{array}\right. \\
y & = 21 & = & \\
y' & = 78 & = & +\left\{\begin{array}{ll} \overline{0111} & \overline{1000} \\ 0011 & 0101 \end{array}\right. \\
x & = 35 & = & \\
\text{Carry } (C) & & = & \phantom{+\{0111\ \ }1 \\
y' + x + 1 & & = & +\left\{\begin{array}{ll} \overline{1010} & \overline{1110} \end{array}\right. \quad \text{nach dualer Addition} \\
\text{DAA-Korrektur} & & & \phantom{+\{}\left. 0110 \quad 0110 \right. \quad \text{Addition von \$66 gemäß Tafel 2.25} \\
y' + x + 1 & & = & \overline{1 \quad 0001 \quad 0100} \quad \text{nach DAA-Korrektur} \\
& & & \underbrace{}_{1} \quad \underbrace{}_{4}
\end{array}
$$

Weglassen der führenden 1 bedeutet Subtraktion von 100, und das 2stellige Ergebnis ist wie gefordert $z = 14$.

Beispiel 2.4 Wie in Beispiel 2.3 soll die jetzt 10stellige Dezimalzahl x in den Zellen M bis $M+4$, die ebenfals 10stellige Dezimalzahl y in den Zellen M+5 bis M+9 stehen, und das Ergebnis z soll in die

Zellen $M+10$ bis $M+14$ abgespeichert werden. Es soll $z = x - y$ berechnet werden. Die Subtraktion wird in zwei über das Indexregister gesteuerten Schleifen LOOP1 und LOOP2 durchführt. In der Schleife LOOP1 wird das Neunerkomplement y' des Subtrahenden gebildet, und in Schleife LOOP2 wird schließlich die Komplementaddition bei gesetztem Anfangs-Carry mit nachfolgendem DAA durchgeführt. Das Neunerkomplement y' wird in dieselben Zellen $M+4$ bis $M+9$ des Subtrahenden y zurückgespeichert. Der Subtrahend wird dabei also zerstört.

Assembler-Programmausschnitt:

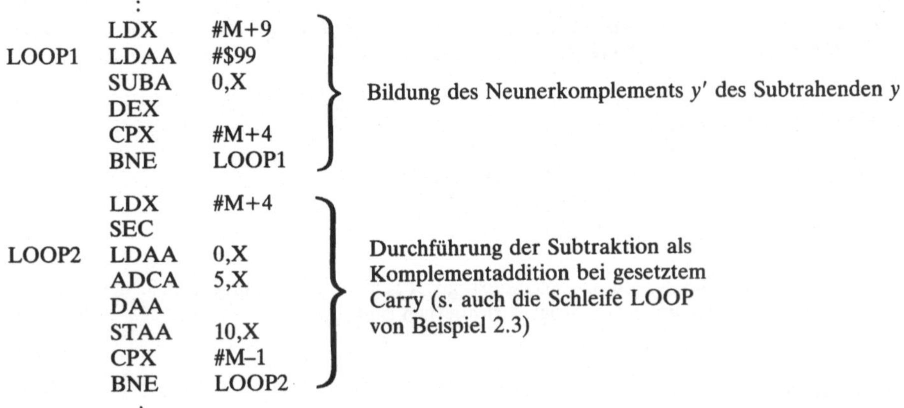

```
              :
        LDX     #M+9
LOOP1   LDAA    #$99
        SUBA    0,X        Bildung des Neunerkomplements y' des Subtrahenden y
        DEX
        CPX     #M+4
        BNE     LOOP1

        LDX     #M+4
        SEC                Durchführung der Subtraktion als
LOOP2   LDAA    0,X        Komplementaddition bei gesetztem
        ADCA    5,X        Carry (s. auch die Schleife LOOP
        DAA                von Beispiel 2.3)
        STAA    10,X
        CPX     #M-1
        BNE     LOOP2
              :
```

2.4.4 Inkrementierungs- und Dekrementierungsbefehle

Inkrementieren bedeutet Erhöhen eines Register- oder Speicherzelleninhalts um 1, Dekrementieren bedeutet Erniedrigen um 1. Angewendet werden können die INC-Befehle und die DEC-Befehle auf die Register A, B, X, SP und auf jede beliebige Speicherzelle M. Wird ein INC- oder DEC-Befehl auf eine Speicherzelle angewendet, so holt die MPU in der Ausführungsphase den Inhalt (M) der Zelle und bringt ihn inkrementiert oder dekrementiert über die ALU in das Datenhilfsregister DH. Von dort wird er in 2 Zyklen wieder in dieselbe Speicherzelle zurückgebracht. Zusammen mit der Lesephase des Befehls (3 Zyklen) benötigt ein solcher Befehl 6 Maschinenzyklen, da er erweitert adressiert ist. Wird der INC- oder der DEC-Befehl auf die Registerinhalte der MPU angewendet, ist er inhärent adressiert.

Der Befehl INCA hat auf den Inhalt des Akkumulators A die gleiche Wirkung wie der Befehl ADDA #1 (Addiere die Zahl 1 zu (A)). Die Wirkung auf das Statusregister ist jedoch unterschiedlich. Während der ADDA-Befehl Carry- und Half-carry-Flag in Abhängigkeit vom Additionsergebnis setzt oder löscht, geschieht dies beim INCA-Befehl nicht. Entsprechendes gilt für den Befehl DECA, der die gleiche Wirkung wie der Befehl SUBA #1 auf den Akkumulatorinhalt ausübt. Bei den auf Akkumulator- und Speicherzellen bezogenen Inkrementierungs- und Dekrementierungsbefehlen wird das Overflow-Flag $(V) = 1$ gesetzt, wenn infolge der Inkrementierung oder der Dekrementierung das höchstwertige Bit des Register- oder Speicherzelleninhalts seinen Zustand von 0 auf 1 (Inkrementierung) oder von 1 auf 0 (Dekrementierung) ändert. Betrachtet man den Inhalt des betreffenden Registers als eine Zweierkomplementzahl, so bedeutet dieser Zustandswechsel einen Vorzeichenwechsel, der natürlich durch eine Inkrementierung oder Dekrementierung nicht hervorgerufen werden darf.

Die auf das Indexregister bezogenen Befehle INX und DEX wirken im Statusregister nur auf das Zero-Flag Z. Dies muß bedacht werden, wenn mit einem nachfolgenden Branch-Befehl verzweigt werden soll. Es dürfen nur die Befehle BNE (Branch if Not Equal Zero) und BEQ (Branch if Equal Zero) verwendet werden.

Die auf den Stackpointer bezogenen Befehle INS und DES haben keinerlei Wirkung auf die Status-Flags. Nach ihnen kann also mit keinem Branch-Befehl verzweigt werden.

Beispiel 2.5 Durch Dekrementierung des Indexregister-Inhalts (X) ist in ein Programm eine Verzögerungsschleife einzufügen, die eine Verzögerung von $T = 1$ ms erzeugt. Dabei ist davon auszugehen, daß der Prozessor eine Zykluszeit $t_{cyc} = 1$ µs entsprechend einer Taktfrequenz von $f_{cyc} = 1$ MHz hat.

Assembler-Programmabschnitt:

```
        :
        LDX    #K          3 Zyklen nach Tafel 2.23
DEL     DEX                4 Zyklen ⎫ 8 Zyklen
        BNE    DEL         4 Zyklen ⎭
        :
```

Berechnung der Konstanten K, mit der das Indexregister geladen werden muß: Pro Schleifendurchlauf wird das Indexregister um 1 erniedrigt. Erforderlich sind

$$N = T/t_{cyc} = 1 \text{ ms}/1 \text{ µs} = 1000 \tag{2.7}$$

Maschinenzyklen, für die

$$N = 8\,K + 3 \tag{2.8}$$

gilt, da die Konstante K, mit der das Indexregister geladen wird, die Anzahl der Schleifendurchläufe bestimmt. Der Ausstieg aus der Schleife erfolgt, wenn das Indexregister auf 0 heruntergezählt ist. Aus Gl. (2.8) ergibt sich

$$K = (N - 3)/8 = 997/8 = 124{,}6 \approx 125 = \$007D$$

Für die Konstante ist also der Wert $K = \$007D$ im Programmabschnitt einzusetzen.

Beispiel 2.6 Die Dualzahl $0000\ 0000 \leqq z \leqq 0110\ 0011$ (hexadezimal $\$00 \leqq z \leqq \$63$) stehe in der Zelle mit der Adresse M, also $z = (M)$. In einer Inkrementierungsschleife ist diese Zahl in eine 2stellige, im gepackten BCD-Format vorliegende Dezimalzahl $00 \leqq z \leqq 99$ zu konvertieren und in die Zelle $M+1$ zu speichern.

Assembler-Programmabschnitt:

```
            :
        CLRA
        CLRB               Beide Akkumulatoren löschen
KONV    CMPB    M          Ist (B) = (M) ?
        BEQ     FERTIG     Wenn ja, dann goto FERTIG
        INCB               Erhöhe (B) um 1
        ADDA    #1
        DAA                Addiere dezimal 1 in Akku A
        BRA     KONV       Zurück zu KONV
FERTIG  STAA    M+1        Konv.-Ergebnis abspeichern
            :
```

Bemerkungen: Im Akkumulator B wird der Inhalt so lange inkrementiert, bis er gleich $(M) = z$ ist. Bei jedem Schleifendurchlauf wird in den Akkumulator A eine 1 addiert und dann mit DAA das duale Additionsergebnis korrigiert. Nach Beendigung der Konvertierung wird das Ergebnis in die Zelle $M+1$ abgespeichert.

2.4.5 Logische Befehle und Komplementierungsbefehle

Der MC6800-Prozessor kennt die logischen Funktionen AND (UND), ORA (ODER), EOR (exklusives ODER = Antivalenz-Funktion) und COM (Komplementierung = Invertierung) und führt diese Verknüpfungen bitweise mit dem Inhalt des angegebenen Akkumulators und der adressierten Speicherzelle aus. Bei unmittelbarer Adressierung wird nicht der Inhalt der Zelle M sondern die (1 Byte)-Zahl M selbst bitweise verknüpft.

Die Verknüpfungen, die vom Prozessor ausgeführt werden, sind in Tafel **2.26** zusammengestellt.

Tafel **2.26** Logische Verknüpfungen, die der MC6800-prozessor ausführt

Jeweils i-tes Bit vor der Ausführung der Befehle		Jeweils i-tes Bit von (A), (B), (M) nach der Ausführung der Befehle				
(A_i) (B_i)	(M_i)	ANDA M ANDB M (A_i) (B_i)	ORAA M ORAB M (A_i) (B_i)	EORA M EORB M (A_i) (B_i)	COMA COMB (A_i) (B_i)	COM M (M_i)
0	0	0	0	0	1	1
0	1	0	1	1	1	0
1	0	0	1	1	0	1
1	1	1	1	0	0	0

Das Ergebnis der bitweisen Verknüpfung wird bei den Befehlen ANDA, ANDB, ORAA, ORAB, EORA, EORB wieder in den adressierten Akkumulator gespeichert. Der Inhalt der adressierten Speicherzelle bleibt unverändert. Bei den Befehlen COMA und COMB wird der Inhalt (A) bzw. (B) bitweise invertiert. Der Befehl COM M kann direkt auf eine adressierte Speicherzelle angewendet werden und invertiert in dieser alle Bits.

AND- und ORA-Befehle können vorteilhaft zur Aus- und Einblendung von Bits in ein Datenwort verwendet werden. Mit dem Befehl ANDA #$0F können z.B. in einem Datenwort die oberen 4 Bit ausgeblendet werden:

(A) vor Befehlsausführung:	1111	0110
$0F Maske:	0000	1111
(A) nach Befehlsausführung:	0000	0110

Mit dem Befehl ORAA #$F0 können die Bits wieder in das in Akkumulator A stehende Datenwort eingeblendet werden:

(A) vor Befehlsausführung:	0000	0110
$F0 Maske:	1111	0000
(A) nach Befehlsausführung:	1111	0110

Mit dem EORA #$99 kann z.B. geprüft werden, welche Bits des in Akkumulator A stehenden Datenworts mit der Maske $99 nicht übereinstimmen:

(A) vor Befehlsausführung:	1001 1000
$99 Maske:	1001 1001
(A) nach Befehlsausführung:	0000 0001

In Bit b_0 stimmen also Maske $99 und (A) nicht überein.

Beispiel 2.7 An das Eingangsregister mit der Adresse M und den Bits b_0 bis b_7 sind die Schalter S_0 bis S_7 angeschlossen. Ist ein Schalter S_i geschlossen, so ist das zugehörige Bit $b_i = 1$. An ein Ausgangsregister mit der Adresse $M+2$ und den Bits a_0 bis a_7 sind über Transistortreiber LEDs angeschlossen. Die LED L_i leuchtet, wenn das zugehörige Bit $a_i = 1$ ist.

Man entwerfe einen Programmabschnitt, der die LED L_0 ein- und die LED L_1 ausschaltet, wenn der Schalter S_3 geschlossen ist. Ist S_3 geöffnet, soll LED L_0 aus- und LED L_1 eingeschaltet sein.

Assembler-Programmausschnitt:

```
                :
        LDAB    M+2         (M+2) in Akkumulator B laden
        LDAA    #$08        Maske 0000 1000 in A laden und
        ANDA    M           prüfen, ob Bit b₃ = 1 ist.
        BEQ     MARKE1      Wenn nein, goto MARKE1!
        ORAB    #$01        Wenn ja, Bit a₀ in B setzen und
        ANDB    #$FD        Bit a₁ in B löschen.
        BRA     MARKE2
MARKE1  ANDB    #$FE        Hier Bit b₃ = 0 und deshalb in B
        ORAB    #$02        Bit a₀ löschen und Bit a₁ setzen.
MARKE2  STAB    M+2         Geändertes Bitmuster ausgeben.
                :
```

Die Prüfung, ob der Schalter S_3 geschlossen ist, wird hier in Akkumulator A mit ANDA M durchgeführt. Das Ein- und Ausschalten der LEDs L_0 und L_1 wird durch Setzen und Löschen der Bits a_0 und a_1 in Akkumulator B und Ausgabe seines Inhalts zum Ausgangsregister $M+2$ bewirkt.

2.4.6 Vergleichs- und Testbefehle

Vergleichs- und Testbefehle sind Befehle, die den Inhalt der Register nicht verändern, sondern nur eine Wirkung auf das Statusregister CC ausüben. Dort werden in Abhängigkeit vom Vergleichsergebnis die Flags N, Z, V und C gesetzt oder gelöscht. Einem Vergleichs- oder Testbefehl muß deshalb sinnvollerweise stets ein bedingter Branch-Befehl (s. Abschn. 2.4.7) folgen, der die betreffenden Status-Flags abfragt und somit in Abhängigkeit vom Vergleichsergebnis die gewünschte Programmverzweigung erzeugt.

Vergleichsbefehle Mit den Vergleichsbefehlen (Compare-Befehle) CMPA, CMPB kann der Inhalt von Akkumulator (A) bzw. (B) mit dem Inhalt einer Speicherzelle (M) bzw. bei unmittelbarer Adressierung mit der Zahl M selbst verglichen werden. Der Vergleich wird durch die Subtraktion $(A)-(M)$ bzw. $(B)-(M)$ durchgeführt. Das Ergebnis der Subtraktion wird jedoch nicht in Akkumulator A bzw. B übertragen, so daß deren Inhalte nicht verändert werden. Lediglich die Flags N, Z, V und C im Statusregister CC des Prozessors werden abhängig vom Vergleichsergebnis gesetzt oder gelöscht. Beim Vergleich werden die Registerinhalte als Zweierkomplementzahlen aufgefaßt, d. h., positive Zahlen von $00 bis $7F werden als Betrag und negative Zahlen $80 bis $FF als Zweierkomplement bewertet (s. Anhang Abschn. 7.3). Der Prozessor führt dann eine

Zweierkomplement-Subtraktion in das Datenhilfsregister durch. Ist z. B.

$$(A) = 0000\ 1101 = \$0D$$
$$(M) = {}^{-}0000\ 1011 = \$0B$$
$$0\ \ 0000\ 1011$$

$(A) > (M)$ $\quad (Z) = 0$, $(N) = 0$, $(C) = 0$, $(V) = 0$

$$(A) = 0000\ 1011 = \$0B$$
$$(M) = {}^{-}0000\ 1101 = \$0D$$
$$1\ \ 1111\ 1110$$

$(A) < (M)$ $\quad (Z) = 0$, $(N) = 1$, $(C) = 1$, $(V) = 0$

$$(A) = 1011\ 1011 = \$BB \triangleq -69$$
$$(M) = {}^{-}1001\ 1111 = \$9F \triangleq -93$$
$$0\ \ 0001\ 1100$$

$(A) > (M)$ $\quad (Z) = 0$, $(N) = 0$, $(C) = 0$, $(V) = 0$

$$(A) = 1001\ 1111 = \$9F \triangleq -93$$
$$(M) = {}^{-}1011\ 1011 = \$BB \triangleq -69$$
$$1\ \ 1101\ 1100$$

$(A) < (M)$ $\quad (Z) = 0$, $(N) = 1$, $(C) = 1$, $(V) = 0$

so ergeben sich nach Ausführung des Compare-Befehls CMPA M die angegebenen Flag-Stellungen im Statusregister.

Bei der Ausführung des Befehls CPX M wird der Inhalt der Speicherzellen M und $M+1$ als (16 Bit)-Zahl aufgefaßt, und beim Vergleich wird zuerst das higher Byte des Indexregisterinhalts (X_H) mit (M) verglichen. Dabei wird das Negativ-Flag N gesetzt, wenn der Vergleich ein negatives Ergebnis liefert. Danach wird (X_L), also das lower Byte, mit ($M+1$) verglichen. Liefert der Vergleich beider Bytes als Ergebnis 0, wird das Zero-Flag (Z) = 1 gesetzt. Für bedingte Verzweigungen nach CPX M sollten nur die Branch-Befehle BEQ und BNE, die das Zero-Flag abfragen, verwendet werden.

Beispiel 2.8 Beginnend bei der Adresse M steht in den Speicherzellen eine aus ASCII-Zeichen bestehende Datei, die mit dem Steuerungs-Zeichen \$04 (EOF End of file) abgeschlossen ist. Die Datei soll über einen Interface-Baustein, dessen Ausgaberegister die symbolische Adresse *PIAA* hat, ausgegeben werden. Für den Prozessor wirkt das Ausgaberegister wie eine Speicherzelle mit der Adresse *PIAA*.

Assembler-Programmabschnitt:

```
          :
        LDX    #M       Dateiadresse ins X-Register laden
LOOP    LDAA   0,X      ASCII-Zeichen indiz. in A laden
        STAA   PIAA     ASCII-Zeichen ausgeben
        INX             nächste Dateiadresse bereitstellen
        CMPA   #$04     letztes (Steuer) Zeichen?
        BNE    LOOP     wenn nein, nächstes Zeichen bei LOOP holen
          :
```

Für die Anwendung des CPX-Befehls vergleiche man auch die Beispiele 2.3 und 2.4.

Bit-Testbefehle Die Befehle BITA M bzw. BITB M verknüpfen mit dem logischen UND den Inhalt von Akkumulator A bzw. B mit dem Inhalt der Speicherzelle M. Bei unmittelbarer Adressierung wird direkt die Zahl M benutzt. Sie führen also die gleiche Operation wie die Befehle ANDA und ANDB aus. Allerdings wird auch hier, da es sich um Testbefehle handelt, der Inhalt der Akkumulatoren nicht verändert, sondern es werden nur die Flags N und Z gemäß dem Testergebnis gesetzt oder gelöscht. Das Flag V wird gelöscht und das Carry-Flag C bleibt unbeeinflußt.

In Beispiel 2.7 kann also der Befehl ANDA M, mit dem geprüft wird ob Bit $b_3 = 1$ ist, auch durch den Befehl BITA M ersetzt werden.

Beispiel 2.9 Bezugnehmend auf das Beispiel 2.7 soll im Ausgangsregister mit der Adresse $M+2$ das Bit a_0 gesetzt werden, wenn die an das Eingangsregister mit der Adresse M angeschlossenen Schalter S_6 und S_7 geöffnet, also die Bits b_6 und b_7 gelöscht sind.

Assembler-Programmabschnitt:

```
          :
     LDAA  M          Eingangsregisterinhalt in A laden
     BITA  #$C0       Vergleich mit Maske 1100 0000
     BNE   MARKE      ist eins der Bits b₇ b₆ gesetzt?
     LDAB  M+2
     ORAB  #$01       Nein, also Bit a₀ setzten
     STAB  M+2
MARKE   :            Ja, also Bit a₀ nicht setzen
```

Testbefehle Die Befehle TST M, TSTA und TSTB benutzt man, um festzustellen ob der Inhalt der Speicherzelle M oder der Akkumulatoren A bzw. B positiv, null oder negativ ist. Arithmetisch bedeutet der Test eine Subtraktion von Null vom betreffenden Registerinhalt. Dabei wird das Negativ-Flag N gesetzt, wenn der Inhalt des getesteten Registers negativ, das höchstwertige Bit also gesetzt ist. Sind alle Bits des getesteten Registers gelöscht, wird das Zero-Flag Z gesetzt. Durch Abfrage der Flags Z und N mit geeigneten Branch-Befehlen kann dann entsprechend verzweigt werden.

Die Flags V und C werden bei diesen Befehlen stets gelöscht.

Beispiel 2.10 Ist der Inhalt der Speicherzelle mit der Adresse M positiv, sollen im Ausgaberegister mit der Adresse $M+2$ das Bit a_0 gesetzt, die Bits a_1a_2 gelöscht und die Bits a_3 bis a_7 nicht beeinflußt werden. Ist (M) null, soll anstelle von a_0 das Bit a_1 gesetzt werden, und ist schließlich (M) negativ, wird anstelle von a_0a_1 das Bit a_2 gesetzt.

Assembler-Programmabschnitt:

```
          :
     LDAA  M+2       Ausgaberegister in A laden
     ANDA  #$F8      Bits a₀a₁a₂ in A löschen
     TST   M         (M) testen
     BMI   NEG       Ist (M) negativ?
     BEQ   NUL       Ist (M) null?
POS  ORAA  #$01      Bit a₀ setzen, da (M) positiv
     BRA   AUSG      Goto Ausgabe
NUL  ORAA  #$02      Bit a₁ setzen, da (M) null
     BRA   AUSG      Goto Ausgabe
NEG  ORAA  #$04      Bit a₂ setzen, da (M) negativ
AUSG STAA  M+2       Ausgabe des Bitmusters
          :
```

Der Befehl ANDA #$F8 löscht zunächst die Bits $a_0a_1a_2$ und läßt wie gefordert die Bits a_3 bis a_7 im alten Zustand. Dann wird abhängig vom Testergebnis jeweils das geforderte Bit mit den ORAA-Befehlen gesetzt, und schließlich wird das Bitmuster mit dem Befehl STAA M+2 ausgegeben.

2.4.7 Verzweigungs- und Sprungbefehle

Die in Tafel **2.**24 zusammengestellten Verzweigungsbefehle sind relativ adressierte Befehle (s. Abschn. 2.3.6), die aus 2 Byte (Befehlscode und relative Adresse) bestehen. In der Spalte Branch Test ist angegeben, von welchen Bedingungen die Verzweigung abhängig gemacht wird. Hierzu wird die Stellung der Status-Flags abgefragt.

Unbedingte Verzweigung Der Befehl BRA (Branch Always) ist ein relativ adressierter Verzweigungsbefehl, bei dem kein Status-Flag abgefragt wird. Die Verzweigung, die einem relativ adressierten Sprung entspricht, wird immer (always) durchgeführt. Nachteilig ist die geringe Sprungweite von $-126 \leqq n \leqq 129$, wenn der Befehl auf der Adresse n steht.

Abhilfe schafft der erweitert und indiziert adressierbare Befehl JMP (Springe), mit dem in den gesamten Speicherbereich von 0000 bis \$FFFF, also in beliebige Programmbereiche, gesprungen werden kann.

Bedingte Verzweigung Die ausschließlich relativ adressierten bedingten Verzweigungsbefehle werden vom Prozessor nur dann ausgeführt, wenn die Verzweigungsbedingung erfüllt ist. Die Befehle

Befehl	Verzweigungsbedingung	
BCC	$(C) = 0$?	Branch if Carry clear!
BCS	$(C) = 1$?	Branch if Carry set!
BNE	$(Z) = 0$?	Branch if not equal zero!
BEQ	$(Z) = 1$?	Branch if equal zero!
BPL	$(N) = 0$?	Branch if plus!
BMI	$(N) = 1$?	Branch if minus!
BVC	$(V) = 0$?	Branch if Overflow clear!
BVS	$(V) = 1$?	Branch if Overflow set!

fragen jeweils nur ein Status-Flag ab, sind in ihrer Wirkung also leicht zu übersehen. Z. B. wird der Befehl BEQ nur dann ausgeführt, wenn das Zero-Flag $(Z) = 1$ gesetzt ist.

Die verbleibenden bedingten Verzweigungsbefehle sind in der Verzweigungsbedingung komplizierter, und wir teilen sie in zwei Gruppen auf. Die erste Gruppe enthält die Befehle

Befehl	Verzweigungsbedingung	
BHI	$(C) \vee (Z) = 0$?	Branch if higher!
BLS	$(C) \vee (Z) = 1$?	Branch if lower or same!

Da diese Befehle Negativ-Flag N und Overflow-Flag V nicht in die Verzweigungsbedingung einbeziehen, sind sie nach arithmetischen bzw. Vergleichsoperationen mit positiven und negativen Operanden (Zweierkomplementzahlen) nicht anwendbar. Werden die (1 Byte)-Operanden nur als positive Zahlen (Beträge) aufgefaßt, liegen sie im Zahlenbereich $0 \leqq Y \leqq 255$ bzw. hexadezimal $00 \leqq Y \leqq \$FF$. Hier stellt also z. B. die Zahl \$FF den dezimalen Wert 255 und nicht die negative Zweierkomplementzahl -1 dar. Wird z. B. nach dem Befehl CMPA M der Befehl BHI gegeben, so wird dieser ausgeführt, wenn $|(A)| > |(M)|$ ist. Verglichen werden also die Beträge der Operanden. Als Beispiel sei beim Vergleich

$$
\begin{array}{rcccl}
(A) = & 1111\quad 1111 & = \$FF & = 255 \\
(M) = & 0111\quad 1111 & = \$7F & = 127 \\
(A)-(M) = 0\ & \underbrace{1000\quad 0000} & = \$80 & = 128 & \text{nach Ausführung von CMPA M}
\end{array}
$$

$\rightarrow \neq 0 \rightarrow (Z) = 0$

$\longrightarrow (C) = 0 \qquad$ also $(C) \lor (Z) = 0$

Der Befehl BHI wird ausgeführt, denn 255 ist größer als 127. Für die Verzweigungsbedingungen $(C) \lor (Z)$ läßt sich die Tafel **2.27** aufstellen.

T a f e l **2.27** Tafel der Branchbedingung $(C) \lor (Z)$ der Befehle BHI und BLS

(C)	(Z)	$(C) \lor (Z)$	Bemerkung
0	0	0	Vergleichsergebnis ist $\neq 0$ und $\dfrac{(A)}{(B)} > (M)$
0	1	1	Vergleichsergebnis ist $= 0$
1	0	1	Vergleichsergebnis ist $\neq 0$ und $\dfrac{(A)}{(B)} < (M)$
1	1	1	tritt nicht auf

In der 1. Zeile ist die Bedingung $(C) \lor (Z) = 0$ für den Befehl BHI erfüllt, und in den restlichen 3 Zeilen gilt die Bedingung $(C) \lor (Z) = 1$ für den Befehl BLS.

Die zweite Gruppe enthält die Befehle

Befehl	Verzweigungsbedingung
BGT	$(Z) \lor [(N) \leftrightarrow (V)] = 0$? Branch if greater zero!
BGE	$(N) \leftrightarrow (V) = 0$? Branch if greater or equal zero!
BLE	$(Z) \lor [(N) \leftrightarrow (V)] = 1$? Branch if lower or equal zero!
BLT	$(N) \leftrightarrow (V) = 1$? Branch if lower zero!

Diese Verzweigungsbefehle werden nach Vergleichsoperationen mit positiven und negativen Operanden (Zweierkomplementzahlen) angewendet. Bei ihnen wird anstelle des

T a f e l **2.28** Tafel der Branch-Bedingung $(N) \leftrightarrow (V)$ der Befehle BGE und BLT

(N)	(V)	$(N) \leftrightarrow (V)$	Branchbed. erfüllt für	Bemerkungen (s. auch Tafel **2.6**)
0	0	0	BGE	Vergleichsergebnis pos. und $< \$7F = 127$
0	1	1	BLT	Vergleichsergebnis ergibt Überlauf in Negat.
1	0	1	BLT	Vergleichsergebnis neg. und $> \$80 = -128$
1	1	0	BGE	Vergleichsergebnis ergibt Überlauf im Posit.

Carry-Flags C das Negativ- und Overflow-Flag N und V in die Verzweigungsbedingung einbezogen. Bei den Werten des soeben durchgeführten Zahlenbeispiels wird zwar der Befehl BHI ausgeführt, aber die Befehle BGT oder BGE würden nicht ausgeführt, denn es ist ja

$$(A) = 1111\ 1111 \triangleq -1 < 127 = 0111\ 1111 = (M).$$

Bei der Verzweigungsbedingung des Branch-Befehls BGT wird durch zusätzliche ODER-Verknüpfung mit dem Zero-Flag (Z) der Fall Vergleichergebnis = 0 ausgeschlossen. Beim Befehl BLE wird durch die ODER-Verknüpfung mit (Z) dieser Fall jedoch eingeschlossen.

Beispiel 2.11 Die positive oder negative, aus 2 Byte bestehende Zweierkomplementzahl X stehe in den Speicherzellen M und $M+1$. Die ebenfalls aus 2 Byte bestehende Zweierkomplementzahl Y ist in den Zellen $M+2$ und $M+3$ abgespeichert. Der Zahlenbereich ist also

im Positiven: 0 bis 32767 bzw. hexadez. \$0000 bis \$7FFF
im Negativen: −1 bis −32768 bzw. hexadez. \$FFFF bis \$8000

Ist $X > Y$ soll in den ZWEIG1 verzweigt werden.
Ist $X = Y$ soll in den ZWEIG2 verzweigt werden.
Ist $X < Y$ soll in den ZWEIG3 verzweigt werden.

Mit den bedingten Branch-Befehlen entwerfe man das Verzweigungsprogramm.

Assembler-Programmabschnitt:

```
                :
        LDAA    M           }  Higher Bytes vergleichen
        CMPA    M+2         }
        BEQ     LOBYTE         Wenn gleich, dann lower Bytes vergl.
        BGT     ZWEIG1         Entscheidung X > Y  }
        BRA     ZWEIG3         Entscheidung X < Y  }  im higher Byte gefallen
LOBYTE  LDAA    M+1         }  Lower Bytes vergleichen
        CMPA    M+3         }
        BEQ     ZWEIG2         Entscheidung X = Y gefallen
        BHI     ZWEIG1         Entscheidung X > Y im lower Byte gefallen
ZWEIG3          :              Zweig 3 wird bearbeitet
                :
        BRA     FORTS
ZWEIG2          :              Zweig 2 wird bearbeitet
                :
        BRA     FORTS
ZWEIG1          :              Zweig 1 wird bearbeitet
                :
FORTS           :              Fortsetzung des Programms nach Bearbeitung der Zweige 1,
                               2 oder 3
```

Zunächst werden die higher Bytes der Zahlen X und Y verglichen. Sind sie gleich, muß die Entscheidung in den lower Bytes gesucht werden. Sind sie ungleich, kann sofort in ZWEIG1 oder ZWEIG3 verzweigt werden. Danach werden, falls nötig, die lower Bytes verglichen. Wichtig ist hier, daß beim Vergleich der higher Bytes die Zweierkomplement-Branch-Befehle (hier BGT) verwendet werden, denn die Entscheidung ob eine Zahl negativ oder positiv ist, fällt im höchstwertigen Bit des höchstwertigen Bytes. Beim Vergleich der lower Bytes müssen dann aber die Befehle BHI oder BLS verwendet werden, denn in den lower Bytes kann ja nicht mehr erkannt werden, ob die Gesamtzahl positiv oder negativ ist.

2.4.8 Unterprogramm-Sprungbefehle

Wird eine bestimmte Befehlsfolge in einem Programm an mehreren Stellen benötigt oder wird sie von mehreren Programmen verwendet, so ist es zweckmäßig, diese Befehlsfolge als Unterprogramm zu schreiben. Sie braucht dann nur einmal im Programmspeicher abgelegt zu werden und wird bei Bedarf mit Unterprogrammsprüngen angesprungen. Auch lassen sich größere Programme durch die Verwendung von Unterprogrammen, die Teilaufgaben ausführen, besser strukturieren, d. h. übersichtlicher darstellen. Unterprogramm-Sprungbefehle sind deshalb Sprungbefehle mit „Rückfahrkarte". Im Gegensatz zu den einfachen Sprungbefehlen JMP oder BRA wird bei den Befehlen JSR (Jump to Subroutine) und BSR (Branch to Subroutine) die Adresse des dem Unterprogramm-Sprungbefehl folgenden Befehls von der Prozessor-Hardware vor der Ausführung des Sprungs in den Stack gerettet. Der Befehl JSR kann erweitert und indiziert adressiert werden. Der Befehl BSR ist stets relativ adressiert.

Unterprogramm-Sprünge werden also dann in ein Programm eingefügt, wenn an der betreffenden Stelle, an der der Unterprogrammaufruf steht, das aufrufende Programm verlassen und ein aufgerufenes Programm, das Unterprogramm, begonnen werden soll. Nach Durchführung der Befehle des Unterprogramms soll dann das aufrufende Programm fortgesetzt werden. Um diese Fortsetzung sicherzustellen, muß die dem Absprung folgende Adresse gespeichert werden. Dieser Ablauf ist in Bild 2.29 und 2.30 dargestellt.

Steht der Befehl JSR SUBR mit $SUBR$ = $5032, wie in Bild **2.30**, auf den Adressen n, $n+1$, $n+2$ ($B202, $B203, $B204 in Bild **2.30**), so wird bei der Ausführung zunächst der Programmzählerinhalt gerettet, und zwar

$(PC)_L$ in die Speicherzelle mit der Adresse (SP)

$(PC)_H$ in die Speicherzelle mit der Adresse $(SP) - 1$

Enthält also, wie in Bild **2.30**, der Stackpointer vor der Ausführung von JSR die Adresse $A07D, so wird die Adresse $n+3$ = $B205 in die Speicherzellen $A07C und $A07D

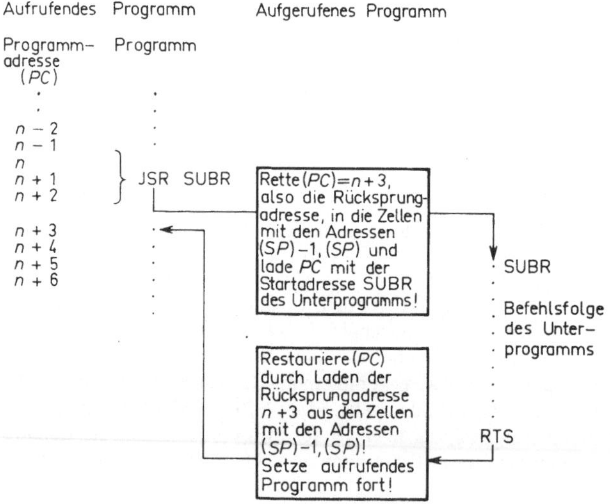

Bild 2.29
Ablaufdiagramm zur Ausführung des Sprungs in das Unterprogramm mit der symbolischen Adresse *SUBR* und zur Rückkehr aus diesem in das aufrufende Programm

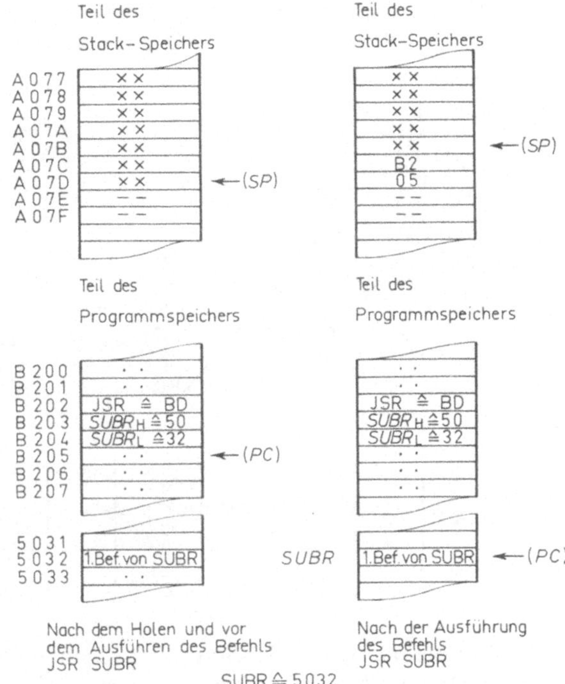

Bild 2.30
Inhalt von Programmzähler (*PC*)
und Stackpointer (*SP*) vor und nach
dem Ausführen des Unterpro-
gramm-Sprungbefehls JSR SUBR
× × noch nicht beschriebene Zellen des Stack,
– – schon beschriebene Zellen des
Stack,
.. irgendwelche weitere Programm-
Bytes

abgelegt und der Stackpointer automatisch dekrementiert, so daß er auf die nächste noch nicht beschriebene Zelle des Stacks zeigt. Danach wird der Programmzähler *PC* mit der Adresse *SUBR* = \$5032 geladen und mit der Ausführung der Unterprogramm-Befehlsfolge begonnen.

Return from Subroutine RTS Dieser Befehl muß die Befehlsfolge des Unterprogramms beenden. Wie Bild 2.29 zeigt, wird bei der Ausführung von RTS der Stackpointer zwei mal inkrementiert und dabei die Rücksprungadresse $n+3$ wieder in den Programmzähler geladen. Der Stackpointer zeigt dann wieder auf die Ausgangsadresse (\$A07D in Bild 2.30), und das unterbrochene Programm wird fortgesetzt.

Unterprogrammverschachtelung Jedes aufgerufene Unterprogramm kann selbst wieder aufrufendes Programm sein, so daß eine Verschachtelung von Unterprogrammen entsteht. Bild **2.**31a zeigt eine solche dreifache Verschachtelung. In Bild **2.**31b ist dargestellt, wie hierbei die Rücksprungadressen *R1* bis *R3* nacheinander im Stack „übereinandergestapelt" werden. Die Rückkehr mit RTS erfolgt stets in das aufrufende Programm. Dabei wird jeweils die „oben liegende" Rückkehradresse dem Stack entnommen und in den Programmzähler geladen. Ist das Hauptprogramm *HP* wieder erreicht, zeigt auch der Stackpointer wieder auf die Adresse vor der Ausführung der Unterprogrammsprünge.

Veränderungen des Stackpointer-Inhalts in den Unterprogrammen z. B. durch PSH-, PUL- oder LDS-Befehle, die nicht im selben Unterprogramm wieder rückgängig gemacht werden, führen unweigerlich zu einem Programmzusammenbruch, da die Rücksprungadresse in das aufrufende Programm nicht mehr gefunden wird. Diesem Nachteil,

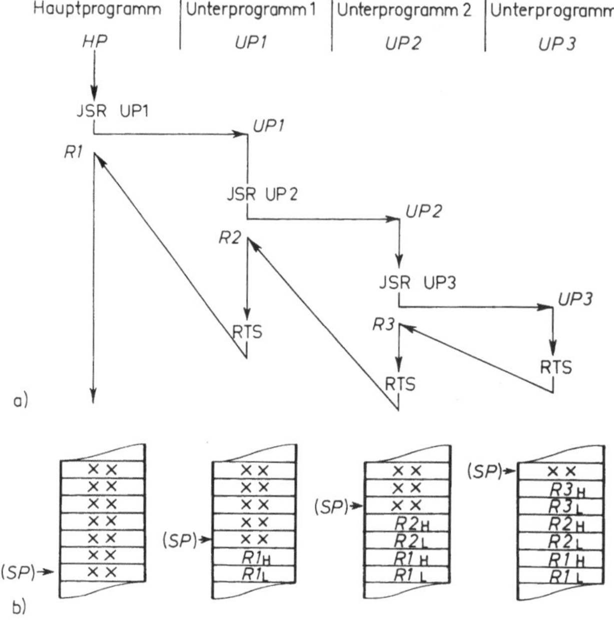

Bild 2.31
Symbolische Darstellung der Verschachtelung der 3 Unterprogramme *UP1*, *UP2* und *UP3* (a) sowie Darstellung von Stack und Stackpointer-Inhalt (*SP*) nach den einzelnen Unterprogrammsprüngen (b); Ri_H, Ri_L mit $i = 1, 2, 3$ Rücksprungadresse higher und lower Byte

daß Hardware und Anwender-Software gemeinsam den gleichen Stack benutzen, steht der Vorteil gegenüber, daß durch Initialisierung des Stackpointers mit dem Befehl LDS der Stack in jeden beliebigen Speicherbereich verlegt werden kann. Ist der Speicherbereich dann hinreichend groß, kann eine nahezu beliebig große Unterprogrammverschachtelung auftreten.

2.4.9 Statusregisterbezogene Befehle

Häufig ist es erforderlich, vor dem Eintritt in eine Programmschleife den Statusbits einen definierten Wert 0 oder 1 zuzuweisen. Vgl. hierzu die Behandlung des Carry-Flags in Beispiel 2.3 und 2.4. Zu diesem Zweck kann mit den Befehlen CLC und SEC das Carry-Flag C gelöscht und gesetzt werden. Für das Interrupt-Maskenbit I und das Overflow-Flag V gibt es die entsprechenden Befehle CLI, SEI und CLV und SEV. Die verbleibenden Flags H, Z und N können gesetzt oder gelöscht werden, wenn zunächst in den Akkumulator A das erforderliche Bitmuster geladen und dieses dann mit dem Befehl TAP in das Statusregister transportiert wird. Mit dem Befehl TPA kann schließlich auch der Inhalt des Statusregisters (*CC*) in den Akkumulator A transportiert werden. Ein Datentransport zwischen Statusregister *CC* und Akkumulator B ist nicht möglich.

Beispiel 2.12 Zu Beginn einer Programmschleife soll das Statusregister folgendes Bitmuster enthalten:

$$x \; x \; H \quad I \quad N \quad Z \quad V \quad C$$
$$x \; x \; 1 \quad 1 \quad 0 \quad 1 \quad 0 \quad 1 \quad = \$F5$$

Bit b_7 und b_6 des Statusregisters enthalten keine Flags, so daß der Zustand dieser Stellen bedeutungslos ($x = 0$ oder 1) ist.

Assembler-Programmabschnitt:

.
.

LDAA   #$F5   Bitmuster in Akkumulator *A* laden
TAP   Bitmuster in Statusregister *CC* bringen

.
.

2.4.10 Weitere Sonderbefehle

Die Befehle RTI (Return from Interrupt), SWI (Software-Interrupt) und WAI (Wait)
sind in ihrer Wirkung kompliziert und werden in Abschn. 2.5 in Zusammenhang mit dem
Interrupt-Verhalten des MC6800-Prozessors genau behandelt werden.

No Operation NOP Der NOP-Befehl (No Operation) ist der einfachste Befehl des
MC6800-Prozessors. Seine Aufgabe ist – nichts zu tun! Da wie bei jedem anderen Befehl
der Programmzähler nach dem Holen eines Programmbytes automatisch inkrementiert
wird, so ist beim NOP die einmalige Inkrementierung des Programmzählers die einzige
Wirkung des Befehls. Trotzdem ist dieser Befehl oftmals sehr nützlich.

Stellt sich zum Beispiel beim Debugging („Entwanzen" – Fehlersuchen) eines bereits im
Maschinencode vorliegenden Programms heraus, daß ein oder mehrere Befehle aus dem
Programm herausgenommen werden müssen, so braucht nicht das gesamte Programm
geändert zu werden, sondern das entstehende „Loch" kann mit NOP-Befehlen aufgefüllt
werden. Der einzige Nachteil ist, daß pro eingefügtem NOP ein Programmbyte, also eine
Speicherzelle, und 2 µs Laufzeit verschwendet werden.

2.5 Reset-, Interrupt- und Halt-Mode

2.5.1 Reset-Verhalten

Wird eine digitale Schaltung, in der ein Mikroprozessor arbeitet, eingeschaltet, so muß
der Programmzähler *PC* auf die Startadresse des Steuerungsprogramms eingestellt werden. Dies kann nun durch keinen Programmbefehl erreicht werden, denn beim Einschalten läuft ja noch keinerlei Programm. Dieses Starten in die gültige Steuerungsroutine
muß von der Prozessor-Hardware durchgeführt werden. Den Startvorgang beim Einschalten der Spannungsversorgung bezeichnet man als „Kaltstart" (Cool Start
oder Start Up). Bei fehlerhaftem Verhalten der Hardware, z. B. durch Störimpulse,
kann es auch gelegentlich vorkommen, daß der Prozessor die gültige Steuerungsroutine
verläßt und somit die Kontrolle über die zu steuernde Hardware verliert. Dann ist es
ebenfalls erforderlich, einen erneuten Start des Steuerungsprogramms einzuleiten, der
den Programmzähler wieder auf die erste gültige Adresse der Steuerungsroutine bringt.
Diesen Vorgang bezeichnet man als Neustart (Restart).
Zur Durchführung eines Neu- oder Kaltstarts besitzt der MC6800-Prozessor einen low-
aktiven RESET-Eingang, d. h., der Rücksetzvorgang wird durch Null-Signal an diesem
Eingang ausgelöst (s. Bild **2.**7). Der Ablauf eines solchen Reset-Vorgangs ist in dem
Flußdiagramm von Bild **2.**32 festgelegt. Der genaue zeitliche Ablauf (Timing) kann

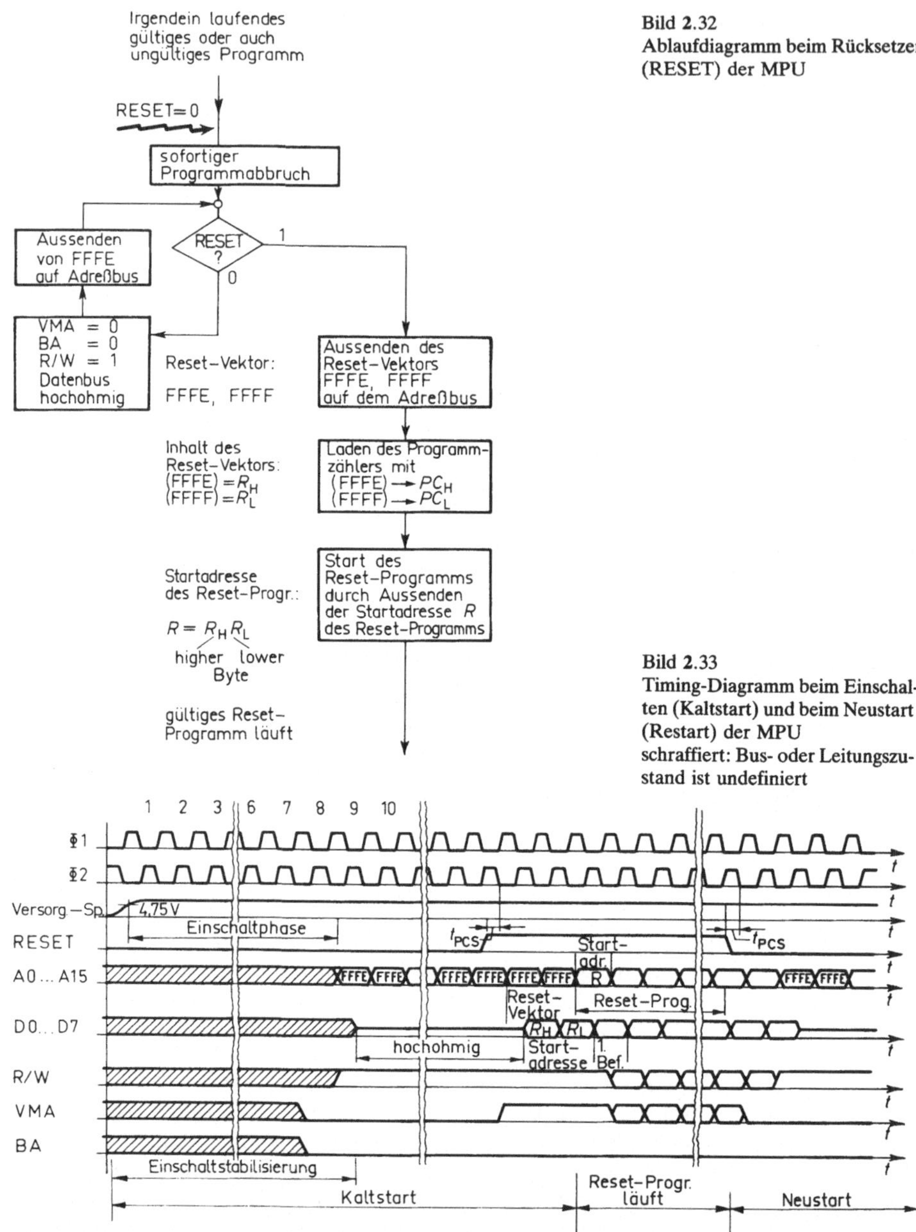

Bild 2.32
Ablaufdiagramm beim Rücksetzen
(RESET) der MPU

Bild 2.33
Timing-Diagramm beim Einschalten (Kaltstart) und beim Neustart
(Restart) der MPU
schraffiert: Bus- oder Leitungszustand ist undefiniert

Bild 2.33 entnommen werden. Nehmen wir an, die Steuerung soll neu gestartet werden. Zu diesem Zweck wird der RESET-Eingang des Prozessors für mindestens 3 Taktperioden t_{cyc} auf 0 V getastet. Der Prozessor unterbricht sofort das gerade laufende gültige oder – wenn die Steuerungsprogramm-Kontrolle verloren gegangen ist – das ungültige

Programm. Er setzt sein Interrupt-Maskenbit I im Statusregister und sperrt sich somit gegen weitere IRQ-Unterbrechungen (s. Abschn. 2.5.3). Danach sendet er, solange der RESET-Eingang auf 0 V liegt, auf dem Adreßbus die Adresse $FFFE aus. Kehrt der RESET-Eingang in den High-Zustand (5 V) zurück, wird der Reset-Vektor – das sind die Adressen, $FFFE, $FFFF – ausgegeben.

Die höchsten Speicheradressen (top of the memory) sind für die sogenannten Interrupt-Vektoren reserviert, und zwar:

$FFF8
$FFF9   } IRQ-Interrupt-Vektor (Interrupt-Request)

$FFFA
$FFFB   } SWI-Interrupt-Vektor (Software-Interrupt)

$FFFC
$FFFD   } NMI-Interrupt-Vektor (Non-Maskable-Interrupt)

$FFFE
$FFFF   } Reset-Vektor   (Reset)

In den Adressen $FFFE, $FFFF, welche ROM-Adressen sein müssen, damit diese Speicherzellen auch beim Ausschalten ihre Information nicht verlieren, muß nun vom Systementwickler die Startadresse R seiner Reset-Routine (Beginn des Steuerungsprogramms) abgelegt werden, wobei das higher Byte R_H in Zelle $FFFE und das lower Byte R_L in Zelle $FFFF stehen muß. Der Prozessor lädt beim Reset den Inhalt dieser beiden Zellen in seinen Programmzähler und startet im nächsten Zyklus mit der Adresse R die Reset-Routine.

Wie das Timing-Diagramm von Bild **2.33** zeigt, benötigt der Prozessor beim Kaltstart nach dem Einschalten der Versorgungsspannung 8 Zyklen um seinen Arbeitszustand zu erreichen. Während dieser Zeit sind Adreßbus, Datenbus, R/W-, VMA- und BA-Leitung, in undefiniertem Zustand (schraffiert in Bild **2.33**), und die Reset-Leitung sollte noch auf 0 V gehalten werden. Nach dem 8. Zyklus sendet der Prozessor auf dem Adreßbus die Adresse $FFFE aus, solange die Leitung RESET noch auf 0 V liegt. Während dieser Zeit ist VMA = 0, so daß die angeschlossenen Speicher und Ein-Ausgabe-Bausteine nicht adressiert werden. Der Zustand der Datenbusleitungen ist im hochohmigen Zustand (three state). Wechselt nun die RESET-Leitung vor der Prozessor-Vorlaufzeit t_{PCS} = 200 ns von low auf high, so wird mit dem folgenden, andernfalls mit dem darauf folgenden Takt $\Phi1$ der Reset-Vektor $FFFE und $FFFF ausgesendet und, da auch VMA = 1 ist, die Startadresse R des Reset-Programms in den Programmzähler geladen und im nächsten Zyklus das Reset-Programm gestartet.

Beim Neustart liegt auf dem Adreßbus solange die Adresse $FFFE, und es gilt VMA = 0, solange mit der Taste die RESET-Leitung auf 0 V gehalten wird. Wird die Taste wieder losgelassen, ergibt sich das gleiche Verhalten wie beim Kaltstart. Für die Einleitung eines Neustarts muß die RESET-Leitung mindestens für die Zeit von 3 Taktzyklen t_{cyc} auf low gebracht werden, das sind 3 µs bei einer Taktfrequenz von f_{cyc} = 1 MHz.

2.5.2 Interrupt-Verhalten

Steuert ein Mikroprozessor in einer Prozeßsteuerung über seine Ein-/Ausgabe-Bausteine und weitere daran angeschlossene Interface-Schaltungen einen externen Prozeß, so muß ihm über seine Eingänge der jeweilige Zustand des Prozesses mitgeteilt werden, damit er aufgrund dieser Information über seine Ausgänge steuernd in das Prozeßgeschehen eingreifen kann. Diese Prozeßinformationen können auf verschiedene Art und Weise vom Mikroprozessor ermittelt werden.

Polling-Verfahren Der Mikroprozessor befragt im Programmablauf regelmäßig alle Eingabe-Bausteine in einer vorgegebenen Reihenfolge, ob neue Daten eingetroffen sind und verarbeitet diese dann zur gewünschten Steuerungsinformation. Dabei kann es erforderlich sein, das Programm bei der Abfrage eines Eingabe-Bausteins in einer Warteschleife solange anzuhalten bis die gewünschten neuen Daten in diesem Baustein eingetroffen sind. In solchen Fällen verbringt der Mikroprozessor einen wesentlichen Teil seiner Arbeitszeit in solchen Dateneingabe-Warteschleifen. Der Programmablauf ist dann nicht sehr effizient, denn die vielfältigen Möglichkeiten des Prozessor werden nur schlecht genutzt.

Interrupt-Verfahren Der Mikroprozessor ist mit der Abarbeitung eines Programmes ständig beschäftigt. Treffen z. B. in einem Eingabe-Baustein neue Daten ein, meldet er dieses Ereignis durch eine Unterbrechungsanforderung (Interrupt request) dem Prozessor. Dieser unterbricht dann an geeigneter Stelle das gerade laufende Programm und holt die Daten vom Eingabe-Baustein ab. Nach Abspeicherung der Daten setzt er sein unterbrochenes Programm fort. Unnötige Wartezeiten treten nicht auf.

Eine solche Unterbrechungsanforderung kann natürlich auch aufgrund anderer im Prozeß auftretender Ereignisse an den Prozessor herangetragen werden. Nach der Unterbrechung des laufenden Programms muß dann als Reaktion auf das Ereignis ein anderes Programm gestartet werden, das z. B. die wegen des Ereignisses erforderlichen Steuerungssignale erzeugt und über Ausgabe-Bausteine an den Prozeß ausgibt. Dieses Programm, das als Folge des Interrupts gestartet wird – das also den Interrupt bedient, nennt man Interrupt-Service-Routine.

2.5.2.1 Nichtmaskierbarer Interrupt NMI

Bearbeitet der MC6800-Prozessor gerade ein Programm und tritt zu einem beliebigen Zeitpunkt eine Unterbrechungsanforderung auf, weil der low aktive Eingang NMI auf 0 V geschaltet wird, so wird das laufende Programm dann unterbrochen, wenn der momentan in Bearbeitung befindliche Befehl beendet ist. Danach werden, wie im Flußdiagramm von Bild 2.34 gezeigt, die Registerinhalte des Prozessors von der Prozessor-Hardware in den Stack gerettet. Nicht gerettet wird lediglich der Stackpointer-Inhalt selbst, über den ja das Retten der Register gesteuert wird. Das Retten der Register ist erforderlich, damit der Prozessor nach Beendigung der Unterbrechung das unterbrochene Programm mit denselben Registerinhalten fortsetzen kann, denn i. allg. werden bei der Bearbeitung der Interrupt-Service-Routine die alten Registerinhalte zerstört.

Nach dem Retten der Register wird die Interruptmaske I gesetzt und der sogenannte NMI-Vektor, das sind die Adressen \$FFFC und \$FFFD, ausgesandt. Der Systementwickler muß nun in diesen beiden Zellen die Startadresse der NMI-Service-Rou-

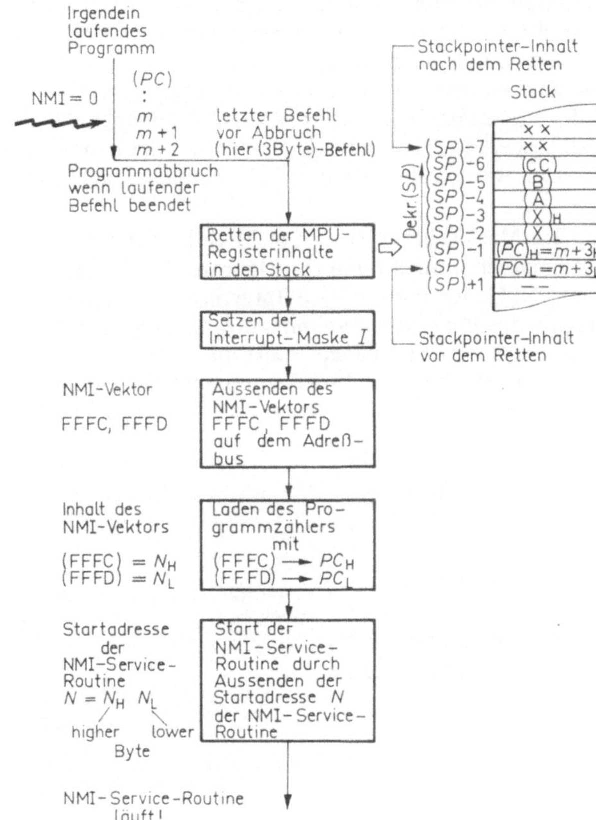

Bild 2.34
Ablaufdiagramm für das Ausführen eines nichtmaskierbaren Interrupts NMI
× × noch nicht beschriebene Zellen des Stack,
– – schon beschriebene Zellen des Stack

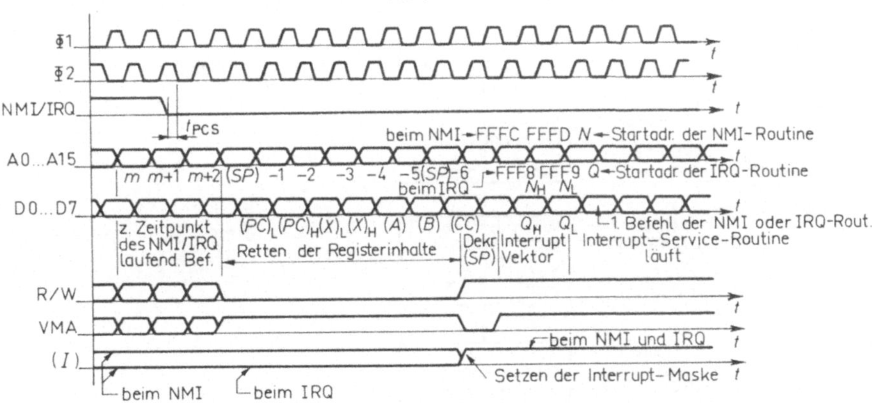

Bild 2.35
Timing-Diagramm für das Ausführen eines nichtmaskierbaren Interrupts NMI oder eines Interrupt Requests IRQ

tine ablegen, denn die Prozessor-Hardware lädt den Inhalt dieser Zellen in den Programmzähler und startet dadurch die Routine.

Bild **2.35** zeigt das Timing-Diagramm dieses Interrupts. Ein gerade in Bearbeitung befindlicher Befehl wird beendet und danach das Retten der Registerinhalte eingeleitet, wenn der NMI-Interrupt um die Prozessor-Vorlaufzeit t_{PCS} = 200 ns vor derjenigen low-high-Φ1-Flanke auftritt, mit der der nächste Befehl beginnt. Anderenfalls wird auch der nächste Befehl noch ausgeführt und erst dann die Unterbrechung eingeleitet. Beim nichtmaskierbaren Interrupt ist es gleichgültig welchen Zustand das Interrupt-Maskenbit I des Prozessors beim Auftreten des Interrupts hat, die Unterbrechung wird in jedem Fall ausgeführt. Häufig darf jedoch ein Programm nicht an jeder beliebigen Stelle unterbrochen werden. Ist dies der Fall, dann darf nicht mit dem NMI gearbeitet werden.

2.5.2.2 Maskierbarer Interrupt IRQ Darf ein Programm in einem bestimmten Programmabschnitt nicht unterbrochen werden, wird anstelle des nichtmaskierbaren Interrupts NMI der maskierbare Interrupt IRQ (Interrupt Request) verwendet, und zu Beginn des Programmabschnitts die Interrupt-Maske I im Statusregister des Prozessors mit dem Befehl SEI (setze Interrupt-Maske) gesetzt. Wird nun irgendwann in diesem Programmabschnitt der Prozessoreingang IRQ auf 0 V geschaltet, reagiert der Prozessor auf diese Unterbrechungsanforderung noch nicht. Die Unterbrechung wird erst dann

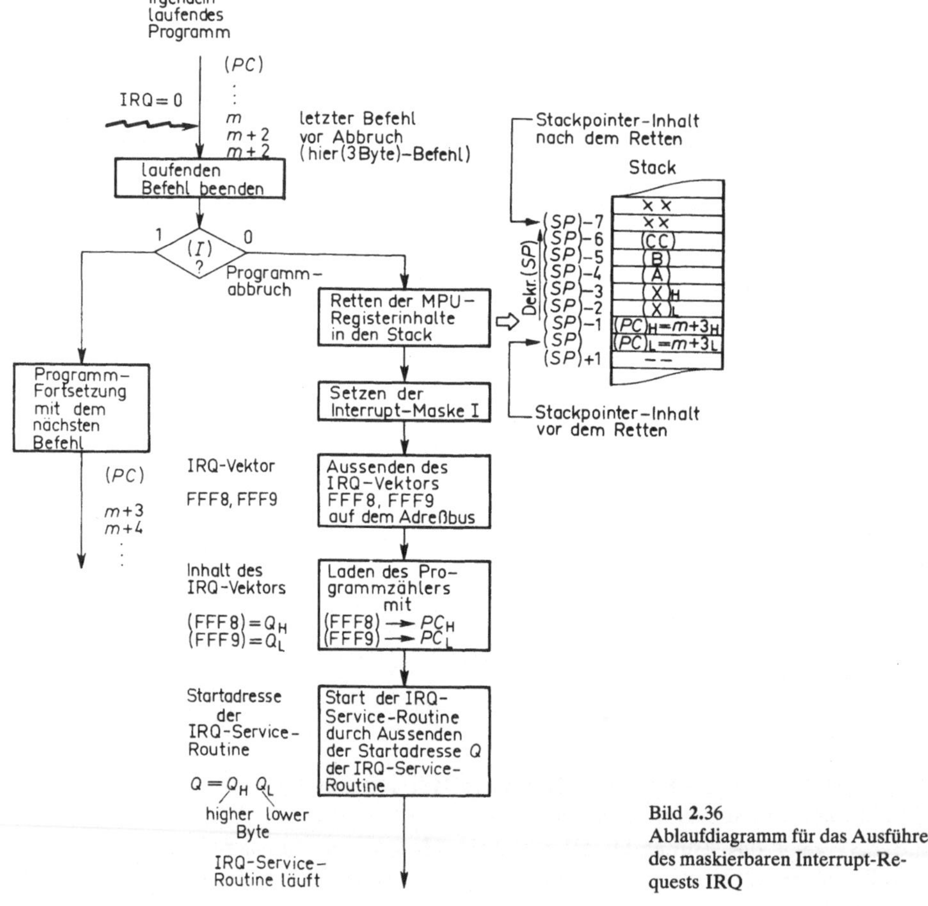

Bild 2.36
Ablaufdiagramm für das Ausführen des maskierbaren Interrupt-Requests IRQ

durchgeführt, wenn mit dem Befehl CLI die Interrupt-Maske I wieder gelöscht und der IRQ freigegeben wird. Es gilt dann also das in Bild **2.36** dargestellte Flußdiagramm und ebenfalls das Timing-Diagramm von Bild **2.35**. Das weitere Verhalten gleicht dem des NMI nur mit dem Unterschied, daß jetzt der IRQ-Vektor, also die Adresse $FFF8 und $FFF9, auf dem Adreßbus ausgesendet werden. Ist in diesen beiden Zellen die Startadresse Q der IRQ-Service-Routine gespeichert, so lädt die Prozessor-Hardware diese in den Programmzähler und startet dadurch die Routine.

Da beim Eintritt in eine Interrupt-Service-Routine das Interrupt-Maskenbit I gesetzt wird, kann während des Laufs der Service-Routine kein weiterer Interrupt IRQ den Prozessor erreichen, es sei denn in der Service-Routine wird durch den Befehl CLI die Interrupt-Maske I wieder gelöscht. Der nichtmaskierbare Interrupt NMI unterbricht dagegen auch jede Service-Routine, da er den Zustand der Interrupt-Maske nicht berücksichtigt.

2.5.2.3 Return from Interrupt RTI Der Befehl „Rückkehr aus der Interrupt-Service-Routine" RTI muß am Ende einer Service-Routine gegeben werden. Bei seiner Ausführung speichert der Prozessor, wie in Bild **2.37** gezeigt, die im Stack hinterlegten Registerinhalte wieder in seine Register zurück. Dabei wird auch die Interrupt-Maske I wieder in den Zustand gebracht, die sie vor dem Eintritt in die Service-Routine hatte. Der Pro-

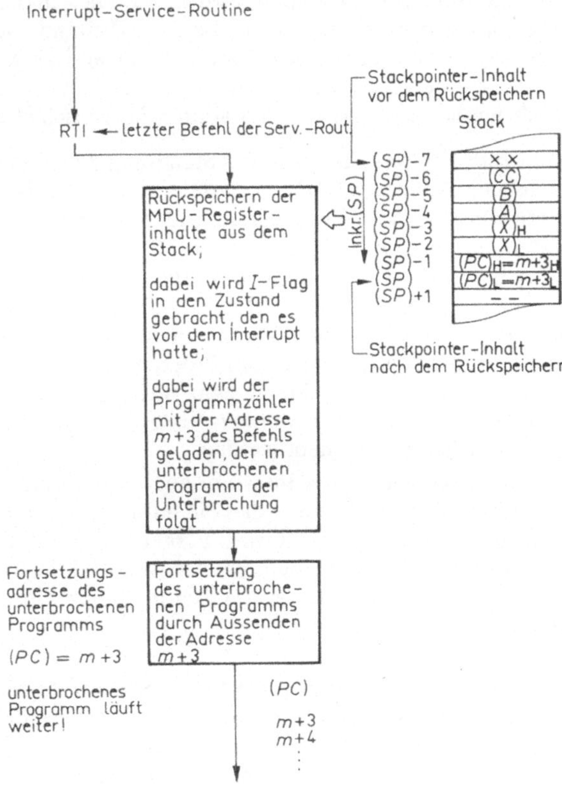

Bild 2.37
Ablaufdiagramm für die Ausführung des Befehls Return from Interrupt RTI

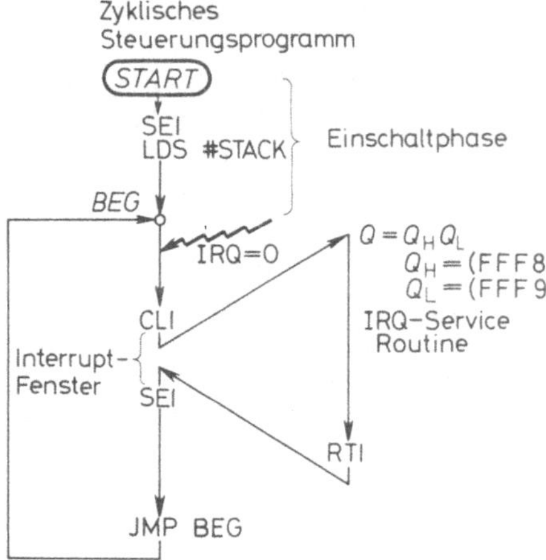

Bild 2.38
Symbolische Darstellung des Einbaus eines Interrupt-
Fensters in ein Programm

grammzähler wird mit der Adresse desjenigen Programmbefehls geladen, der dem letzten Befehl vor der Unterbrechung folgt. Durch Aussenden dieser Adresse (in Bild **2.34** bis **2.**37 die Adressen $m+3$, da der letzte (3 Byte)-Befehl auf der Adresse m stand) wird das unterbrochene Programm fortgesetzt. Da sich der Prozessor bei der Fortsetzung des unterbrochenen Programms im gleichen Zustand wie vor der Unterbrechung befindet, und wurden in der Service-Routine nicht andere wichtige Informationen im Speicher geändert oder zerstört, läuft das unterbrochene Programm völlig störungsfrei weiter. Lediglich seine Beendigung wird durch das Einschieben einer Service-Routine verzögert.

Interrupt-Fenster Ein zyklisches Steuerungsprogramm wird wie in Bild **2.**38 bei der symbolischen Adresse *START* gestartet. Nach Durchlaufen der Einschaltphase (Initialisierungs-Phase) kreist das Programm in der gezeichneten Steuerungsschleife. Von einem externen Gerät eintreffende Interrupts dürfen jedoch nur an einer bestimmten Stelle, dem I n t e r r u p t - F e n s t e r, das Steuerungsprogramm unterbrechen. An dieser Stelle stehen die beiden Befehle CLI, SEI. Mit CLI wird der Interrupt freigegeben, und ist nun seit dem vorangegangenen Durchlauf durch das Fenster ein Interrupt IRQ eingetroffen, so unterbricht der Prozessor das Programm und führt die IRQ-Service-Routine aus. Mit RTI an deren Ende kehrt er zum Interrupt-Fenster zurück und schließt es mit dem Befehl SEI wieder. Ein weiterer IRQ kann erst beim nächsten Durchlauf durch des Interrupt-Fensters bedient werden.

Bei der Abarbeitung der Interrupt-Service-Routine muß durch geeignete Programmbefehle dafür gesorgt werden, daß die auf Low-Potential liegende IRQ-Leitung wieder in den High-Zustand gebracht wird. Ferner muß in der Einschaltphase der Stackpointer mit der Adresse geladen werden, bei der der Stack beginnt (Top of the Stack), damit beim Auftreten des Interrupts die Register in den gewünschten Speicherbereich gerettet werden können.

2.5.2.4 Warten auf Interrupt WAI Der Softwarebefehl W a r t e n (Wait) WAI (hexadezimal $3E) veranlaßt den Prozessor, seine Registerinhalte wie beim Interrupt in den Stack zu retten (s. Bild **2.**39 und **2.**40) und danach in eine Wartephase einzutreten. In diesem Wartezustand werden der Adreß- und Datenbus sowie die R/W-Leitung vom Prozessor

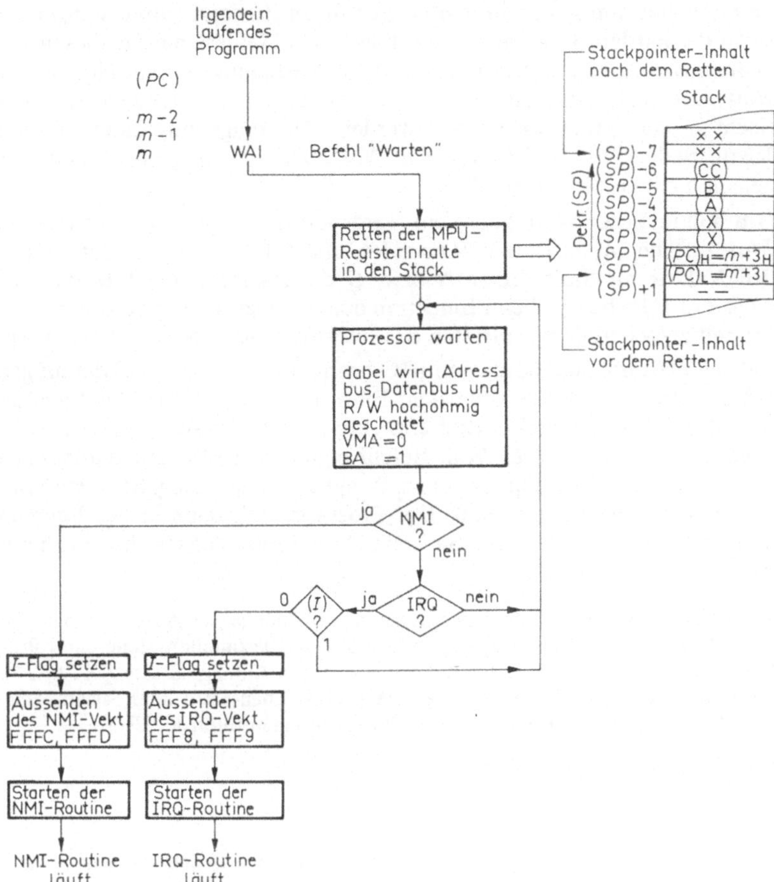

Bild **2**.39 Ablaufdiagramm für die Ausführung des Warte-Befehls WAI

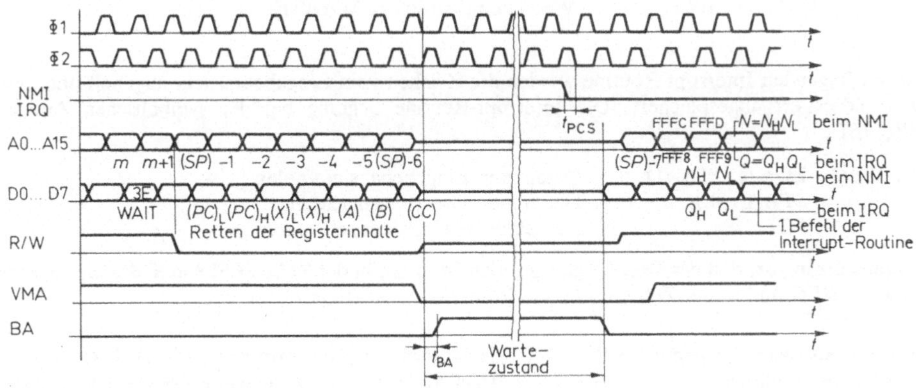

Bild **2**.40 Timing-Diagramm für die Ausführung des WAI-Befehls

freigeschaltet. Sie gehen in den hochohmigen Zustand (three state) über (in Bild **2.40** durch die mittlere Linie gekennzeichnet). Als Meldesignal für diesen Zustand geht die Leitung Bus Available BA (Bus steht zur Verfügung) in den High-Zustand. In diesem Wartezustand können die Busse von anderen an sie angeschlossenen Bausteine z. B. einem zweiten Prozessor benutzt werden. Allerdings muß dann sichergestellt werden, daß durch den Zustand VMA = 0 die Adressierung von Speicher- und Ein-/Ausgabebausteinen nicht verhindert wird.

Tritt nun in dieser Wartephase ein Hardware-Interrupt NMI oder IRQ auf, so wird der Wartezustand wie in Bild **2.40** beendet, und der Prozessor findet über den NMI- oder IRQ-Vektor zur Startadresse N bzw. Q der zugeordneten Interrupt-Routine. Da die Registerinhalte bereits beim Eintritt in den Wartezustand gerettet wurden, verkürzt sich die Zeit zwischen dem Auftreten des Interrupts und dem Start der Interrupt-Routine.

Soll der Wartezustand durch den IRQ beendet werden, so muß darauf geachtet werden, daß die Interrupt-Maske I vor dem Eintritt in den Wartezustand gelöscht ist. Ist dies nicht der Fall so kann, wie Bild **2.39** zeigt, der Prozessor über den IRQ den Wartezustand nicht beenden. Der Wait-Befehl eignet sich sehr gut dafür, ein Programm an definierten Stellen zu stoppen, um z. B. auf eine Dateneingabe zu warten, die mit einem Interrupt verbunden sein muß. Der Prozessor holt dann in der Interrupt-Routine die Daten von dem betreffenden Baustein ab und setzt danach das angehaltene Programm fort.

Beispiel 2.13 Über einen Eingabebaustein mit der symbolischen Adresse *PIAAD* (**P**eripherer **I**nterface **A**dapter **A**-Seite **D**ateneingang) sollen an einer bestimmten Stelle eines Programms ASCII-Zeichen in den Speicherbereich mit der symbolischen Anfangsadresse *DATANF* und der symbolischen Endadresse *DATEND* (Adresse des letzten Zeichens) von einer Tastatur eingegeben werden. Jedes Betätigen einer Taste erzeuge am Prozessor einen Interrupt IRQ.

Assembler-Programmabschnitt:

```
         :
      CLI
      LDX  #DATANF        Indexregister mit Anf.-Adresse laden
WARTE WAI                 Auf Daten (Interrupt) warten
      INX                 Nächste Datenadresse einstellen
      CPX  #DATEND+1       Alle Zeichen eingegeben?
      BNE  WARTE           Wenn nein, zurück zu WARTE!
         :
```

In der folgenden Interrupt-Routine werden die Zeichen vom Eingabebaustein abgeholt und indiziert adressiert abgespeichert. Die Interrupt-Routine beginne bei der symbolischen Adresse *IRQBEG*.

```
IRQBEG LDAA  PIAAD        Daten vom Eingebebaustein holen
       STAA  0,X          Daten ind. adress. abspeichern
       RTI                Zurück ins unterbrochene Programm
```

Voraussetzung ist, daß der IRQ-Vektor geladen ist. d. h., in der Zelle $FFF8 muß das higher Byte von *IRQBEG* und in der Zelle $FFF9 das lower Byte von *IRQBEG* stehen.

2.5.2.5 Software-Interrupt SWI Der Programmunterbrechungsbefehl SWI (hexadez. $3F) läuft zunächst genau so ab wie der WAI-Befehl, d. h., es werden die Registerinhalte des Prozessors in den Stack gerettet. Dann wird jedoch, wie Bild **2.41** zeigt, die Inter-

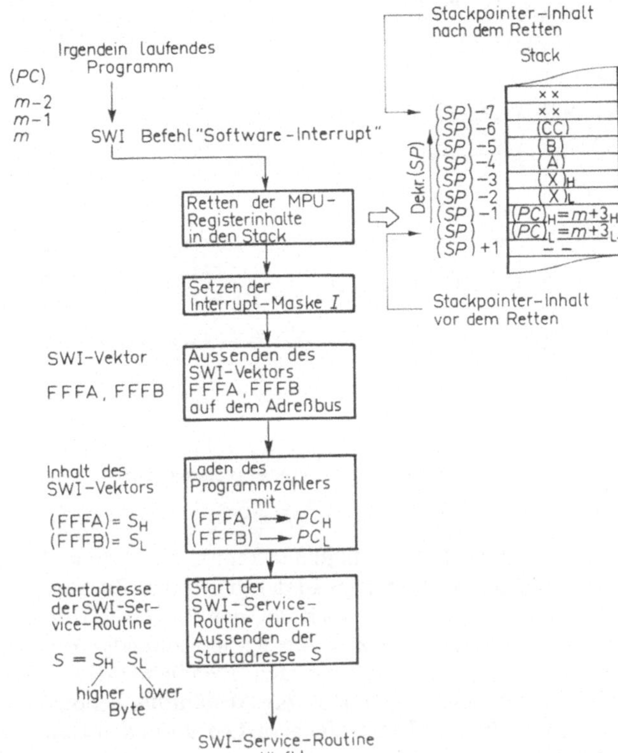

Bild 2.41
Ablaufdiagramm zur Ausführung
des Software-Interrupts SWI

rupt-Maske *I* gesetzt und der SWI-Interrupt-Vektor, das sind die Adressen \$FFFA, \$FFFB, ausgesendet. Der Inhalt dieser beiden Zellen wird als Startadresse *S* der SWI-Service-Routine verwendet und dieselbe durch Aussenden dieser Adresse gestartet. Einschließlich dem Aussenden des SWI-Vektors benötigt dieser Befehl 12 Taktzyklen zu seiner Ausführung.

In Mikrorechnern wird der SWI meist bei der Fehlersuche in Programmen (D e b u g g i n g) verwendet. Um den richtigen Ablauf eines Programms abschnittsweise zu prüfen, wird nach jeweils einem Abschnitt durch Einfügen eines SWI-Befehls das Programm unterbrochen. Da der Prozessor dann seine Registerinhalte in den Stack rettet, kann in der SWI-Service-Routine der Inhalt des Stacks ausgedruckt werden und somit der Prozessor-Status überprüft werden. Im sogenannten S i n g l e - S t e p - B e t r i e b wird diese Unterbrechung nach jedem Befehl ausgeführt, und werden jedesmal die Registerinhalte aus dem Stack ausgedruckt, so bezeichnet man dies als S i n g l e - S t e p - T r a c e - M o d e.

2.5.3 HALT-Steuerung

Mit der low aktiven Steuerungsleitung HALT läßt sich der Mikroprozessor MC6800 anhalten. Im haltenden Zustand sind wie bei der Ausführung des WAI-Befehls Adreß- und Datenbus und R/W-Leitung vom Prozessor freigeschaltet, also hochohmig. Die Lei-

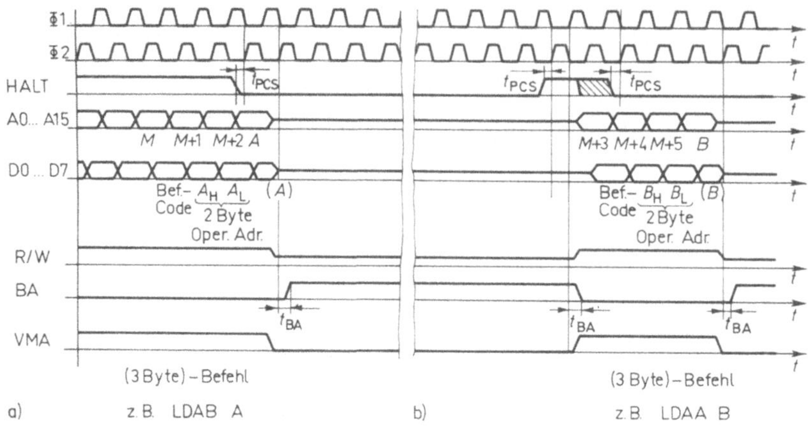

Bild 2.42 Timing-Diagramm für den Übergang in den HALT-Zustand der MPU (a) und für das Ausführen eines einzelnen Befehls (single step) bei gepulster HALT-Leitung (b)

tung BA ist im High-Zustand und kennzeichnet somit den floatenden Zustand der Busse. Das Timing des Übergangs in den haltenden Zustand ist in Bild 2.42a wiedergegeben. Geht das HALT-Signal noch vor der Prozessor Control Setup Zeit t_{PCS}, die bei der fallenden Flanke des letzten zum gerade laufenden Befehl gehörenden Taktes $\Phi 1$ endet, in den Low-Zustand, so wird nach Beendigung dieses Befehls (im Bild 2.42 ein 3-Byte-Ladebefehl, der 4 Taktzyklen zur Ausführung benötigt) in den HALT-Zustand übergegangen. Geht das HALT-Signal erst später in den Low-Zustand, wird auch der folgende Befehl noch ausgeführt.

Treffen während des haltenden Zustands der MPU NMI- oder IRQ-Interrupt-Signale ein, so werden diese in einem Flipflop der MPU gespeichert. Beim Verlassen des HALT-Zustands führt dann die MPU zunächst die entsprechende Interrupt-Routine aus. Trifft während des HALT-Zustands ein RESET-Signal ein, so ergibt sich, solange die Leitung RESET = 0 ist, für die Busse des Prozessors das in Abschn. 2.5.1 (Bild 2.33) gezeigte Verhalten. Geht zunächst wieder RESET in den High-Zustand, so wird nach der Aufhebung des HALT-Zustands, also wenn HALT = 1 wird, sofort über den Reset-Vektor zur Ausführung der Reset-Routine übergegangen.

Während des haltenden Zustands werden die Inhalte der dynamischen MPU-Register durch laufende Auffrischung erhalten. Hierfür ist es jedoch erforderlich, daß während dieser Zeit die Leitung DBE (Data Bus Enable) mit dem Taktsignal $\Phi 2$ versorgt wird.

Single-Step-Betrieb Wird die Low-Signal führende HALT-Leitung für jeweils eine Taktperiode in den High-Zustand getastet, so führt der Prozessor stets nur einen Befehl aus. Programme können auf diese Weise im E i n z e l s c h r i t t - V e r f a h r e n durchlaufen werden, und bei der Fehlersuche kann geprüft werden, ob die jeweils richtigen Ausgangssignale erzeugt werden. HALT muß um die Zeit t_{PCS} (200 ns) vor der fallenden Flanke von $\Phi 1$ in den High-Zustand getastet werden, wenn mit der folgenden 0→1-Flanke von $\Phi 1$ die Befehlsausführung eingeleitet werden soll. Sie muß mindestens um die Zeit t_{PCS} vor der übernächsten 1→0-Flanke von $\Phi 1$ wieder in den Low-Zustand gebracht werden, wenn nur ein einziger Befehl abgearbeitet werden soll (s. Bild 2.42b).

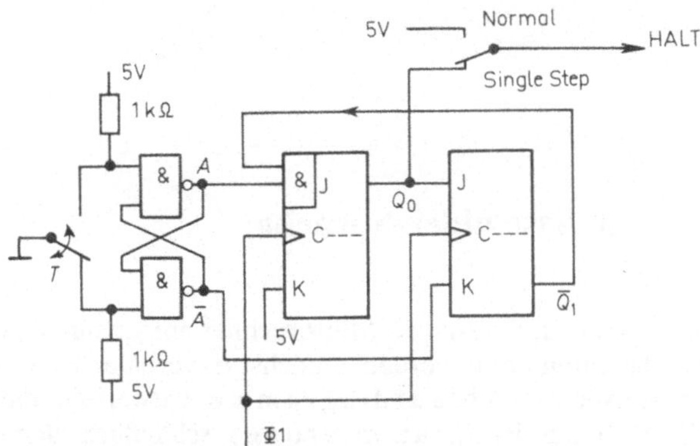

Bild 2.43 Schaltwerk zur Erzeugung eines taktsynchronen Einzelimpulses der Dauer t_{cyc} zum Ansteuern der HALT-Leitung im Single-Step-Betrieb

Für die Erzeugung eines mit dem Takt Φ1 synchronen Einzelimpulses der Dauer t_{cyc} kann die in Bild **2.43** gezeigte Schaltung verwendet werden. Das aus 2 NAND-Gattern bestehende RS-Flipflop entprellt den mechanischen Taster T. Wird T aus der gezeichneten Ruhelage getastet, wird $A = 1$ und $\overline{A} = 0$, und Flipflop Q_0 wird bei der nächsten $0 \rightarrow 1$-Flanke von Φ1 gesetzt. Steht der Schalter auf Single Step, wird HALT = 1. Bei der folgenden Taktflanke wird $Q_0 = 0$ und $Q_1 = 1$, also $\overline{Q}_1 = 0$, so daß das Signal HALT = 0 wird. In diesem Zustand bleibt das Schaltwerk, solange noch $A = 1$ ist. Erst wenn die Taste T wieder losgelassen wird, und $\overline{A} = 1$ wird, erfolgt die Löschung von Flipflop $Q_1 = 0$. Das Schaltwerk ist wieder in seinem Ausgangszustand und wartet auf die nächste Tasterbetätigung. Der auf der HALT-Leitung erzeugte Einzelimpuls hat die Dauer t_{cyc} und tritt etwa 20 ns nach der $0 \rightarrow 1$-Flanke von Φ1, also rechtzeitig vor t_{PCS} auf.

3 Assembler-Sprache

Die Aufgaben, die eine als Mikrorechner aufgebaute digitale Steuerung zu erfüllen hat –
also das Programm, werden zunächst in verbaler Beschreibung vorliegen. Daraus wird
der Entwickler Ablaufdiagramme entwerfen, die in immer verfeinerter Form
(Top-down-Programmierung) schließlich den exakten Programmablauf der
Steuerung festlegen. Je genauer diese Flußdiagramme sind, um so einfacher ist es,
diese in ein lauffähiges Maschinenprogramm umzusetzen. Während das Flußdiagramm
eine für den Menschen sehr übersichtliche Darstellung des Programmablaufs ist, ist der
Inhalt eines Maschinenprogramms selbst für den Programmierer nach Fertigstellung
kaum noch lesbar. Jeder Befehl muß ja in eine 1- bis 3-stellige Dualzahl aus jeweils 8 Bit
umgesetzt werden, denn der Prozessor als binär arbeitendes, digitales Schaltwerk kann
nur solche in seinem binären Befehlscode in den Speicherzellen abgelegte Befehle interpretieren und ausführen. Durch die Einführung der hexadezimalen Darstellung als Kurzschrift für das Dualsystem verbessert sich die Lesbarkeit der Programme nur wenig.

Als Beispiel sei hier das Programm von Beispiel 2.3, das zwei 5stellige Dezimalzahlen,
die in den Zellen mit den Adressen M bis $M+4$ und $M+5$ bis $M+9$ stehen, addiert und
das Ergebnis in die Zellen mit den Adressen $M+10$ bis $M+14$ speichert, im Dual- und
Hexadezimal-Code angegeben. Dabei sei angenommen, daß die symbolische Adresse
den Wert $M = \$B000$ habe.

Dual-Code	Hexadez. Darst.	Assembler-Code		
1100 1110	CE		LDX	#M+4
1011 0000	B0		CLC	
0000 0100	04	LOOP	LDAA	0,X
0000 1100	0C		ADCA	5,X
1010 0110	A6		DAA	
0000 0000	00		STAA	10,X
1010 1001	A9		DEX	
0000 0101	05		CPX	#M−1
0001 1001	19		BNE	LOOP
1010 0111	A7			
0000 1010	0A			
0000 1001	09			
1000 1100	8C			
1010 1111	AF			
1111 1111	FF			
0010 0110	26			
1111 0011	F3			

Um nun einerseits Programme für den Menschen leichter lesbar zu gestalten und andererseits möglichst maschinennah programmieren zu können, wurde die Assembler-

Sprache (to assemble versammeln, bereitstellen, zusammenfügen) eingeführt. Sie enthält folgende wichtige Elemente:

- Mnemos (mnemotechnische Abkürzungen) für den Operations-Code der Befehle.
- Symbolische Namen für Operanden, Operandenadressen und Sprungziele (Marken Labels).
- Symbolische Beschreibung der Adressierungsarten.
- Assembler-Anweisungen (Anweisungen, die bei der Übersetzung des Programms ausgeführt werden).

Selbstverständlich kann ein solches im Assembler-Code geschriebenes Programm vom Mikroprozessor nicht direkt abgearbeitet werden. Es muß zunächst in den Maschinen-Code übersetzt werden. Dies kann bei einfachen, kürzeren Programmen mit Hilfe der Tabellen in Tafel 2.23 und 2.24 vom Programmierer selbst durchgeführt werden. Man bezeichnet dies als Hand-Assemblierung. Wegen der vielen Fehler, die hierbei auftreten können (Irren ist menschlich!), ist bei längeren Programmen eine solche Hand-Assemblierung kaum noch in angemessener Zeit durchführbar.

Die Hersteller von Mikroprozessoren bieten deshalb für die Programmerstellung als Übersetzer sogenannte Assembler an. Diese Hilfsprogramme sind in der Lage, im Assembler-Code geschriebene Programme in den Maschinen-Code (Binär-Code) zu übersetzen. Voraussetzung hierfür ist jedoch ein Mikroprozessor-Entwicklungssystem – ein Mikrorechner also, der mindestens mit einer ASCII-Tastatur, einem Bildschirm und etwa 16 k Byte RAM-Speicher ausgerüstet sein sollte. Das Übersetzungsprogramm wird als Mikromodule in Halbleiter-ROMs oder EPROMs gespeichert geliefert oder, wenn eine Plattenstation (Floppy-Disk) zu dem System gehört, auf einer Magnetplatte gespeichert zur Verfügung gestellt. Motorolas Entwicklungssystem zur Programmerstellung für den MC6800-Prozessor ist der Exorciser. Für nicht so umfangreiche Programme, bei deren Entwicklung auf eine Floppy-Disk-Station verzichtet werden kann, besteht auch die Möglichkeit mit kleineren Entwicklungssystemen (z. B. Motorolas ADS-Systeme) die Programmerstellung im Assembler-Code durchzuführen. Als externer Speicher dienen dann einfache Musikkassetten. Der Kassettenrekorder ist über ein Kassetten-Interface mit dem ADS-System verbunden.

Steht dem Entwickler eine größere EDV-Anlage zur Verfügung, so werden auch sogenannte Cross-Assembler geliefert, die das für den Mikroprozessor vorgesehene Programm auf dieser Anlage übersetzen. Für diese Maschinen-Assemblierung ist jedoch zusätzlich ein sogenanntes Editor-Programm erforderlich, mit dessen Hilfe ein im Assembler-Code geschriebenes Programm in den Speicher des Entwicklungssystems eingegeben werden kann. Es wird dort im Edit-Buffer abgelegt. Bei der Maschinen-Assemblierung holt dann der Assembler dieses Programm, den Source-Code, aus dem Edit-Buffer und übersetzt es in den Maschinen-Code (Object-Code).

3.1 Syntax der Assembler-Sprache

Symbolische Namen für den Operations-Code, für Operanden, Adressen und Marken verbessern die Lesbarkeit erheblich, wenn für sie mnemotechnische Abkürzungen (Mnemos) verwendet werden. Sie ermöglichen ferner ein Programm zunächst allgemein zu schreiben ohne auf spezielle numerische Adressen Rücksicht nehmen zu müssen. Insbesondere bei den relativ adressierten Branch-Befehlen wird durch Angabe des Sprungziels als symbolische Adresse das Programm wesentlich leichter schreib- und lesbar.

Soll ein solches Assembler-Programm vom Entwicklungssystem übersetzt werden, ist die Einhaltung einer vom Hersteller vorgeschriebenen Syntax bei der Eingabe des Programms in den Edit-Buffer unerläßlich. Nur dann kann eine fehlerfreie Übersetzung durchgeführt werden. Allerdings muß ein fehlerfrei übersetztes Programm noch lange nicht auch ein logisch fehlerfreies Programm sein!

Die genaue Syntax ist in Motorolas Programming Manual [3] (in englisch) oder im M6800-Mikroprozessor-Programmierhandbuch [2] (in Deutsch) wiedergegeben. Im folgenden soll deshalb nur eine Zusammenfassung des Wesentlichen zusammengestellt werden.

3.1.1 Operations-Code

Nach Vorschrift von Motorola besteht der Code eines Befehls aus 3 Zeichen. Bei den akkumulatorbezogenen Befehlen tritt als viertes Zeichen die Akkumulator-Adresse A oder B hinzu.

Beispiele:
LDX, CPX, INC, CLR, ASR
LDAA, auch die Schreibweise LDA A ist möglich
ADDB, auch die Schreibweise ADD B ist möglich

Die Mnemos lassen den Sinn der Operation leicht erkennen und sind leicht merkbar (s. Tafel **2**.23 und **2**.24).

3.1.2 Operanden

Die Mehrzahl der Befehle benötigt zu ihrer Ausführung einen Operanden (z. B. eine Adresse). In Motorolas Assembler-Sprache können Operanden enthalten:

– symbolische Namen aus maximal 6 Zeichen; erstes Zeichen muß ein Buchstabe sein;
die Zeichen A, B, X als Einzelzeichen für einen Namen sind nicht erlaubt, denn sie sind für Akkumulator A und B sowie für das Indexregister X reserviert;

– ganze Zahlen; dezimale Zahl D ohne Kennzeichnung (z. B. 128); hexadezimale Zahl $H mit Kennzeichnung durch vorangestelltes Dollarzeichen (z. B. $BF00);
oktale Zahl @O mit Kennzeichnung durch vorangestelltes @ (z. B. @7136);
duale Zahl %B mit Kennzeichnung durch vorangestelltes Zeichen % (z. B. %110101);

– ASCII-Zeichen; durch Voranstellung des Apostrophs ' kann bei unmittelbarer Adressierung auch ein einzelnes ASCII-Zeichen als Operand auftreten (z. B. LDAA #'B lädt den Hexacode des Zeichens B, also $46 in Akku A);

– mathematische Ausdrücke; sie können symbolische Namen und Zahlen enthalten, die durch die mathematischen Operationszeichen + − * / getrennt sind; der Assembler berechnet die Ausdrücke von links nach rechts ohne Berücksichtigung irgendwelcher eingeklammerter Gruppen und ohne Berücksichtigung einer Hierarchie der

Operationen (es gilt also nicht Punkt- vor Strichrechnung); z. B. wird der Ausdruck
ANF/TAB $*2-1$ in $\dfrac{\text{ANF}}{\text{TAB}}\,2-1$ und nicht wie erwartet in $\dfrac{\text{ANF}}{\text{TAB}*2}-1$ umgesetzt!

– d a s Z e i c h e n *; es kennzeichnet den Programmzähler; eingesetzt wird für den Stern die Adresse, also der Inhalt des Programmzählers *PC*, auf der das erste Byte des Befehls steht, der den Stern als Operanden enthält;

Beispiel:

B000 LDX *   wird übersetzt in B000 FE B000
B003 LDX #*   wird übersetzt in B003 CE B003

im ersten Fall erweiterte, im zweiten unmittelbare Adressierung; Bedeutung hat der * bei der relativen Adressierung.

3.1.3 Adressierungsart

Die gewünschte Adressierungsart wird in Motorolas Assembler-Sprache wie folgt angegeben:

Inhärente Adressierung Die Befehle mit dieser Adressierung benötigen keinen Operanden, bestehen also nur aus dem Befehls-Mnemo (z. B. CLI oder INCA).

Erweiterte Adressierung Zu dem Befehls-Mnemo tritt eine 2-Byte-Adresse, die als symbolischer Name, als numerischer Wert oder auch als mathematischer Ausdruck angegeben werden kann. Es sei z. B. *TABANF* = $B000 (Tabellenanfang) die symbolische Adresse, die den Anfang einer Tabelle angibt und den hexadezimalen numerischen Wert $B000 hat, und es soll der Inhalt dieser Zelle in Akkumulator *A* geladen werden. Dann sind folgende Schreibweisen möglich:

LDAA TABANF   oder   LDAA $B000   oder   LDAA 45056
oder   LDAA @ 130000   oder   LDAA %1011000000000000

Alle im Beispiel angegebenen Zahlen geben dieselbe Quantität wieder. Bei numerischen Adressenangaben wird jedoch häufig die hexadezimale Darstellung verwendet.

Indizierte Adressierung Zu dem Befehls-Mnemo tritt der Adress-Offset und eine Kennzeichnung der indizierten Adressierung, z. B.

LDAA $10, X

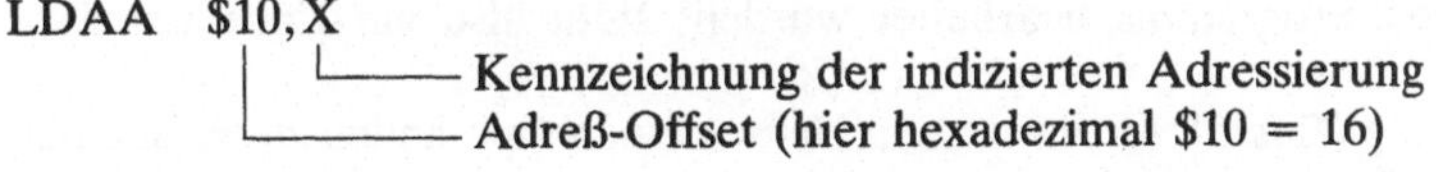

Ist der Adreß-Offset Null, so kann geschrieben werden LDAA 0,X oder einfacher LDAA X.

Unmittelbare Adressierung Zum Befehls-Mnemo tritt ein (1-Byte)- oder (2-Byte)-Operand, der symbolisch oder numerisch sein kann. Zur Kennzeichnung, daß der Operand selbst verarbeitet werden soll, wird dem Operanden das Symbol # vorangestellt. Es sei z. B. wie bei der erweiterten Adressierung *TABANF* = $B000 und es soll diese Adresse ins Indexregister geladen werden, dann kann LDX #TABANF oder LDX #$B000 geschrieben werden.

Direkte Adressierung Die Darstellung ist die gleiche wie bei der erweiterten Adressierung. Lediglich bei der Übersetzung muß geprüft werden, ob die Adresse kleiner als $100 ist, also in den Zero-Page-Bereich fällt. Ist dies der Fall, kann der Operations-Code der direkten Adressierung verwendet werden.

Relative Adressierung Sie tritt nur bei den Verzweigungsbefehlen auf und braucht deshalb nicht besonders gekennzeichnet werden. Zu dem Befehls-Mnemo tritt die aus einem Byte bestehende relative Adresse, die als symbolisches Sprungziel, als Zweierkomplement-Hexadezimalzahl oder als positive bzw. negative Dezimalzahl angegeben werden kann. Die numerische relative Adresse R muß im Bereich

$$-128 \leq R \leq 127 \qquad \text{(bei dezimaler Angabe)}$$

$$\$80 \leq R \leq \$7F \qquad \text{(bei hexadezimaler Angabe)}$$

liegen (s. Abschn. 2.3.6). Das symbolische Sprungziel muß selbstverständlich auch mit einer relativen numerischen Adresse, die in den angegebenen Grenzen liegt, erreichbar sein. Beispiele sind:

BNE FERTIG   BEQ $33   BRA –125   BCC $FC   BHI 15

Mit dem Zeichen * kann z. B. auch geschrieben werden

BRA *–3 (springe von der Adresse, auf der der Befehl BRA steht, um 3 Schritte zurück)
BRA *+3 (springe entsprechend um 3 Schritte vorwärts).

3.1.4 Assembler-Anweisungen

Es handelt sich um Anweisungen an das Übersetzungsprogramm, die beim Übersetzen des Assembler-Programms ausgeführt werden. Es sind also keine Befehls-Mnemonics, deren Befehlsinhalte erst beim Laufen des übersetzten Programms ausgeführt werden.

ORG   definiert die erste Adresse (**Origin** = Ursprung, Anfang) des folgenden Programmabschnitts (z. B. ORG $B000);

OPT   **Opt**ionen für die Übersetzungssteuerung; (z. B. OPT M; das übersetzte Programm wird während der Übersetzung in den Speicher geladen; OPT S: es wird die Liste der symbolischen Adressen gedruckt; auch OPT M,S möglich);

NAM   **Nam**enzuordnung: Durch Space (Zwischenraum) getrennt steht der Programmname; NAM steht am Anfang eines Programms (z. B. NAM HEIZCONTROL);

END   **End**eanweisung: Zeigt dem Übersetzungsprogramm an, daß alle Zeilen des zu übersetzenden Programms bearbeitet wurden; steht also am Ende des Programms;

EQU   Wertzuweisung (**Equ**al): Ordnet einem Namen einen Operanden zu, z. B. einen numerischen Wert, einen anderen Namen oder einen mathematischen Ausdruck (Beispiele: TABANF EQU $7023, DECTAB EQU TABANF);

RMB   Speicherzellenreservierung (**R**eserve **M**emory **B**ytes) (Beispiele: RMB 25: es werden von der Adresse an, die der Anweisung RMB zugeordnet wird 25 Speicherzellen reserviert, RMB $20: entsprechendes mit Hexazahl);

FCB   Speicherzelle mit Inhalt laden (**F**orm **C**onstant **B**yte): Operand von FCB kann eine Zahl, ein Name oder Ausdruck sein. Voraussetzung ist jedoch, daß beim Übersetzen daraus eine 1 Byte (8 Bit) lange Zahl gebildet werden kann. Es können mehrere durch Komma getrennte Operanden eingesetzt werden. Geladen werden von der Adresse an, die FCB zugeordnet wird, aufeinander folgende Zellen (Beispiele: FCB $3A; FCB 255 entspricht FCB $FF; FCB 0,25, $3F, %10110011);

FDB   Zwei aufeinander folgende Speicherzellen mit Inhalt laden (**Form Double Byte**): Operanden wie bei FCB jedoch mit der Voraussetzung, daß beim Übersetzen eine (2-Byte)-Zahl gebildet werden kann. Wird zum formieren von Adreßvektoren benutzt (Beispiele: FDB $FFF8; FDB 355; FDB START, wenn der Startadresse START bei der Übersetzung ein numerischer Wert zugeordnet wird);

FCC   Speicherzellen mit ASCII-Zeichen-Code laden (**Form Constant Character**): Geladen werden aufeinander folgende Speicherzellen mit einer Kette von ASCII-Zeichen (String) (Beispiele: FCC 5, KETTE; die 5 ASCII-Zeichen werden in aufeinander folgenden Zellen gespeichert; FCC /KETTE/; die ASCII-Zeichen zwischen den gleichen Begrenzern / / werden geladen; jedes ASCII-Zeichen kann Begrenzer sein!).

Genauere Hinweise s. im Programming Manual [3].

3.1.5 Eingabeformat

Damit das Übersetzerprogramm (Assembler) das zu übersetzende Programm (Source-Programm) in das Maschinenprogramm (Object-Code) übertragen kann, muß das in der Assembler-Sprache geschriebene Source-Programm mit Hilfe eines Editor-Programms in den Edit-Buffer des Entwicklungssystems geladen werden. Hierbei muß ebenfalls ein vorgeschriebenes Format eingehalten werden. Jeder Befehl oder jede Assembler-Anweisung wird in einer Zeile niedergeschrieben. Jede Zeile wird mit CR ↓ (Carriage **Return**) beendet. Zeilen können Nummern erhalten.

Zeilenformat von Zeilen mit Nummern und Marken:

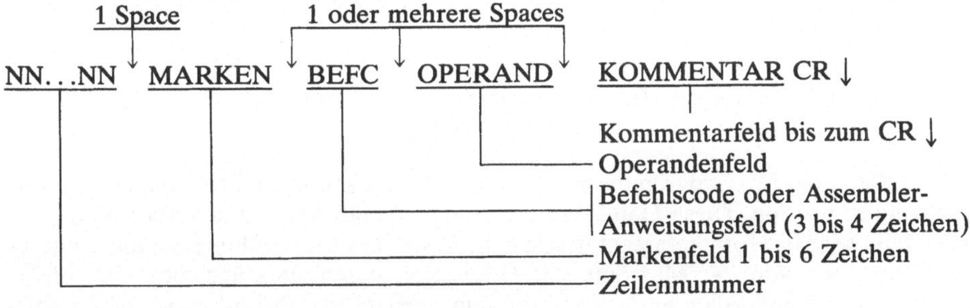

Zeilenformat von Zeilen mit Nummern ohne Marken:

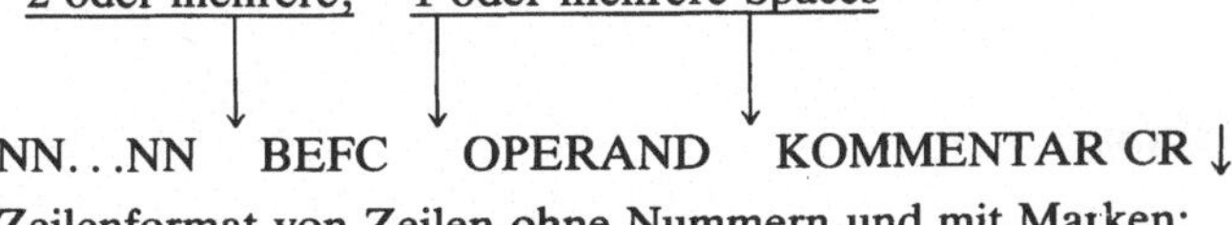

Zeilenformat von Zeilen ohne Nummern und mit Marken:

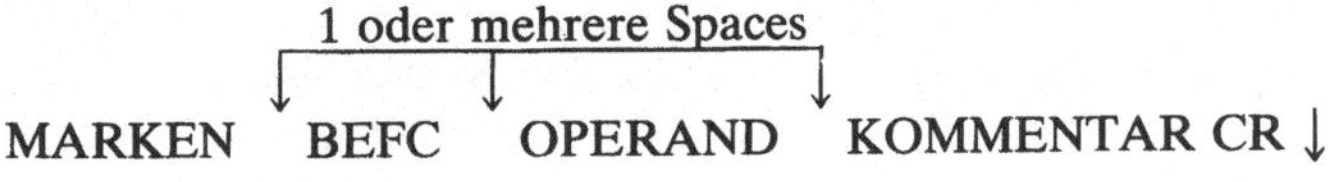

Zeilenformat von Zeilen ohne Nummern und ohne Marken:

1 oder mehrere Spaces

   BEFC   OPERAND   KOMMENTAR CR ↓

Marken-, Operanden- und Kommentarfeld können leer sein. Beim Operandenfeld hängt es vom Befehlscode ab, ob ein Operand benötigt wird. In ein Programm können auch beliebig Kommentarzeilen eingefügt werden.

Zeilenformat einer Kommentarzeile mit Nummer:

    1 Space

NN...NN   ∗ KOMMENTARTEXT CR ↓

Zeilenformat einer Kommentarzeile ohne Nummer:

∗ KOMMENTARTEXT CR ↓

Kommentarzeilen beginnen also mit einem ∗ auf der ersten Stelle des Markenfeldes und enden mit CR ↓. Sie werden bei der Übersetzung übergangen, beim Ausdrucken des übersetzten Programms (Listing) jedoch wieder mitgedruckt.

Als Beispiel für die formatgerechte Eingabe eines Programms soll das in Tafel 3.1 wiedergegebene Programm dienen, dessen logischer Inhalt hier jedoch nicht wesentlich ist.

Die Numerierung der Zeilen (hier modulo 5) ermöglicht es bei Korrekturen noch Zeilen einzuschieben, für die dann freie Zeilennummern zur Verfügung stehen. Die Eingabe mit Zeilennummern hat den Vorteil, daß sie als Suchsymbole für die Korrektur mit Editor-Befehlen dienen können. Alle symbolischen Namen, die nicht als Sprungziele im Programm auftreten, sollten in einem vorangestellten Definator zusammengefaßt werden. Numerische Änderungen der Zuweisungen oder der Origins brauchen dann nur dort durchgeführt werden. Bei der erneuten Übersetzung werden sie überall im Programm ersetzt.

3.2 Übersetzung des Assembler-Programms

Die Übersetzung eines Programms wie das von Tafel 3.1 kann vom Programmierer selbst durchgeführt werden. Diese Hand-Assemblierung ist mühsam und fehlerbehaftet. Normalerweise wird das formatgerecht in den Edit-Buffer des Entwicklungssystems eingegebene Programm von der Maschine mit Hilfe ihres Assemblers übersetzt. Bei dieser Maschinen-Assemblierung wird gleichzeitig ein formatiertes Protokoll des übersetzten Programms (Object-Code) und des zu übersetzenden Programms (Source-Code) ausgegeben (Listing).

3.2.1 Ablauf der Übersetzung

Die Übersetzung erfolgt in zwei Pässen (Durchläufen).

Paß 1 Im ersten Durchlauf wird das Programm auf gültige Syntax überprüft. Die Befehls-Mnemos werden durch den Operations-Code ersetzt. Gemäß dem jeweils voran-

Tafel **3**.1 Formatgerechte Eingabe eines Assembler-Programms mit Zeilennummern

```
10     NAM DEMONSTRATION
15     OPT M,S
20  * DEFINATOR
25     ORG 0
30 DATEN RMB 10
35 INDEX RMB 2
40  * PARAMETER
45 PARAME RMB $10
50  * WERTZUWEISUNGEN
55 ACIACO EQU $4000
60 ACIADA EQU $4001
65  * VEKTOREN
70     ORG $FFF8
75     FDB IRQVEC
80     ORG $FFFE
85     FDB RESTAR
90  * TEXT LADEN
95     ORG $8100
100  TEXT FCC /DIES IST EINE DEMONSTRATION/
110  * DECODIERTAFEL LADEN
115  DECTAB FCB 0,$10,8,$25,$16,$32
120  * ENDE DES DEFINATORS
125  * BEGINN DES PROGRAMMS
130  *
135     ORG $B000
140  RESTAR LDS #$7F          STACKPOINTER INITIALISIEREN
145     LDAA #3
150     STA A ACIACO
155     LDA A #$1A
160     STAA ACIACO
165     LDX #DATEN
170     STX INDEX
175     LDX #TEXT
180     WAIT LDAB ACIACO
185     BITB #2               ACIA TRANSMITTER LEER?
190     BEQ WAIT
200     LDAA 0,X
210     STAA ACIADA           AUSGABE DES TEXTES
215     INX
220     CPX #TEXT+27
225     BNE WAIT
230     NOP
235     BRA *-1               ENDLOSSCHLEIFE
240  *
245  * INTERRUPT-ROUTINE
250  IRQVEC LDAA ACIADA
255     LDX INDEX
260     STAA X
265     INX
270     STX INDEX
275     CPX #DATEN+10
```

```
280        BNE RETURN
285        LDX #DATEN
290        STX INDEX
295   RETURN RTI
300        END                          PROGRAMMENDE
```

gegangenen Origin (ORG) wird den im Markenfeld stehenden Namen die erforderliche Adresse zugeordnet und in einer Symboltafel gespeichert. Im Programm von Tafel **3.**1 wird folgende Zuordnung durchgeführt:

Name	Adresse		Name	Adresse
DATEN	$0000		DECTAB	$811B
INDEX	$000A		RESTAR	$B000
PARAME	$000C		WAIT	$B016
ACIACO	$4000		IRQVEC	$B02B
ACIADA	$4001		RETURN	$B042
TEXT	$8100			

Beginnt das Markenfeld mit einem Stern *, so wird die darauf folgende Zeichenkette als Kommentartext gewertet und bei der Übersetzung nicht berücksichtigt.

Bei der Einsetzung des Operations-Codes wird im Operandenfeld geprüft, ob unmittelbare, indizierte oder erweiterte Adressierung vorliegt. Der Operations-Code für die Direkte Adressierung wird eingesetzt, wenn sich aus den im Definator zugeordneten Adressen ergibt, daß diese im Zero-Page-Bereich (0 bis $FF) liegen. Wird der Definator dem Programm nachgestellt, dann sind diese Adressen in Paß 1 noch nicht bekannt, und es wird die erweiterte Adressierung verwendet. Also sollte der Definator stets an den Programmanfang gestellt werden!

Paß 2 Im zweiten Durchlauf werden die im Operandenfeld stehenden Namen durch die numerischen Werte aus der Symboltafel ersetzt, eventuell auftretende mathematische Ausdrücke, wie z.B. in Zeile 220, werden dann berechnet, bei den Branch-Befehlen wird aus dem Sprungziel (z. B. WAIT) die relative Adresse berechnet. Die sich ergebenden Operanden werden in die entsprechenden Bytes hinter dem jeweiligen Operations-Code eingesetzt. Wird ein Listing verlangt, so werden Zeile für Zeile Object- und Source-Programm formatgerecht ausgedruckt.

Fehlermeldungen können aus Paß 1 kommen, z.B. ungültiger Befehls-Mnemo, oder auch aus Paß 2, z. B. dann wenn ein Name des Operandenfeldes nicht im Markenfeld und somit nicht in der Symboltafel auftritt. Die Art des Fehlers wird durch eine Codenummer zusammen mit der fehlerhaften Zeile ausgedruckt (s. Programmierhandbuch).

3.2.2 Listing des übersetzten Programms

Da bei der Übersetzung ein formatiertes Listing erstellt wird, braucht bei der Eingabe des Assembler-Programms auf besondere Formatierung nicht geachtet zu werden. Hinzu kommt, daß jedes aus Formatierungsgründen eingefügte Leerzeichen (Space) im Edit-Buffer einen Speicherplatz belegt, so daß bei längeren Programmen ein „Überlaufen" des Edit-Buffers auftreten kann.

Format einer Listing-Zeile:

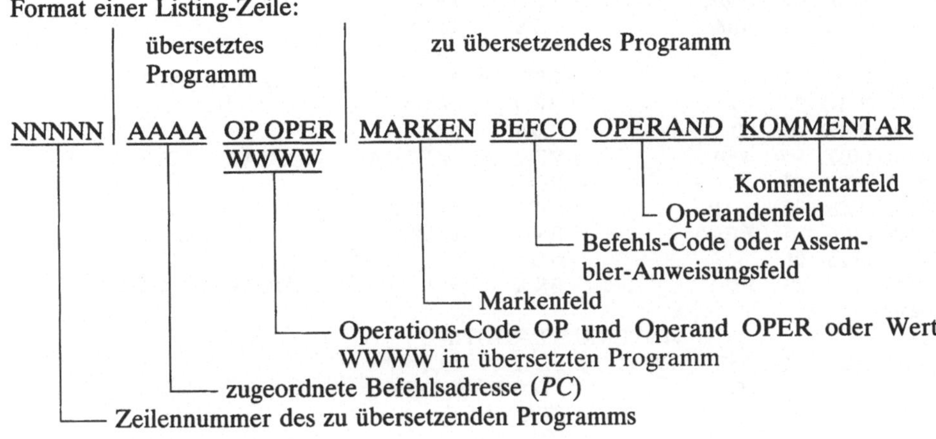

Tafel **3.2** Bei der Übersetzung erstelltes Listing des Programms von Tafel **3.1**

```
PAGE 001       DEMONSTR

00010                              NAM      DEMONSTRATION
00015                              OPT      M,S
00020                      *DEFINATOR
00025 0000                         ORG      0
00030 0000   000A         DATEN    RMB      10
00035 000A   0002         INDEX    RMB      2
00040                      *PARAMETER
00045 000C   0010         PARAME   RMB      $10
00050                      *WERTZUWEISUNGEN
00055        4000         ACIACO   EQU      $4000
00060        4001         ACIADA   EQU      $4001
00065                      *VEKTOREN
00070 FFF8                         ORG      $FFF8
00075 FFF8   B02B                  FDB      IRQVEC
00080 FFFE                         ORG      $FFFE
00085 FFFE   B000                  FDB      RESTAR
00090                      *TEXT LADEN
00095 8100                         ORG      $8100
00100 8100   44           TEXT     FCC      /DIES IST EINE DEMONSTRATION/
00110                      *DEKODIERTAFEL LADEN
00115 811B   00           DECTAB   FCB      0,$10,8,$25,$16,$32
00120                      *ENDE DES DEFINATORS
00125                      *BEGINN DES PROGRAMMS
00130                      *
00135 B000                         ORG      $B000
00140 B000   8E   007F    RESTAR   LDS      #$7F
00145 B003   86   03               LDA  A   #3          STACKPOINTER INITIAL.
00150 B005   B7   4000              STA  A   ACIACO
00155 B008   86   1A               LDA  A   #$1A
00160 B00A   B7   4000              STA  A   ACIACO
00165 B00D   CE   0000              LDX      #DATEN
```

```
00170  B010  FF  000A              STX       INDEX
00175  B013  CE  8100              LDX       #TEXT
00180  B016  F6  4000    WAIT      LDA   B   ACIACO
00185  B019  C5  02                BIT   B   #2            ACIA TRANSMITTER LEER?
00190  B01B  27  F9                BEQ       WAIT
00200  B01D  A6  00                LDA   A   0,X
00210  B01F  B7  4001              STA   A   ACIADA        AUSGABE DES TEXTES
00215  B022  08                    INX
00220  B023  8C  811B              CPX       #TEXT+27
00225  B026  26  EE                BNE       WAIT
00230  B028  01                    NOP
00235  B029  20  FD                BRA       *-1           ENDLOSSCHLEIFE
00240                    *
00245                    *INTERRUPT-ROUTINE
00250  B02B  B6  4001    IRQVEC    LDA   A   ACIADA
00255  B02E  FE  000A              LDX       INDEX
00260  B031  A7  00                STA   A   X
00265  B033  08                    INX
00270  B034  FF  000A              STX       INDEX
00275  B037  8C  000A              CPX       #DATEN+10
00280  B03A  26  06                BNE       RETURN
00285  B03C  CE  0000              LDX       #DATEN
00290  B03F  FF  000A              STX       INDEX
00295  B042  3B        RETURN      RTI
00300        0000                  END                     PROGRAMMENDE
TOTAL ERRORS 00000
```

4 Ein-/Ausgabebausteine

Die Daten-Ein-/Ausgabe in Mikrorechner wird i. allg. über programmierbare Ein-/Ausgabebausteine durchgeführt. Abhängig von den angeschlossenen externen Schaltungen wird hier entweder eine parallele oder eine serielle Datenübertragung angewendet. Bei der parallelen Datenübertragung werden beim Motorola-M6800-System 8 Bit gleichzeitig auf 8 Leitungen ein- oder ausgegeben. Bei der seriellen Übertragung werden die Bits der aus- oder einzugebenden Datenwörter zeitlich nacheinander auf einer Leitung ausgegeben bzw. auf einer anderen Leitung eingegeben. Die Hersteller von Mikroprozessoren bieten für diese Übertragungsarten Kopplungsbausteine an, die einerseits genau dem verwendeten Mikroprozessor angepaßt sind und andererseits durch Programmierbarkeit möglichst universell den verschiedensten Aufgaben anpaßbar sind.

4.1 Peripherer Interface-Adapter (PIA)

Der PIA ist ein Interface-Adapter, der für die parallele Daten-Ein-/Ausgabe vorgesehen ist. Er wurde von Motorola so entwickelt, daß er genau dem M6800-Prozessor und seinen Folgetypen angepaßt ist. Infolge seiner universell gehaltenen Struktur kann er aber auch in anderen Mikroprozessorsystemen eingesetzt werden. Wegen seiner Programmierbarkeit ist er den unterschiedlichen Forderungen sehr gut anpaßbar.

4.1.1 PIA-Registerstruktur

Das in NMOS-Technik hergestellte PIA-Chip [1], [5] ist in einem 40-poligen Dual-in-Line-Gehäuse untergebracht, dessen Pin-Belegung in Bild **4**.1 angegeben ist. Der PIA wird vom Adreßbus her über einen Adreßdecoder mit Hilfe der Chip-select-Eingänge CS0, CS1 und CS2 adressiert. Der bidirektionale Datenverkehr vom und zum Prozessor wird über die Daten-Ein-/Ausgänge DB0 bis DB7 abgewickelt.

In Bild **4**.2 ist als Blockbild die genauere Registerstruktur des PIA dargestellt. Man erkennt, daß der PIA zwei Ports, den A-Port und den B-Port, besitzt. Jeder Port enthält drei Register, das Control- Status-Register, das Datenrichtungsregister und das Ausgaberegister. Das Ausgaberegister ist über die Ausgangsschaltung mit den Ausgangsleitungen gekoppelt. In den Datenrichtungsregistern des A- und B-Ports ist jeder Ausgangsleitung PA0 bis PA7 bzw. PB0 bis PB7 ein Bit zugeordnet. Der Zustand des betreffenden Bits legt nun fest, ob die ihm zugeordnete Leitung als Eingang oder als Ausgang geschaltet ist. Hat das zugeordnete Bit den Zustand 0, ist die zugeordnete Leitung Eingang; ist das Bit 1, ist die zugeordnete Leitung Ausgang.

In Bild **4**.3 enthalten die Bits *b0* bis *b3* des Datenrichtungsregisters von Port A den Zustand 0 und die Bits *b4* bis *b7* den Zustand 1. Somit sind die Leitungen PA0 bis PA3

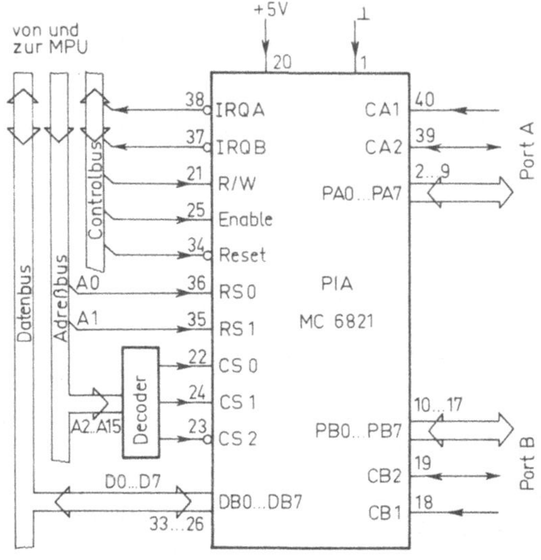

Bild **4.1**
Blockbild des peripheren Interface-Adapters PIA MC 6821 mit Pin-Numerierung

Eingänge und die Leitungen PA4 bis PA7 Ausgänge. Die Schalter $S0$ bis $S3$ sind geöffnet und die Schalter $S4$ bis $S7$ geschlossen. Liest der Prozessor über den Ausgangsbus des PIA den Inhalt des Ausgangsregisters, so erhält er auf D0 bis D3 die Information von den Eingangsleitungen PA0 bis PA7, auf D4 bis D7 jedoch den Inhalt der Stellen $d4$ bis $d7$ des Ausgangsregisters A, da die Schalter $S4$ bis $S7$ geschlossen sind. Sollten die Bits $d4$

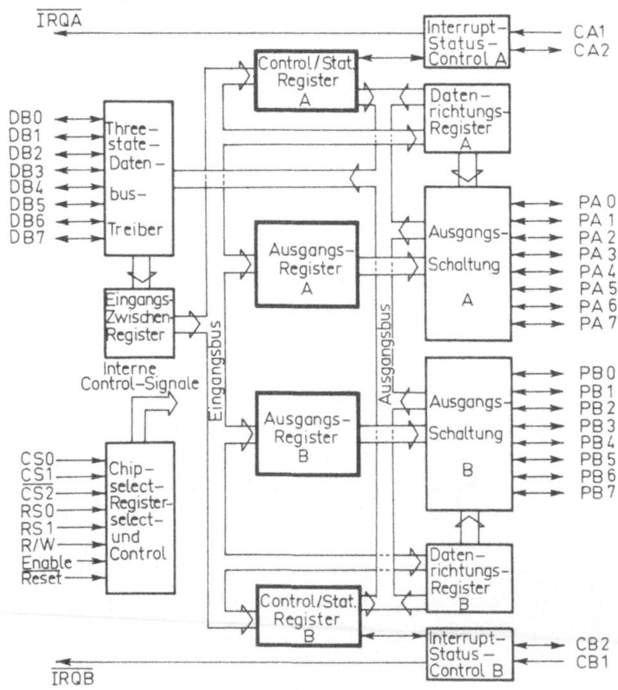

Bild **4.2**
Blockschaltbild und Registerstruktur des PIA

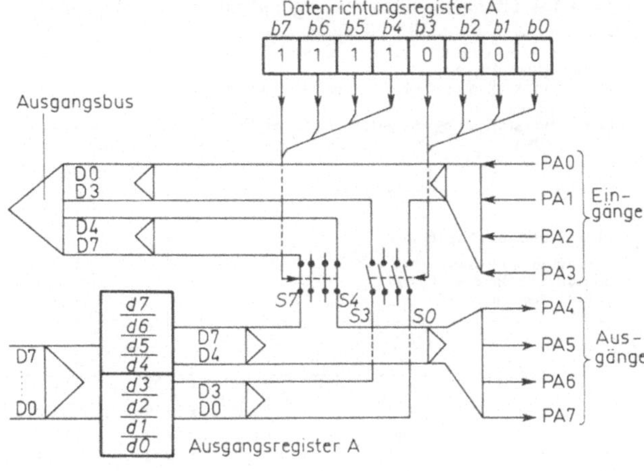

Bild 4.3
PIA-interne Umschaltung der peripheren Leitungen als Eingänge und Ausgänge durch das Datenrichtungsregister

bis *d7* stören, so können sie durch Maskierung (Befehl ANDA #$0F) ausgeblendet werden. Gibt der Prozessor über den Eingangsbus des PIA ein (8 Bit)-Datenwort aus, so werden nur die Bits *d7* bis *d4* auf die Ausgangsleitungen PA7 bis PA4 durchgeschaltet, da die Schalter *S0* bis *S3* geöffnet sind.

Interner Eingangs- und Ausgangsbus sind über die bidirektional schaltbaren Three-state-Treiber auf den Datenbus des Mikrorechners geschaltet. Die Treiber sind als Eingänge geschaltet, wenn R/W = 0 ist. Ist R/W = 1, wirken sie als Ausgänge. Ist das Chip nicht adressiert, sind sie im hochohmigen (Three-state) Zustand.

4.1.2 PIA-Control-Register

Das Control-Register des PIA ist eine Mischung aus Steuerungs- und Statusregister. Jedem Port A und B ist ein Control-Register zugeordnet. Tafel **4**.4 gibt eine Übersicht über die Steuerungseigenschaften der einzelnen Bits *b0* bis *b5* und über den Meldungscharakter der Flags *b6* und *b7*. Die Steuerungsbits *b0* bis *b5* haben also aktiven Charakter, d. h., sie beeinflussen das Arbeitsverhalten des PIA. Die Flags *b6* und *b7* sind Meldebits, die von den im PIA auftretenden Ereignissen beeinflußt werden. Durch Lesen dieser Bits kann der Prozessor z. B. erfahren, ob im PIA ein Interrupt aufgetreten ist. Gesetzt wird *b7* durch den aktiven Übergang von CA1 (CB1) und *b6* entsprechend durch CA2 (CB2). Gelöscht werden sie automatisch, wenn das zugehörige Ausgangsregister vom Prozessor gelesen wird oder beim Eintreffen eines Hardware-Resets (Reset = 0).

Control-Register-Bits:

b0 = 0: Sperrt die Interrupt-Durchschaltung der aktiven Flanke von CA1 (CB1) zur IRQA(B)-Leitung.

b0 = 1: Gibt die Interrupt-Durchschaltung frei.

b1 = 0: Der high-low-Übergang auf der Leitung CA1 (CB1) setzt das IRQA(B)1-Flag und löst den Interrupt auf IRQA(B) aus, wenn er freigegeben ist.

Tafel **4**.4 Übersicht über die Eigenschaften und Wirkung der Control-Register-Bits *b7* bis *b0*

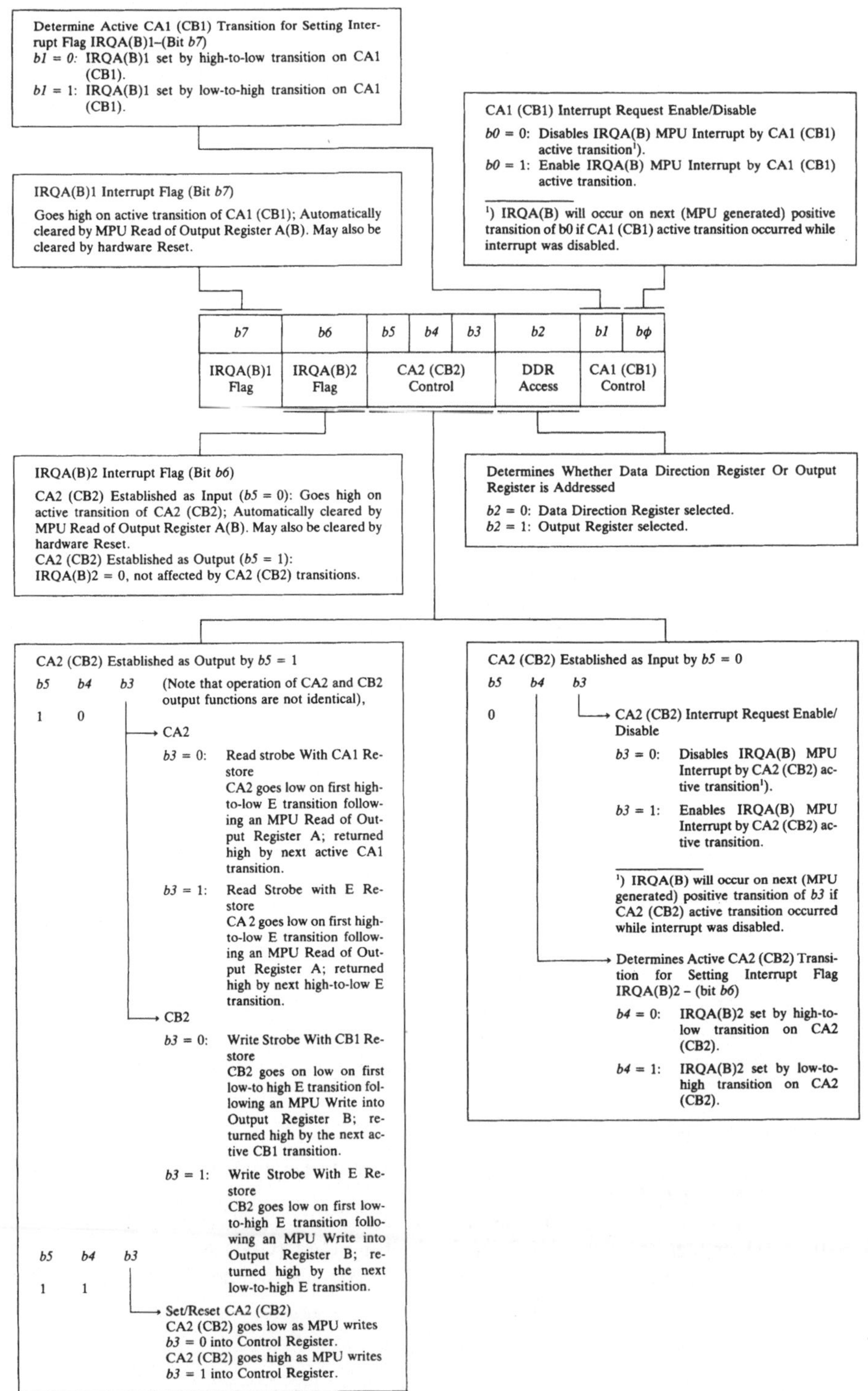

b1 = 1:   der low-high-Übergang auf CA1 (CB1) setzt die Flags und löst den Interrupt aus.

Bemerkung: Ist, während *b0* = 0 ist, eine aktive Interrupt-Flanke eingetroffen und das IRQA(B)1-Flag gesetzt, so wird der Interrupt durchgeschaltet (IRQA(B) geht auf low), wenn von der CPU das Bit *b0* auf 1 gesetzt wird.

b2 = 0:   Das Zugriffsbit (access bit) verbindet das Datenrichtungsregister mit dem Datenbus.

b2 = 1:   Das Zugriffsbit verbindet das Ausgangsregister mit dem Datenbus.

Bemerkung: *b2* stellt also eine interne Adreßumschaltung dar, so daß für die Adressierung der 6 Register nur die beiden Register-select-Leitungen RS0 und RS1 erforderlich sind.

b5 = 0:   Die Leitungen CA2 (CB2) wirken als Eingänge. Bit *b3* entspricht Bit *b0* und Bit *b4* entspricht Bit *b1* für die Leitungen CA2 (CB2).

b5 = 1:   Die Leitungen CA2 (CB2) wirken als Ausgänge.

b5 = *b4* = 1:Der Ausgangszustand der Leitungen CA2 (CB2) ist derselbe wie der von Bit *b3*.

           b3 = 0: CA2 (CB2) ist low

           b3 = 1: CA2 (CB2) ist high

Bemerkung: Dieser Betriebszustand von CA2 (CB2) wird als Follower mode bezeichnet. CA2 (CB2) folgen Bit *b3*.

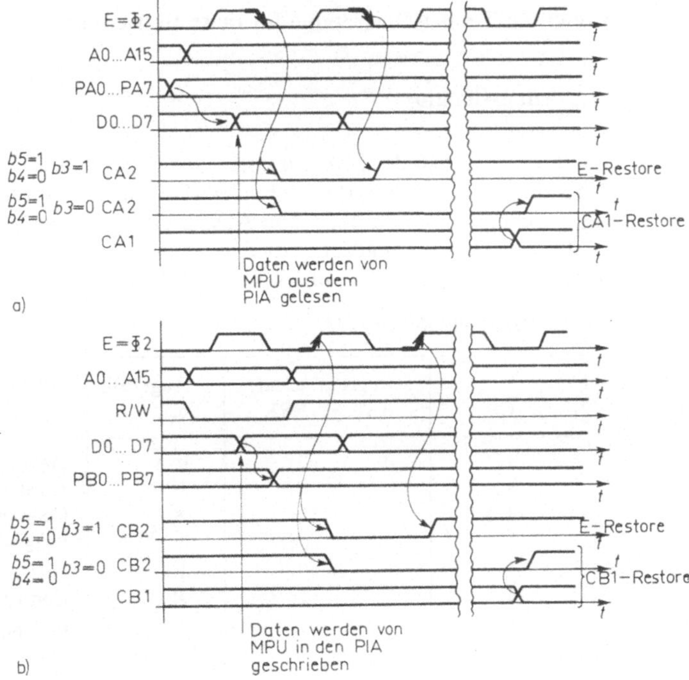

Bild **4**.5 Timing-Diagramme des PIA beim Hand shaking-Mode Read with E-Restore bzw. Read with CA1-Restore (a) und Write with E-Restore bzw. Write with CA1-Restore (b)

b5 = 1, *b4* = 0: In diesem Fall verhalten sich Leitung CA2 und CB2 verschieden!

Für CA2 gilt bei *b3* = 0: Quittungsbetrieb (H a n d s h a k i n g) für die Dateneingabe in den PIA. CA2 wird auf low geschaltet, wenn die MPU das empfangene Datenwort mit einem Load-Befehl gelesen hat. CA2 meldet dies dem sendenden Gerät. Über CA1 teilt es der PIA mit (Interrupt), daß ein neues Datenwort gesendet wurde. Mit dieser aktiven Flanke von CA1 wird die Leitung CA2 vom PIA wieder auf high zurückgeschaltet (Read Strobe with CA1-Restore).

Für CB2 gilt bei *b3* = 0: Quittungsbetrieb (Hand shaking) für die Datenausgabe aus dem PIA. CB2 wird auf low geschaltet, wenn die MPU in das Ausgangsregister des PIA ein Datenwort geschrieben hat (Store-Befehl). CB2 meldet dem empfangenden Gerät, daß ein Datenwort für die Abholung bereit steht. Das Gerät liest das Zeichen und meldet über CB1, daß der Prozessor das nächste Zeichen in den PIA schreiben kann. Mit dieser aktiven Meldeflanke von CB1 wird die Leitung CB2 wieder in den high-Zustand gebracht (Write Strobe with CB1-Restore).

b5 = 1, *b4* = 0, *b3* = 1:

Für CA2 gilt: Das Zurückschalten in den high-Zustand wird durch den nächsten high-low-Übergang der Enable-Leitung E ausgeführt. Auf diese ist meist der Takt Φ2 geschaltet. Es wird nicht auf eine Rückmeldung des sendenden Geräts gewartet (E-Restore).

Für CB2 gilt: Das Zurückschalten wird durch den nächsten low-high-Übergang der E-Leitung ausgeführt. Es wird nicht auf eine Rückmeldung des empfangenden Geräts gewartet (E-Restore).

Bild **4.**5 zeigt die Timing-Diagramme für diese Betriebsarten.

4.1.3 PIA-Adressierung

Wie Bild **4.**2 zeigt, enthält der PIA pro Port 3 also insgesamt 6 verschiedene Register, für deren Adressierung an sich 3 Register-select-Leitungen erforderlich sind. Die Unterscheidung zwischen Datenrichtungs- und Ausgangsregister erfolgt jedoch über das Bit *b2* (Zugriffsbit) des Control-Registers, so daß vom Prozessor her gesehen der PIA ein Speicher mit 4 Adressen ist. In Tafel **4.**6 ist die Adressierung des PIA wiedergegeben.

T a f e l **4.**6 Adressierungstafel des PIA

| Chip select | | | Register select | | Zugr. Bit | Adressiertes Register | |
CS2	CS1	CS0	RS1	RS2	*b2*		
0	1	1	0	0	0	Datenrichtungsregister	A
0	1	1	0	0	1	Ausgangsregister	A
0	1	1	0	1	×	Control-Register	A
0	1	1	1	0	0	Datenrichtungsregister	B
0	1	1	1	0	1	Ausgangsregister	B
0	1	1	1	1	×	Control-Register	B
×	×	0	×	×	×	PIA nicht selektiert	
×	0	×	×	×	×	PIA nicht selektiert	
1	×	×	×	×	×	PIA nicht selektiert	

× bedeutet: Das betreffende Bit kann 0 oder 1 sein.

Die high-aktiven CS0- und CS1-Eingänge und der low-aktive CS2-Eingang sind auf dem PIA-Chip über das logische UND verknüpft. Die Register-select-Eingänge RS0 und RS1 unterscheiden zwischen den Control- und Datenrichtungs-Ausgangsregistern von Port A und B. Zugriffsbit $b2$ der Control-Register unterscheidet zwischen Datenrichtungs- und Ausgangsregister.

Im folgenden soll ein PIA in einem Mikrorechner die

Adressen $9000   Datenrichtungs-Ausgangsregister A
        $9001   Control-Register A
        $9002   Datenrichtungs-Ausgangsregister B
        $9003   Control-Register B

haben. Wird der PIA vom Prozessor adressiert, treten auf dem Adreßbus folgende Adressen auf

A15 . . A12	A11 . . A8	A7 . . A4	A3 . . A0
1 0 0 1	0 0 0 0	0 0 0 0	0 0 0 0
1 0 0 1	0 0 0 0	0 0 0 0	0 0 0 1
1 0 0 1	0 0 0 0	0 0 0 0	0 0 1 0
1 0 0 1	0 0 0 0	0 0 0 0	0 0 1 1
9	0	0	0–3

Als eine Möglichkeit für den Aufbau des Adreßdecoders ergibt sich die in Bild **4.**7a dargestellte Schaltung, welche die Adressen $9000 bis $9003 vollständig decodiert. In kleineren Mikrorechnern ist der adressierbare Speicherbereich von 64 kByte meist nur zum Teil belegt. Wird in den Speicherbereich $9000 bis $9FFF adreßmäßig kein weiterer Baustein plaziert, genügt es, eine, wie in Bild **4.**7b dargestellte, unvollständige Decodierung zu verwenden, bei der nur die höchste Adreßziffer 9, also die Adreßbits A15 bis A12, verwendet werden. In die Adreßdecodierung sollte stets die Leitung VMA (**V**alid **M**emory **A**ddress) mit einbezogen werden, damit bei ungültigen Lesezyklen des Prozessors (s. Abschn. 2.2.6) der PIA nicht adressiert wird. Während der Taktphase Φ2 wird der PIA mit dem

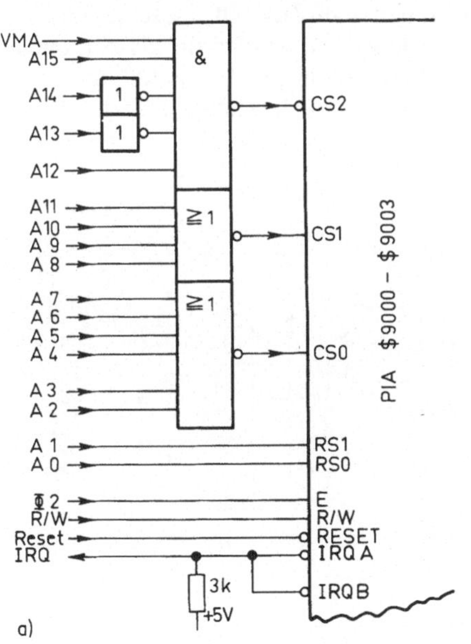

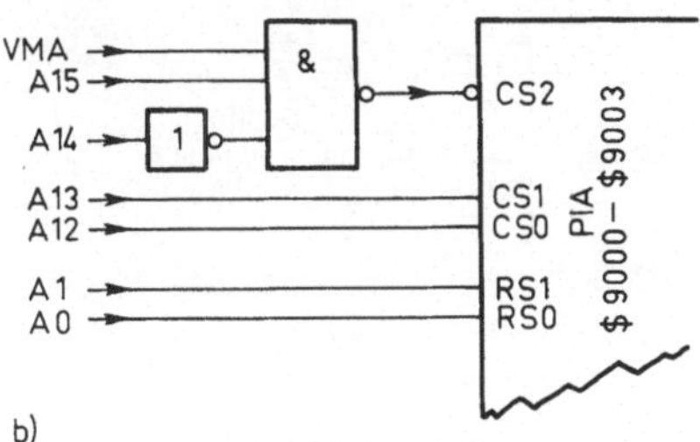

Bild **4.**7 Vollständige Adreßdecodierung bei der Anwahl eines PIA mit der Basisadresse $9000 (a) und unvollständige Adressierung (b) desselben

Eingang E freigegeben und Datenverkehr kann auf dem in Bild **4**.7 nicht mit eingezeichneten Datenbus stattfinden.

Vertauscht man auf den Register-select-Eingängen die Adreßbits A0 und A1, also RS0 = A1 und RS1 = A0, so erhalten die PIA-Register die

Adressen $9000   Datenrichtungs-Ausgangsregister A
         $9001   Datenrichtungs-Ausgangsregister B
         $9002   Control-Register A
         $9003   Control-Register B

Mit den 2 Byte verarbeitenden Indexregister-Befehlen können dann sowohl beide Datenregister als auch beide Control-Register mit nur einem Befehl (STX oder LDX) geladen oder gelesen werden.

4.1.4 PIA-Ausgangsschaltung

Die Ankopplung der externen Leitungen PA0 bis PA7 bzw. PB0 bis PB7 ist für Port A und B verschieden. Bild **4**.8 zeigt die Kopplungsschaltungen. Während bei Port A der FET T mit dem Pull-up-Drainwiderstand $R_D \approx 1,5$ kΩ arbeitet, hat Port B eine aus den FETs T_1 und T_2 bestehende Three-state-Gegentaktausgangsstufe. Ist in Port A das Datenrichtungsregisterbit n auf 0, ist der FET T gesperrt. Bit n der Eingangsleitung kann dann durch einen externen Generator high oder low geschaltet werden. Über den Inverter wird das Eingangssignal auf den internen Datenbus des PIA weitergeleitet. Ist Bit n des Datenrichtungsregisters im Zustand 1, wird über das NOR-Gatter der Zustand von Bit n des Ausgangsregisters wirksam und der FET ist durchgeschaltet, der Ausgang also low, wenn dieses Bit den Zustand 0 hat. Anderenfalls ist der FET T gesperrt und der Pull-up-Widerstand R_D zieht die Ausgangsleitung in den high-Zustand. Liest der Prozessor den Inhalt des Ausgangsregisters, wie z. B. in Bild **4**.3, so werden die als Ausgänge geschalteten Leitungen des Ausgangsregisters nur dann richtig gelesen, wenn ihre Belastung nicht zu groß ist. Anderenfalls kann durch einen zu niederohmigen Verbraucher

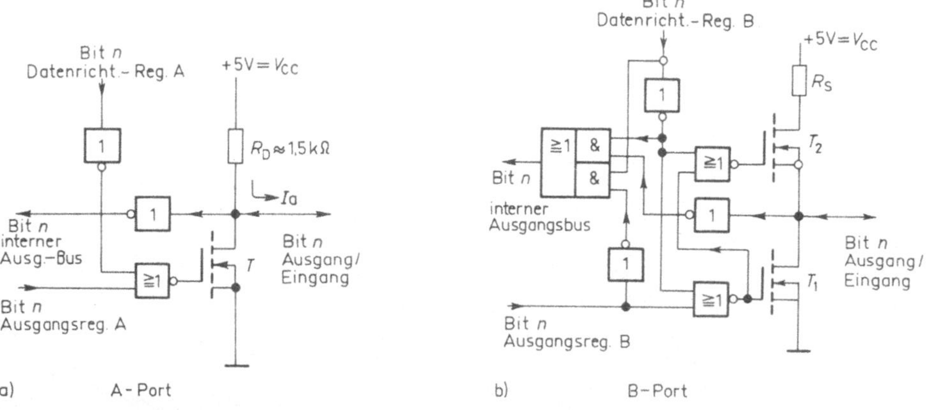

Bild **4**.8 Ausgangsschaltung des PIA
    a) Ausgang mit Pull-up-Widerstand R_D von Port A
    b) Three-State-Ausgang von Port B

die Spannung der Ausgangsleitung unter die Schwellspannung $U_S = 2$ V des Inverters gezogen werden. Der Prozessor liest dann in dieser Bit-Stelle eine 0 statt einer 1. Zulässig ist ein Ausgangsstrom von $I_a = (V_{CC} - U_S)/R_D = (5\ V - 2\ V)/1{,}5\ k\Omega = 2$ mA, wenn die Schwellspannung $U_S = 2$ V nicht unterschritten werden soll.

Bei Port B bestehen diese Probleme nicht, denn ist eine Leitung von Port B als Ausgang geschaltet, Bit n des Datenrichtungsregisters also 1, so ist der obere Teil des UND-ODER-Schaltnetzes gesperrt und somit vom Eingang entkoppelt. Über den unteren Teil dieses Schaltnetzes und über den unteren Inverter in Bild **4.**8b wird Bit n des Ausgangsregisters ungestört auf den internen Datenbus des PIA gekoppelt. Ist Bit n des Datenrichtungsregisters auf 0, sind beide FETs T_1 und T_2 gesperrt, der obere Zweig des UND-ODER-Schaltnetzes ist freigegeben, und ein Eingangssignal wird über diesen und den mittleren Inverter auf den internen Datenbus des PIA durchgeschaltet. Die Dimensionierung der Ausgänge ist so, daß alle peripheren Leitungen des PIA 2 TTL-Lasten, also 3,2 mA, treiben können.

4.1.5 PIA-Initialisierung

Der PIA ist ein programmierbarer Interface-Baustein. Bevor er in einem Programm den Datenverkehr von und zur Peripherie übernimmt, muß er hierfür programmiert werden. Meist erfolgt diese Programmierung, die als Initialisierung bezeichnet wird, am Anfang eines Programms. Dabei wird das Control-Register des PIA mit der erforderlichen Steuerungsinformation geladen. Wir wollen die Initialisierung am folgenden Beispiel verfolgen.

Beispiel 4.1 Der A-Port eines PIA habe folgende

Adressen $9000   Datenrichtungs-Ausgangsregister
         $9001   Control-Register

Die Leitungen PA0 bis PA3 sollen als Eingänge und die Leitungen PA4 bis PA7 als Ausgänge benutzt werden.

Auf der Leitung CA1 soll ein low-high-Übergang und auf der Leitung CA2 ein high-low-Übergang im PIA einen Interrupt auslösen und seine IRQA-Leitung auf low schalten. Für die Initialisierung sind nun folgende Operationen erforderlich:

a) Adreßweiche in Richtung Datenrichtungsregister stellen: Hierzu muß Bit $b2$ des Control-Registers mit $b2 = 0$ geladen werden.

b) Übergabe der Datenrichtungsinformation in das Datenrichtungsregister.

c) Zusammenstellung der eigentlichen Steuerungsinformation nach Tafel **4.**4 und Übergabe in das Control-Register.

Folgende Programmsequenz führt diese Operationen aus:

```
CLR    $9001    Control-Register löschen; somit ist b2 = 0
LDAA   #$F0     Datenrichtungsinformation 1111 0000 laden
STAA   $9000    und ins Datenrichtungsregister speichern
LDAA   #$0F     Steuerungsinformation    0000 1111    laden
STAA   $9001    und ins Control-                │││└─── IRQ-CA1-freigegeben
                Register speichern              ││└──── low-high-Flanke
                                                │└───── Ausgangsregister adressiert
                                                └────── IRQ-CA2-freigegeben
                                                        high-low-Flanke
                                                        CA2 ist Eingang
```

Die Bits *b6* und *b7* sind die Interrupt-Flags und können nicht beschrieben werden. Es ist deshalb gleichgültig, ob sie mit 0 oder 1 geladen würden. Nach diesen 5 Befehlen ist der PIA für den Datenverkehr bereit. Da Bit *b2* wieder auf 1 zurückgestellt wurde, wird nun der Verkehr über das Ausgangsregister abgewickelt, wenn Store- oder Load-Befehle zur Adresse $9000 ausgeführt werden.

4.1.6 PIA-Anwendungsbeispiel

Ein Mikrorechner soll als dezimaler zweistelliger Vorwärts-Rückwärtszähler arbeiten. Er soll bei beliebigem Zählerstand gestoppt und rückgesetzt werden können. Seine Zählfrequenz soll veränderbar sein. Bild **4.**9 zeigt das Blockschaltbild. An den Port A des PIA mit der Adresse $9000 sind über zwei 7-Segmentdecoder, zwei 7-Segmentanzeigen angeschlossen. Port A ist also als Ausgang zu schalten. An Port B sind die Schalter *S0, S1* und *S2* angeschlossen. Port B mit der Adresse $9002 wird hier als ganzes als Eingang geschaltet.

Festlegung: PB0 = 0 (*S0* auf 0 V) vorwärts zählen
PB0 = 1 (*S0* auf 5 V) rückwärts zählen
PB1 = 0 (*S1* auf 0 V) kein Zähler-Stopp
PB1 = 1 (*S1* auf 5 V) Zähler stoppt
PB2 = 0 (*S2* auf 0 V) kein Reset
PB2 = 1 (*S2* auf 5 V) Zähler-Reset

Mit dieser Festlegung zählt der Zähler vorwärts, wenn alle drei Schalter auf 0 V geschaltet sind.

Bild **4.**10 gibt das Ablaufdiagramm wieder. Es dient als Grundlage für die Erstellung des Assembler-Programms. Vor dem Eintritt in das eigentliche Zählerprogramm wird der

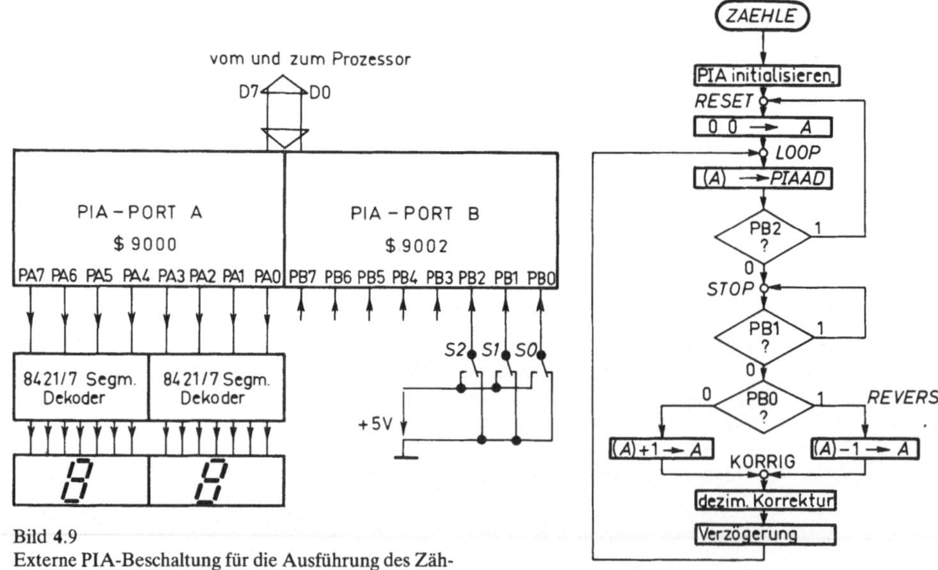

Bild **4.9**
Externe PIA-Beschaltung für die Ausführung des Zählerprogramms

Bild **4.10** Flußdiagramm des Zählerprogramms

PIA initialisiert. Solange Bit PB2 = 1 ist, verharrt das Programm in der Reset-Schleife, in der ständig der gelöschte Inhalt von Akkumulator A zur $PIAAD$ (Datenregister von Port A) ausgegeben wird. Der Durchlauf durch die Zählschleife vom Programmende zur Marke LOOP kann jederzeit gestoppt werden, wenn Bit PB1 = 1 gesetzt wird. Das letzte Zählergebnis bleibt dann im Datenregister $PIAAD$ stehen und wird zur Anzeige gebracht. Gezählt wird in Akkumulator A vorwärts oder rückwärts, abhängig von Bit PB0. Die Codierung des Flußdiagramms von Bild **4**.10 liefert das folgende Assembler-Programm:

```
            NAM     ZAEHLERPROGRAMM
*
PIAAD       EQU     $9000           PIA-Basisadresse
FREQU       EQU     $BFFE           Adresse der Frequenzzelle
*
            ORG     $B000
ZAEHLE      CLR     PIAAD+1         b2 = 0 in den Control-
            CLR     PIAAD+3         Registern
            LDAA    #$FF
            STAA    PIAAD           A-Port als Ausgang
            CLR     PIAAD+2         B-Port als Eingang
            LDAA    #4
            STAA    PIAAD+1         b2 = 1 in den Control-
            STAA    PIAAD+3         Registern
RESET       CLRA                    Zähl-Akkumulator löschen
LOOP        STAA    PIAAD           und zur PIA ausgeben
            LDAB    PIAAD+2
            BITB    #4              PB2 = 1? Reset-Mode?
            BNE     RESET           Ja! also goto RESET!
STOP        LDAB    PIAAD+2
            BITB    #2              PB1 = 1? Stop-Mode?
            BNE     STOP            Ja! also goto STOP!
            BITB    #1              PB0? Vorwärts oder Rückwärts?
            BNE     REVERS          BP0 = 1, also goto REVERS!
            ADDA    #1              (A) + 1 → A Vorwärts zählen
            BRA     KORRIG
REVERS      ADDA    #$99            (A) – 1 → A Rückwärts zählen
KORRIG      DAA                     Dezimale Korrektur
            LDX     FREQU           (FREQU)/(FREQU+1) → X
DELAY       DEX                     Verzögerungsschleife
            BNE     DELAY
            BRA     LOOP            Goto LOOP, also nächster
*                                   Zählerdurchlauf
            END
```

Bemerkungen zum Programm: Da dezimales Zählen verlangt wird, kann nicht mit den Befehlen INCA bzw. DECA gearbeitet werden, da diese Befehle das Half-carry-Flag nicht beeinflussen. Deshalb kann nach diesen Befehlen auch nicht der Decimal-adjust-Befehl DAA gegeben werden. Vorwärts zählen wird deshalb durch Addieren von 1 und rückwärts zählen durch Subtrahieren von 1 ausgeführt. Dabei wird die Subtraktion durch die Addition des Zehnerkomplements der 1 zur 100, also durch Addition von $99 durchgeführt (s. Abschn. 2.4.3). Steht z. B. in Akkumulator A die $53 und soll rückwärts gezählt werden, so liefert die Addition von $99 mit nachfolgendem DAA:

$$
\begin{array}{llll}
(A) & 0101\ 0011 & = \$53 \\
\$99 & + & 1001\ 1001 & = \$99 \\
\hline
 & & \overline{1110\ 1100} & = \$FC \\
\text{DAA} & + & 0110\ 0110 & \text{addiert nach Tafel } \mathbf{2}.25 \text{ die Zahl } \$66 \\
\hline
 & & \overline{0101\ 0010} & = \$52
\end{array}
$$

Durch den DAA-Befehl wird also der Zählerstand stets im gepackten BCD-Format gehalten.

Werden die Zellen FREQU/FREQU+1 mit 00 01 geladen, wird die Verzögerungsschleife nur einmal durchlaufen, und aus der Durchlaufzeit der Zählschleife von LOOP bis BRA LOOP von t_p = 59 µs ergibt sich eine maximale Zählerfrequenz von f_{pmax} = $1/t_p$ = 16,949 kHz. Hierbei wurde angenommen, daß der Prozessor mit der Taktfrequenz f_{Cp} = 1 MHz betrieben wird, so daß die Zykluszeit t_{cyc} = 1 µs beträgt. Werden die Zellen FREQU/FREQU+1 mit $FFFF = 65535 geladen, wird die Durchlaufzeit t_p = 65535 · 8 µs – 51 µs = 524331 µs und die Zählfrequenz f_{pmin} = 1,907 Hz. Die Programmdurchlaufzeit läßt sich mit Hilfe von Tafel **2**.23 und **2**.24 ermitteln, wenn dort in der mit ~ gekennzeichneten Spalte die Anzahl der für Ausführung der Befehle erforderlichen Zyklen ermittelt und addiert werden. Bei f_{Cp} = 1 MHz entspricht dann eine Zykluszeit genau einer µs.

4.2 Asynchroner serieller Communications-Interface-Adapter (ACIA)

Für die Ankopplung seriell arbeitender externer Geräte an einen Mikrorechner ist ein Interface-Baustein erforderlich, der das serielle Format der externen Daten in das parallele Format des 8 Bit breiten Mikrorechner-Datenbusses umwandelt. Seriell arbeitende Geräte sind Fernschreiber (Teletype TTY) oder auch mit Bildschirm arbeitende Datenterminals, seriell arbeitende Drucker, Kassettenrekorder usw. Für diese Ankopplung wurde der ACIA entwickelt. Sein Chip ist in ein Dual-in-line-Gehäuse mit 24 Anschlüssen eingebaut und in NMOS-Technik aufgebaut. Als Versorgungsspannung benötigt er nur 5 V. Seine Anschlußbelegung ist in Bild **4**.11 wiedergegeben [1], [5].

4.2.1 ACIA-Registerstruktur

Die Blockschaltung des ACIA ist in Bild **4**.12 dargestellt. Vom Prozessor aus gesehen hat der ACIA nur 2 Adressen, obwohl intern 4 Register adressierbar sind. Sende-Datenregister und Empfangs-Datenregister besitzen dieselbe Adresse. Ersteres kann nur beschrieben und letzteres nur gelesen werden, so daß die Leitung R/W als zusätzliche (zu Register Select RS) Adreßleitung verwendet werden kann. Ist bei Store-Befehlen R/W = 0, wird das Sende-Datenregister angewählt. Bei Load-Befehlen dagegen ist R/W = 1, und das Empfangs-Datenregister wird selektiert. Das gleiche Verhalten gilt für das Control- und

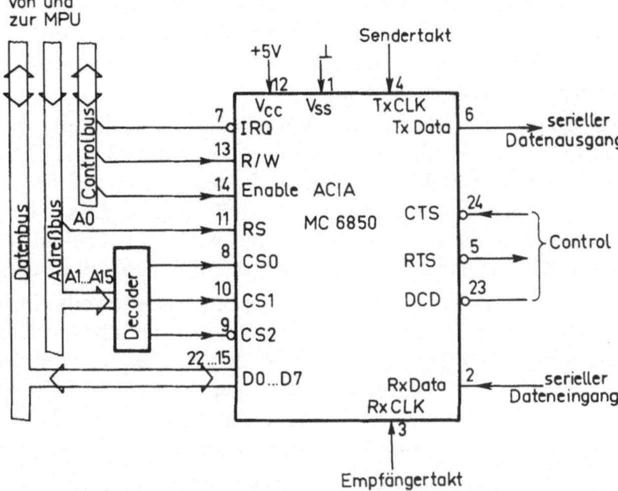

Bild **4.**11 Blockbild des asynchronen Communikations-Interface-Adapters ACIA MC6850 mit Pin-Numerierung

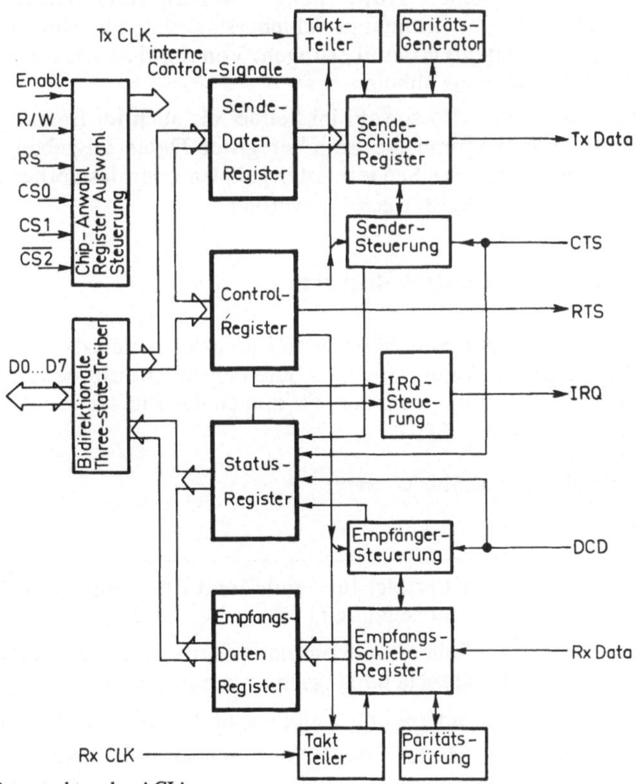

Bild 4.12 Blockschaltbild und Registerstruktur des ACIA

das Status-Register. Sie haben ebenfalls dieselbe Adresse. Das Control-Register kann nur beschrieben und das Statusregister nur gelesen werden. Beim PIA dagegen war das Control-Register eine Mischung aus Status- und Control-Register und mußte deshalb beschreibbar und lesbar sein.

Das Control-Register steuert über Sender- und Empfänger-Steuerung, sowie über die Taktteiler das Sende- und Empfangsverhalten des ACIA. Es greift also aktiv in das Verhalten des ACIA ein. Durch Laden geeigneter Steuerwörter in dieses kann das Verhalten vom Programm her beeinflußt werden. Das Statusregister ist ein reines Melderegister, und seine Flags werden bei wichtigen Ereignissen im ACIA gesetzt. Durch Lesen des Statusregisters kann sich der Prozessor über diese Ereignisse informieren.

Beim Ausgeben von Daten wird vom Prozessor jeweils ein Byte in das Sende-Datenregister übergeben (Store-Befehl). Der ACIA übergibt das Byte dem Sende-Schiebe-Register, von wo es mit dem Takt TxClk, dessen Frequenz durch den Taktteiler im Verhältnis $1:1$, $1:16$ und $1:64$ geteilt werden kann, über die Leitung TxData seriell ausgegeben wird. Hierbei fügt der ACIA dem Datenbyte Start-, Stop- und Paritätsbits hinzu. Das gewünschte Wortformat kann im Control-Register angegeben werden.

Beim Empfangen von Daten werden diese mit dem Takt RxClk über den Taktteiler gesteuert in das Empfangs-Schieberegister seriell eingeschoben. Dabei wird Wortformat und Parität überwacht und mit den geforderten Werten, die im Control-Register hinterlegt sind, verglichen. Abweichungen werden durch Setzen von Flags im Statusregister gemeldet. Ist das Empfangs-Schiebe-Register voll, wird das empfangene Byte in das Empfangs-Datenregister übertragen. Von dort kann es der Prozessor über die Bustreiber und den Datenbus abholen.

Der ACIA hat also sowohl im Sende- als auch im Empfangsteil eine doppelte Daten-Bufferung. Während die Schieberegister Daten ausgeben oder empfangen, kann das nächste Wort in das Senderegister geladen oder das vorher empfangene Datenwort aus dem Empfangsregister gelesen werden.

4.2.2 ACIA-Control-Register

Das im Controlregister hinterlegte Bitmuster steuert das Sende- oder Empfangsverhalten des ACIA. Es kann mit Store-Befehlen nur beschrieben werden. Tafel **4**.13 gibt eine kurze Zusammenfassung der Wirkungen der Bits *b0* bis *b7* des Control-Registers auf die Arbeitsweise des ACIA.

Taktteilung und Master Reset

b1	*b0*	Wirkung
0	0	Es erfolgt für Sende- und Empfangstakt TxClk und RxClk keine Taktuntersetzung ($1:1$).
0	1	Sende- und Empfangstakt werden im Verhältnis $1:16$ untersetzt; entsprechend langsamer werden die Bits seriell gesendet.
1	0	Sende- und Empfangstakt werden im Verhältnis $1:64$ untersetzt.
1	1	Master Reset! Alle Register außer dem Control-Register selbst werden gelöscht.

T a f e l **4**.13 Zusammenfassung der Wirkung der Control-Registerbits $b0$ bis $b7$ auf das Verhalten des ACIA

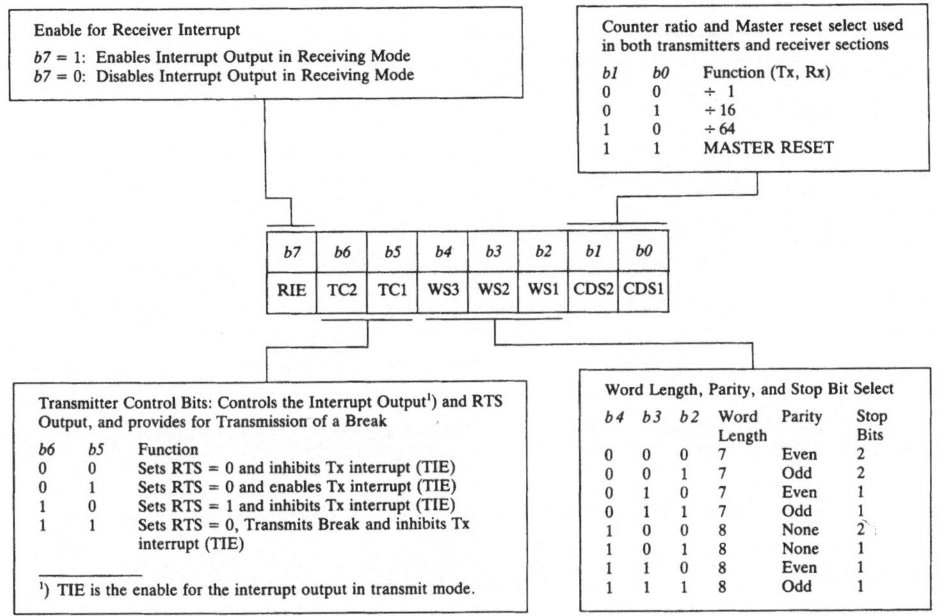

Ein Master Reset sollte immer erfolgen, bevor ein ACIA in einem Programm mit Daten-Ein-/Ausgabe beauftragt wird. Dadurch wird sichergestellt, daß falsche Zeichen, die vom Einschalten her in den Registern sein können, gelöscht werden.

Wortformat und Parität Im Sendebetrieb wird das codierte Wortformat und die geforderte Parität erzeugt und gesendet. Im Empfangsbetrieb werden die empfangenen Zeichen auf dieses codierte Format hin überprüft. Fehler werden im Statusregister gemeldet. Jedes gesendete Zeichen beginnt mit einem Startbit, danach folgen die Bits des Datenworts mit dem niederwertigsten Bit $d0$ voran. Danach schließen sich Paritäts- und Stopbits an. Das Wortformat wird über die Control-Registerbits $b4$, $b3$, $b2$ festgelegt:

$b4$	$b3$	$b2$	Wortlänge in Bit	Parität	Anzahl der Stopbits	Anzahl der Bits pro Zeichen
0	0	0	7	gerade	2	11
0	0	1	7	ungerade	2	11
0	1	0	7	gerade	1	10
0	1	1	7	ungerade	1	10
1	0	0	8	keine	2	11
1	0	1	8	keine	1	10
1	1	0	8	gerade	1	11
1	1	1	8	ungerade	1	11

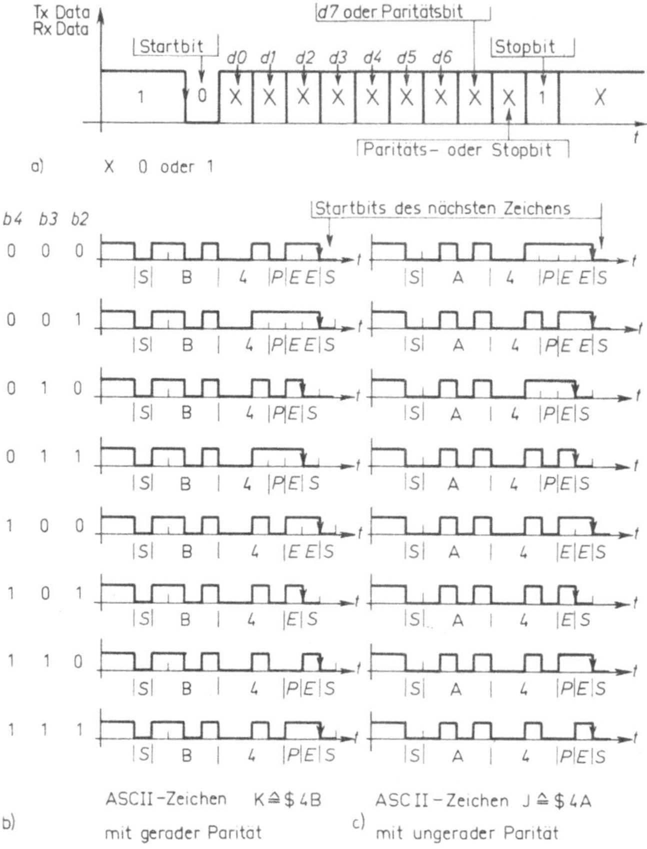

Bild 4.14 Serielles Ausgabeformat des ACIA
a) Allgemeine Darstellung
b) Ausgabe des ASCII-Zeichens K = $4B mit gerader Parität
c) Ausgabe des ASCII-Zeichens J = $4A mit ungerader Parität
S Startbit, P Paritätsbit, E Stopbit

Bild **4.**14a zeigt das gesendete Wortformat in allgemeiner Form, wogegen Bild **4.**14b für die 8 Kombinationen der Bits $b4$, $b3$, $b2$ das gesendete Bitmuster des ASCII-Zeichens K $\triangleq$ $4B, das gerade Parität aufweist, wiedergibt. In Bild **4.**14c ist das Bitmuster des mit ungerader Parität behafteten ASCII-Zeichens J $\triangleq$ $4A entsprechend wiedergegeben.

Der dem letzten Stopbit E folgende 1→0-Übergang kann bereits das Startbit des nächsten Zeichens sein. In diesem Fall wird die höchste Übertragungsrate erreicht. Werden die Zeichen durch von Hand bediente Geräte (z. B. TTY) gesendet, treten zwischen den Zeichen mehr oder weniger lange Pausen auf. Während dieser Zeit bleibt dann die Tx-Data-Leitung des sendenden ACIA im high-Level. Der empfangende ACIA synchronisiert seine Empfangsschaltung auf den ersten 1→0-Übergang, der auf seiner RxData-Leitung auftritt. Ein begleitender, zu den Sendedatenbits synchroner Takt wird nicht mit übertragen. Voraussetzung für einwandfreien Empfang ist deshalb eine näherungsweise

Übereinstimmung des Taktes TxClk des Sender-ACIAs und RxClk des Empfänger-ACIAs. Diese Übereinstimmung muß innerhalb von ± 4% liegen. Voraussetzung ist fernerhin, daß Sender- und Empfänger-ACIA auf gleiches Wortformat und Taktteilerverhältnis programmiert sind.

Sender-Steuerung Hierfür sind die Control-Registerbits $b5$ und $b6$ vorgesehen. Gesperrt oder freigegeben werden kann ein Interrupt, der von dem Ereignis – Senderegister ist leer – ausgelöst wird. Verbunden ist hiermit eine Steuerung der Ausgangsleitung RTS (**Request To Send**), die hauptsächlich zur Ansteuerung eines sogenannten Low speed Modems, einem Baustein für die Ankopplung auf das Telephonnetz, verwendet wird.

$b6$	$b5$	Wirkung
0	0	Setzt RTS = 0 und sperrt den Sender-Interrupt
0	1	Setzt RTS = 0 und gibt den Sender-Interrupt frei
1	0	Setzt RTS = 1 und sperrt den Sender-Interrupt
1	1	Setzt RTS = 0 sperrt den Sender-Interrupt und sendet ein Break-Zeichen aus

Wird z. B. $b5 = 0$ geladen, ist der Sender-Interrupt gesperrt, und mit $b6 = 0$ kann die Leitung RTS auf 0 und mit $b6 = 1$ auf 1 geschaltet werden. Der Zustand von RTS folgt also dem Zustand von Bit $b6$. Dies ist ein F o l l o w e r   m o d e, wie er auch von den PIA-Steuerleitungen CA2 und CB2 bekannt ist.

Empfänger-Interrupt-Steuerung Der Interrupt, der durch das Ereignis – Empfangsregister voll –, also ein Zeichen ist vollständig eingetroffen, ausgelöst wird, kann durch Bit $b7$ des Control-Registers gesperrt oder frei gegeben werden.

$b7$	Wirkung
0	Empfänger-Interrupt wird gesperrt
1	Empfänger-Interrupt wird freigegeben

Ist der Empfänger-Interrupt gesperrt, wird die Leitung IRQ des ACIA nicht auf 0 geschaltet.

4.2.3 ACIA-Statusregister

Das Statusregister ist ein reines Melderegister und braucht deshalb nur gelesen zu werden. Es hat dieselbe Adresse wie das Control-Register, kann jedoch nur mit Load-Befehlen angesprochen werden. Löschen von gesetzten Flags wird indirekt durch Lesen vom Empfangs- und Statusregister erreicht. Wie Tafel **4.**15 zu entnehmen ist, melden die Flags des Statusregisters folgende für den Sende- und Empfangsbetrieb des ACIA wichtigen Ereignisse:

Empfangs-Datenregister voll Ist im Empfangs-Schieberegister ein vollständiges Zeichen eingetroffen, so überträgt die ACIA-Steuerung dieses in das Empfangs-Datenregister und setzt als Meldung das Bit $b0$ im Statusregister.

b0	Meldung
0	Empfangs-Datenregister leer; seit dem letzten Lesen dieses Registers ist noch kein Zeichen wieder eingetroffen.
1	Empfangs-Datenregister voll; seit dem letzten Lesen ist mindestens ein neues Zeichen in dieses Register übertragen worden.

b0 wird gelöscht durch das Lesen des Empfangs-Datenregisters. Es wird ferner gelöscht bei einem Master Reset. Ist der Control-Eingang DCD = 1, wird *b0* = 0 und bleibt solange in diesem Zustand, solange DCD = 1 gilt.

T a f e l **4**.15 Zusammenfassung der Meldeeigenschaften der Statusregister-Flags *b0* bis *b7* des ACIA

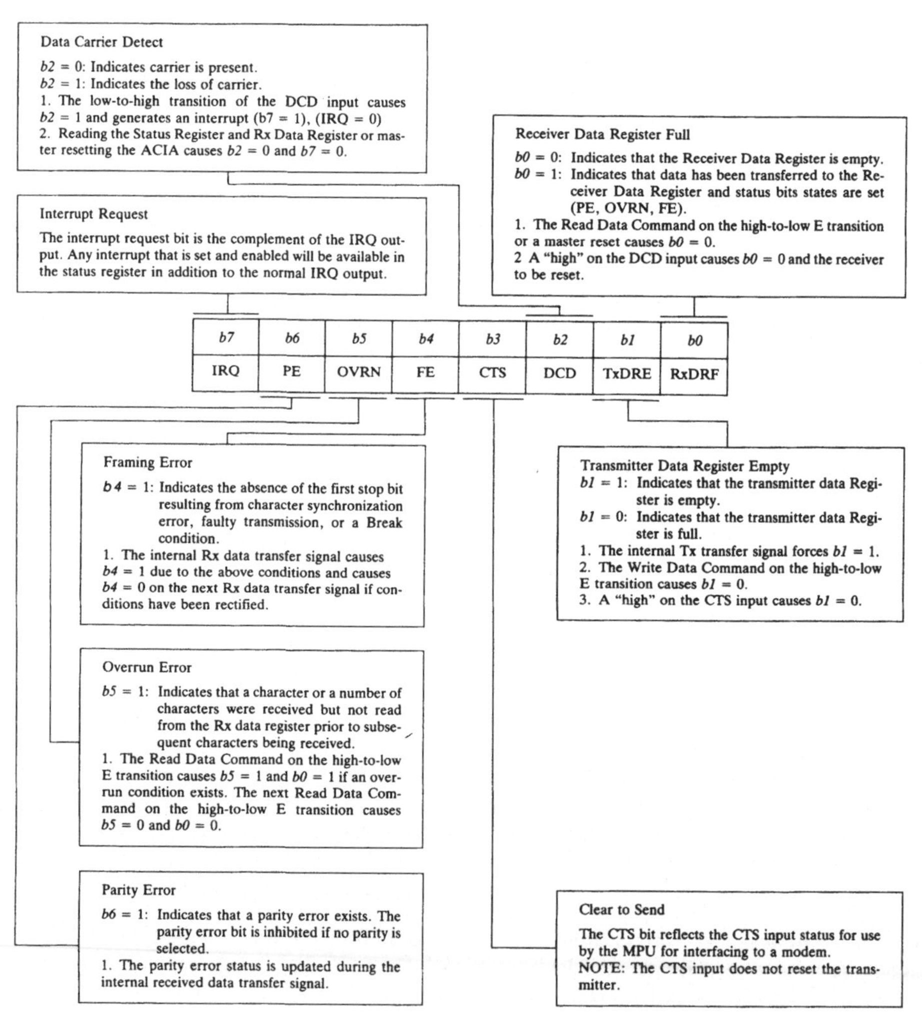

Soll der Prozessor Daten von einem ACIA lesen, so muß stets sicher gestellt sein, daß ein vollständiges Zeichen im Empfangs-Datenregister eingetroffen ist. Zu diesem Zweck muß der Zustand von Bit $b0$ getestet werden. Dies kann in folgender Weise geschehen:

Assembler-Programmabschnitt

```
             :
WARTEN  LDAA  ACIACS       ACIA-Statusregister lesen
        BITA  #1           Bit b0 testen
        BEQ   WARTEN       ist b0 = 0, dann goto WARTEN
        LDAA  ACIADA       Zeichen aus dem Empfangs-Datenregister holen
             :
```

Ist die Leitung DCD = 1, ist stets $b0 = 0$, und der Prozessor könnte die Warteschleife des Programms nie verlassen. Im Empfangsbetrieb muß deshalb DCD = 0 sein! DCD (**D**ata **C**arrier **D**etect) ist eine Eingangsleitung, die mit dem betreffenden Ausgang des MC6860-Low-Speed-Modems, dem schon erwähnten Telephonleitungs-Kopplungsbaustein, verbunden werden kann. 1-Signal auf dieser Leitung bedeutet dann die Meldung, daß auf der Telephonleitung die Trägerfrequenz ausgefallen ist, ein Übertragen gültiger Zeichen also nicht möglich ist. Im ACIA wird dann das Empfangs-Datenregister und Bit $b0$ des Statusregisters gelöscht.

Sende-Datenregister leer Ist das Sende-Schieberegister leer geschoben, also ein vollständiges Zeichen gesendet, und ist in der Zwischenzeit vom Prozessor ein neues Zeichen in das Sende-Datenregister geschrieben worden, so wird dieses von der Sendersteuerung in das Schieberegister übertragen und als Meldung dafür, daß nun das Sende-Datenregister wieder leer ist, wird das Bit $b1$ im Statusregister gesetzt.

$b1$	Meldung
0	Sende-Datenregister ist noch voll; das zuletzt in dieses übertragene Zeichen ist noch nicht dem Schieberegister übergeben worden.
1	Sende-Datenregister ist leer; das zuletzt in dieses Register übertragene Zeichen ist dem Schieberegister übergeben worden.

Wird vom Prozessor bei $b1 = 0$ erneut in das Daten-Senderegister geschrieben, geht das zuvor in dieses geschriebene Zeichen verloren, denn es ist ja noch nicht dem Schieberegister übergeben worden. Vor der nächsten Ausgabe zum Sende-Datenregister muß deshalb der Prozessor Bit $b1$ testen:

```
             :
WARTEN  LDAB  ACIACS       ACIA-Statusregister lesen
        BITB  #2           Bit b1 testen
        BEQ   WARTEN       ist b1 = 0, dann goto WARTEN
        STAA  ACIADA       Zeichen von Akkumulator A dem Sende-Daten-
             :             register übergeben
```

$b1$ wird also gesetzt, wenn der Inhalt des Sende-Datenregisters in das Schieberegister übertragen wird. Gelöscht wird es wieder, wenn das nächste Zeichen in das Sende-Datenregister geschrieben wird. Gelöscht wird es und bleibt es auch, solange die Leitung CTS (**C**lear **T**o **S**end) 1-Signal führt. Ist also CTS = 1, kann der Prozessor die Warteschleife nicht verlassen und das nächste Zeichen nicht dem Sende-Datenregister überge-

ben. Datensenden ist also nur möglich, wenn CTS = 0 ist! CTS ist ebenfalls ein Steuerungsausgang des Low-Speed-Modems, das mit CTS = 0 dem ACIA meldet, daß es zur
Aufnahme gesendeter Daten bereit ist.

Datenträgerverlust Wird die Leitung DCD (**D**ata **C**arrier **D**etect) auf 1 geschaltet, wird
gleichzeitig Bit $b2$ des Statusregisters gesetzt. Dadurch ergibt sich folgende Meldung:

$b2$	Meldung
0	Der Eingang DCD führt 0-Signal; bei Steuerung durch ein Low-Speed-Modem bedeutet dies: Datenträger ist vorhanden.
1	DCD führt 1-Signal; das Low-Speed-Modem meldet: Datenträgerverlust.

Gesetzt wird das Flag $b2$ durch den $0 \rightarrow 1$-Übergang der DCD-Eingangsleitung. Gleichzeitig wird jedoch auch das Interrupt-Flag $b7$ gesetzt und der Interruptausgang des ACIA
geht auf IRQ = 0, wenn der Empfänger-Interrupt frei gegeben ist (im Control-Register
Bit $b7$ = 1). In einer Interrupt-Service-Routine hat der Programmierer nun festzulegen,
was der Prozessor tun muß, wenn Bit $b2$ = 1 ist und somit der Interrupt durch Trägerver-
lust ausgelöst wurde.

Gelöscht wird Bit $b2$ – auch wenn DCD wieder auf 0 ist – erst durch das Lesen des
Statusregisters und danach durch das Lesen des Empfangs-Datenregisters. Diese Reihenfolge muß beim Lesen eingehalten werden. Ein Master Reset löscht das Bit $b2$
ebenfalls.

Clear to send Das Bit $b3$ im Statusregister hat stets den gleichen Zustand wie der Steuerungseingang CTS. Durch Testen dieses Bits kann der Prozessor also erfahren, ob der
CTS steuernde Modem-Baustein für die Aufnahme von Daten bereit ist.

$b3$	Meldung
0	Der Eingang CTS führt 0-Signal
1	Der Eingang CTS führt 1-Signal

Ist $b3$ = 1 und somit auch der Eingang CTS = 1, ist ein angeschlossener Modem-
Baustein für die Datenaufnahme nicht bereit. In diesem Fall wird das Bit $b1$ = 0 gesetzt
und dadurch die Datenausgabe aus dem Sende-Datenregister gesperrt, denn $b1$ = 0
meldet, das Sende-Datenregister ist noch voll und das Programm verharrt in der Warteschleife (s. Ausführungen zu Bit $b1$ Sende-Datenregister leer). Bei einem Master-Reset
wird das Flag $b3$ nicht gelöscht, sondern behält stets den Zustand der CTS-Leitung bei.

Wortformat-Fehler Jedes gesendete und empfangene Zeichen beginnt mit einem Startbit und endet mit einem oder zwei Stopbits. Stellt die Empfängerüberwachung ein Feh-
len des ersten Stopbits fest, so wird im Statusregister das Bit $b4$ gesetzt.

$b4$	Meldung
0	Kein Wortformat-Fehler; zwischen Start- und Stopbit liegt die vereinbarte Anzahl von Datenbits.
1	Wortformat-Fehler; das erste Stopbit wurde nicht gefunden.

Wortformat-Fehler treten bei falscher Synchronisation auf, wenn z. B. beim Einschalten
in eine laufende Sendung das erste Zeichen nicht auf den $1 \rightarrow 0$-Übergang des Startbits

sondern auf den eines Datenbits synchronisiert wird. Auch beim Ausschalten aus einer laufenden Sendung zu einem beliebigen Zeitpunkt können Wortformat-Fehler auftreten. Gesetzt wird $b4$ beim Übergeben des mit einem Wortformat-Fehler behafteten Zeichens vom Schieberegister in das Empfangs-Datenregister. Gelöscht wird es erst dann, wenn ein folgendes fehlerfreies Zeichen übergeben wird.

Überlauf-Fehler Werden in das Empfangs-Datenregister ein oder mehrere Zeichen übertragen, ohne daß vorher das vorangegangene Zeichen aus diesem vom Prozessor gelesen wurde, so wird Bit $b5$ im Statusregister gesetzt.

$b5$	Meldung
0	Kein Überlauf; zwischen zwei Zeichenübertragungen aus dem Schiebe- in das Empfangs-Datenregister wurde letzteres vom Prozessor gelesen.
1	Überlauf-Fehler; zwischen zwei Zeichenübertragungen lag kein Lesevorgang des Empfangs-Datenregisters; im Schieberegister werden Zeichen überschrieben.

Bit $b5$ wird erst gesetzt, wenn durch einen Lesebefehl das letzte gültige noch im Empfangs-Datenregister stehende Zeichen gelesen wurde. Gleichzeitig hiermit wird auch das Bit $b0$ (Empfangs-Datenregister voll) auf $b0 = 1$ gesetzt und bleibt gesetzt bis die Überlaufbedingung beseitigt, Bit $b5$ also wieder gelöscht ist. Gelöscht wird Bit $b5$ durch den nächsten Lesevorgang des Empfangs-Datenregisters oder durch einen Master Reset.

Paritäts-Fehler Stimmt die Anzahl der Einsen (Bits mit high-Level) in einem Zeichen nicht mit der im Control-Register vorgewählten Parität überein, wird Bit $b6$ des Statusregisters gesetzt. Bei gerader Parität ist diese Anzahl eine gerade und bei ungerader Parität eine ungerade Zahl.

$b6$	Meldung
0	Kein Paritäts-Fehler; vorgewählte und empfangene Zeichenparität stimmen überein.
1	Paritäts-Fehler; vorgewählte und empfangene Zeichenparität weichen von einander ab.

Die Paritäts-Fehlerkennung steht solange im Statusregister, solange das fehlerhafte Zeichen noch im Empfangs-Datenregister steht, also noch nicht durch ein folgendes fehlerfreies Zeichen ersetzt wurde. Wurde im Control-Register ein paritätsloses Wortformat vorgewählt, bleibt Bit $b6$ stets gelöscht.

Interrupt-Meldung Ist ein Ereignis für die Erzeugung eines Interrupts frei gegeben, so wird beim Auftreten dieses Ereignisses eine Interrupt-Anforderung an den Prozessor abgegeben. Die Leitung IRQ wird auf low-Level geschaltet (IRQ = 0) und zur Kennung wird Bit $b7$ im Statusregister gesetzt.

$b7$	Meldung
0	Im ACIA ist kein freigegebener Interrupt aufgetreten.
1	Im ACIA ist ein freigegebener Interrupt aufgetreten.

Interrupt-Ursachen, die gesperrt oder freigegeben werden können, sind die Ereignisse „Empfangs-Datenregister voll" oder „Sende-Datenregister leer". Weitere Interrupt-Ursache ist der Datenträgerverlust. Dieser Interrupt kann nicht gesperrt werden. Gelöscht wird das Interrupt-Flag $b7$ wieder, wenn vom Prozessor das Statusregister und das Empfangs-Datenregister gelesen oder das Sende-Datenregister beschrieben wird.

4.2.4 ACIA-Adressierung

Die vier adressierbaren Register des ACIA werden mit den Leitungen RS (**Register** Select) und R/W (**Read Write**) angewählt. Der ACIA selbst wird durch seine CS-Eingänge (**Chip Select**) adressiert. Für die Adressierung gilt Tafel **4.16**.

Der Tafel entnimmt man, daß die Chip-select-Eingänge CS0 und CS1 high aktiv und der Eingang CS2 low aktiv sind. Da Control- und Statusregister sowie Sende-Daten- und

Tafel **4.16** Adressierungstafel des ACIA

CS2	CS1	CS0	RS	R/W	Angewähltes Register
0	1	1	0	0	Control-Register (nur beschreibbar)
0	1	1	0	1	Statusregister (nur lesbar)
0	1	1	1	0	Sende-Datenregister (nur beschreibbar)
0	1	1	1	1	Empfangs-Datenregister (nur lesbar)
×	×	0	×	×	ACIA nicht adressiert
×	0	×	×	×	ACIA nicht adressiert
1	×	×	×	×	ACIA nicht adressiert

×: 0 oder 1 (don't care situation)

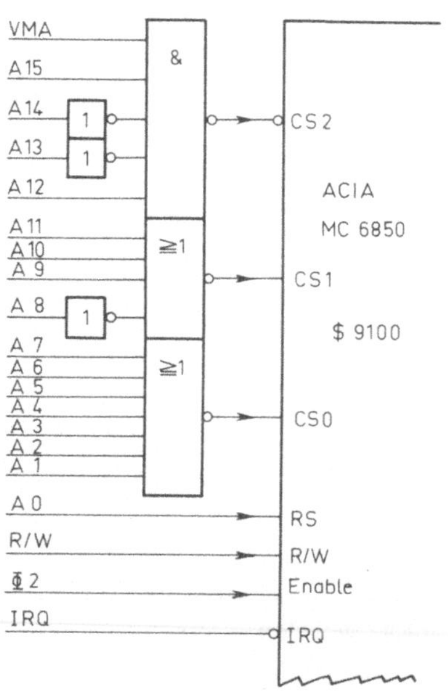

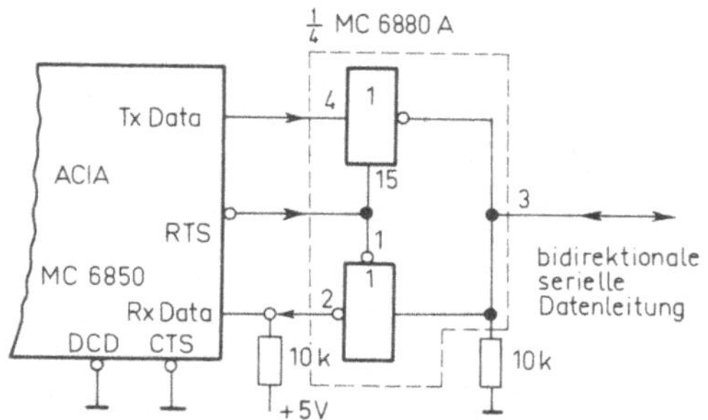

Bild 4.18
Ankopplung eines ACIA an eine bidirektionale serielle Datenleitung

Bild 4.17
Vollständige Adressierung eines ACIA mit der Basisadresse $9100

Empfangs-Datenregister nur durch den Zustand von R/W, also durch Store- oder Load-Befehle, unterschieden werden, belegt der ACIA im Mikrorechner nur 2 Speicheradressen.

Im folgenden Fall soll der ACIA die Adressen

$9100   Control-Statusregister
$9101   Sende-Empfangs-Datenregister

aufweisen. Hierfür müssen die Adreßbusbits A15 bis A1 decodiert auf die Chip-select-Eingänge und A0 auf den Register-select-Eingang geschaltet werden. Das Beispiel einer möglichen Adreßdecodierung zeigt Bild **4.17**. Auch hier ist wie beim PIA (s. Bild **4.7b**) eine verkürzte (unvollständige) Decodierung möglich, wenn in einem kleineren System der ACIA mit seinen beiden Adressen allein in einem Adreßblock liegt, der durch die höchstwertigste Hexaziffer der Adresse bestimmt ist. Liegt der ACIA z.B. allein im Adreßblock $9xxx (x Ziffern 0 bis $F), so braucht nur die Hexaziffer $9, also die Bits A15 bis A12, decodiert zu werden.

4.2.5 ACIA-Initialisierung

Die Initialisierung des ACIA beginnt stets mit einem Master Reset. Hierzu müssen die Bits *b0* und *b1* im Control-Register gesetzt werden. Danach wird das eigentliche Steuerungswort ins Control-Register geladen. Im folgenden Beispiel wickeln zwei Mikrorechner (Steuerungsrechner und Terminal) ihren Datenverkehr auf einer bidirektionalen seriellen Datenleitung ab. Wie in Bild **4.18** gezeigt, wird diese Leitung über zwei invertierende Three-state-Leitungstreiber (MC6880A) im Sendemode auf den TxData-Ausgang und im Empfangsmode auf den RxData-Eingang geschaltet. Die Steuerung dieser Leitungstreiber soll vom Programm her über den Controlausgang RTS durchgeführt werden. Im Programmablauf soll der ACIA zunächst einen Datenblock empfangen und dann als Antwort einen Datenblock aussenden. Der ACIA ist also zunächst Empfänger und danach Sender. Hier interessieren jedoch nur die erforderlichen Initialisierungen.

Wir unterscheiden drei Fälle und legen die Steuerwörter fest:

1) Master reset:

```
0000 0011   = $03
   |    |________Master reset
   |_____________RTS = 0
```

2) Empfangsmode mit Empfänger-Interruptfreigabe:

```
1 00 1 10 01   = $99
| | |  |___Taktteiler 1:16.
| | |______Wortformat: 8 Bit + gerade Parität + 1 Stopbit.
| |________RTS = 0, also Datenleitung auf RxData geschaltet.
|__________Empfänger-Interrupt frei gegeben.
```

3) Sendemode mit Empfänger-Interrupt gesperrt:

```
0 101 1001   = $59
| |_______RTS = 1, also TxData auf Datenleitung geschaltet.
|_________Empfänger-Interrupt gesperrt.
```

In allen Fällen ist der Sender-Interrupt gesperrt. Der ACIA habe die symbolischen Adressen ACIACS (Control-Statusregister) und ACIADA (Sende-Empfangs-Datenregister).

Einschalt-Initialisierung:

```
        :
LDAA    #$03        Steuerwort für Master Reset laden
STAA    ACIACS      und in das Control-Register speichern
LDAA    #$99        Steuerwort für Empfangsmode gemäß 2) laden
STAA    ACIACS      und in das Control-Register speichern
        :
```

Der ACIA-RxData-Eingang ist nun auf die Datenleitung geschaltet. Trifft jetzt ein Zeichen im Empfangs-Datenregister ein, löst der ACIA einen Interrupt aus. In einer Interrupt-Service-Routine wird der Prozessor dieses und eventuell weitere Zeichen vom ACIA abholen, danach den ACIA auf Sendemode schalten, den eigenen Datenblock senden und an dessen Ende den ACIA wieder auf Empfangsmode zurückschalten und ihn somit auf den nächsten Datenaustausch vorbereiten.

ACIA-Steuerung in der Interrupt-Service-Routine:

```
        :
LDAA    #$19        Empfänger-Interrupt wird gesperrt und ACIA
STAA    ACIACS      empfängt die dann folgenden Zeichen durch Abfrage ob Empfän-
        .           ger voll (Polling)
        :
        :

LDAA    #$59        ACIA wird gemäß 3) als Sender geschaltet und sendet seinen
STAA    ACIACS      Datenblock
        :
        :

LDAA    #$99        ACIA wird wieder gemäß 2) in Empfangsmode zurückgeschaltet
STAA    ACIACS
        :
```

4.2.6 ACIA-Ankopplung an externe Geräte

Werden externe Geräte, wie Fernschreiber (TTY) oder mit Bildschirm arbeitende Datenterminals, vom Menschen bedient, so ist die anfallende Datenrate gering im Vergleich zur zeitlichen Datenaufnahmefähigkeit eines Mikrorechners. Die Datenübertragung von und zu solchen Geräten erfolgt deshalb im seriellen Format. Dabei bestimmt die sogenannte B a u d r a t e, auch B i t r a t e genannt, die Übertragungsgeschwindigkeit der Datenzeichen.

Die Baudrate

$$f_\mathrm{B} = 1/t_\mathrm{B}$$

ist gleich der reziproken Zeit t_B, für die ein Bit am seriellen Ausgang TxData auftritt oder am seriellen Eingang RxData anliegt. Elektromechanische Geräte, wie Fernschreiber, arbeiten meist mit der Baudrate $f_\mathrm{B} = 110\ \mathrm{s}^{-1}$, schnellere mechanische Drucker benutzen

$f_B = 300\ \mathrm{s}^{-1}$ und elektronisch arbeitenden Bildschirmterminals werden bis zu Baudrates von $f_B = 9600\ \mathrm{s}^{-1}$ betrieben.

Für die Ankopplung solcher Geräte an Datenverarbeitungsanlagen und an Mikrorechner wurden Schnittstellen mit genormten Spannungs- oder Strompegeln für die logischen Zustände 0 oder 1 festgelegt.

4.2.6.1 RS232/V24-Schnittstelle Bei dieser seriellen Schnittstelle gelten folgende Spannungszuordnungen:

Zustand Logische 0: Für die Spannung U_L auf der Übertragungsleitung gilt

$$3\ \mathrm{V} < U_L < 12\ \mathrm{V}$$

Zustand Logische 1: Für die Spannung U_L auf der Übertragungsleitung gilt

$$-12\ \mathrm{V} < U_L < -3\ \mathrm{V}$$

Im Spannungsbereich

$$-3\ \mathrm{V} < U_L < 3\ \mathrm{V}$$

ist der logische Zustand undefiniert. Wird der volle Spannungshub verwendet, ist die Spannungsdifferenz zwischen logischer 0 und logischer 1 $\Delta U_L = 24\ \mathrm{V}$ und somit relativ groß, so daß ein großer Störabstand bei der Übertragung gewährleistet ist. Auf der Übertragungsleitung treten die Daten in negativer Logik auf, da der logischen 1 die negativere Spannung zugeordnet ist. Für den Aufbau dieser Schnittstelle liefert die Halbleiterindustrie invertierende Leitungstreiber und Leitungsempfänger, die die Anpassung der TTL-Pegel des Mikrorechners auf die RS232-Schnittstellen-Pegel durchführen.

Bild **4.**19 zeigt den Aufbau einer solchen Schnittstelle mit dem integrierten Leitungstreiber MC1488 und dem dazu passenden Leitungsempfänger MC1489. Mikrorechner und

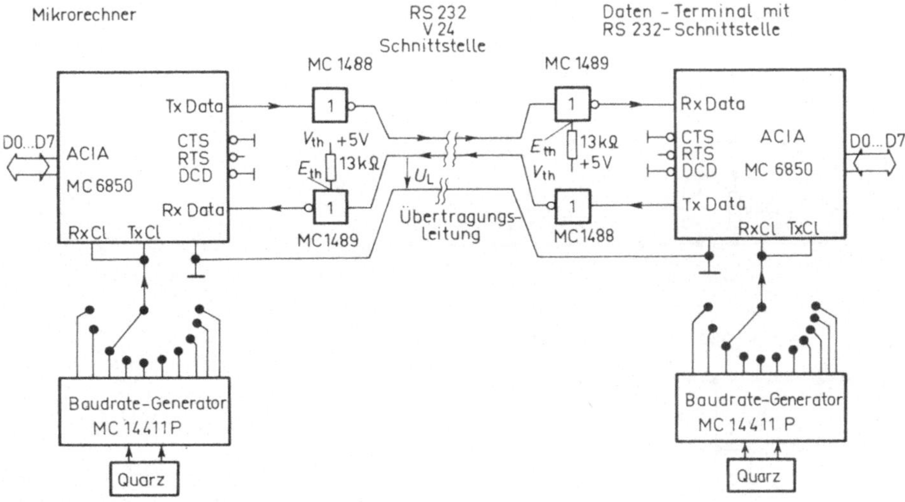

Bild **4.**19 RS232/V24-Schnittstelle zur Ankopplung seriell ein- und ausgebender externer Geräte an einen Mikrorechner

Datenterminal benutzen als seriellen I/O-Baustein den ACIA. Der Leitungstreiber MC1488 ist in bipolarer Technik aufgebaut und kann mit Versorgungsspannungen bis zu ± 15 V betrieben werden.

Der Leitungstreiber MC1488 enthält 4 der in Bild **4**.20a gezeigten, aus bipolaren Transistoren aufgebauten Schaltungen. Die Schaltung verknüpft die Eingangssignale E_0 und E_1 über die NAND-Funktion ($A = \overline{E_0 \wedge E_1}$). Wird nur ein Eingang benutzt, sollte der nicht verwendete Eingang auf die Spannung V_{CC} gelegt werden.

Wird der Treiber mit

$$V_{CC} = 13{,}2 \text{ V}, \quad V_{EE} = -13{,}2 \text{ V und } R_L = 3 \text{ k}\Omega$$

betrieben, ist bei der Low-Eingangsspannung $V_{IL} = 0{,}8$ V die Ausgangsspannung V_{OH} = 10,5 V und bei der High-Eingangsspannung $V_{IH} = 1{,}9$ V die Ausgangsspannung V_{OL} = –10,5 V. Der Lastwiderstand $R_L = 3{,}0$ kΩ entspricht etwa dem Eingangswiderstand des Leitungsempfängers MC1489 (Bild **4**.20b). Dieser Leitungsempfänger besitzt einen Schwellwert-Steuerungseingang E_{th}, der es gestattet, die Schaltschwelle des Empfängers zu verschieben. Wird an den Eingang E_{th} über den Widerstand $R_T = 13$ kΩ die Spannung $V_{th} = 5$ V angelegt, liegt die Schwellspannung (threshold voltage) bei 0 V. Negative Eingangsspannung V_I schaltet bei $V_{CC} = 5$ V den Ausgang auf die High-Spannung $V_{OH} = 5$ V. Positive Eingangsspannung bringt dagegen den Ausgang auf $V_{OL} \approx 0$ V. Somit wandelt der Empfänger die RS232-Spannungspegel wieder in TTL-Spannungspegel um, die vom ACIA-Baustein gefordert werden. Durch die positive Gegenkopplung über den Widerstand R_F ergibt sich an der Schaltschwelle eine Schalthysterese von etwa 0,25 V.

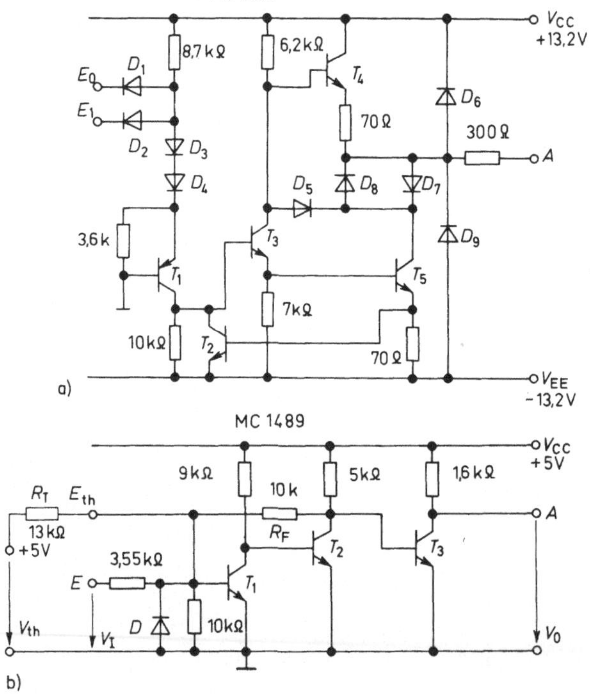

Bild 4.20
RS232-Leitungstreiber MC1488 (a)
und RS232-Leitungsempfänger
MC1489 (b)

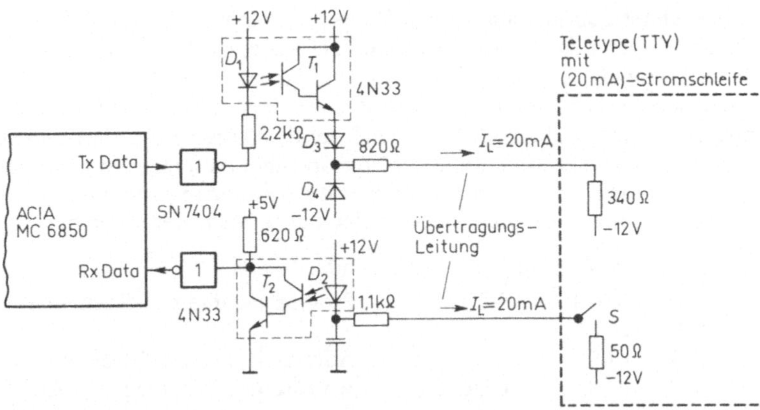

Bild **4**.21 Mit Optokoppler aufgebaute (20 mA)-Stromschleife zur Ankopplung von Teletypes (TTY) an einen Mikrorechner

4.2.6.2 TTY-Schnittstelle Diese serielle Schnittstelle stellt eine 20 mA Stromschleife dar. Für sie gelten folgende Zuordnungen:

Zustand Logische 0: Der Strom in der Übertragungsleitung ist $I_L = 0$ mA.

Zustand Logische 1: Der Strom in der Übertragungsleitung ist $I_L = 20$ mA.

Bild **4**.21 zeigt den Aufbau einer TTY-Schnittstelle mit dem ACIA, zwei Optokopplern 4N33 und zwei TTL-Invertern SN7404. Legt der Datenausgang TxData High-Level an den Inverter-Eingang, schaltet dieser durch, und durch die Luminiszenz-Diode D_1 des Optokopplers fließt der Durchlaßstrom $I_F = 12$ V/2,2 kΩ $= 5,45$ mA. Bei diesem Diodenstrom und bei der Temperatur von 25 °C kann der Darlington-Phototransistor T_1 einen Emitterstrom von $I_E = 35$ mA liefern. Da über die Diode D_3 nur $I_L = 20$ mA in die Übertragungsleitung fließen können, ist T_1 gesättigt leitend. High-Signal am ACIA-TxData-Ausgang, also logische 1, erzeugt wie gefordert den Strom von $I_L = 20$ mA in der Übertragungsleitung.

Schließt das externe Gerät den Schalter S, sendet dadurch also eine logische 1, fließt in der unteren Übertragungsleitung der Strom $I_L = 20$ mA und die Luminiszenz-Diode D_2 bestrahlt den Darlington-Phototransistor T_2. Dieser schaltet durch und legt Low-Potential an den Inverter-Eingang. Nach Invertierung erhält der ACIA-Eingang RxData High-Potential und somit wie gefordert den Zustand logisch 1. Verwendet man getrennte Spannungsversorgungen für Phototransistor und Luminiszenz-Diode der Optokoppler, kann Mikrorechner und externes Gerät galvanisch völlig getrennt werden, wodurch die Störsicherheit vergrößert wird.

4.2.7 Programm für den seriellen Datenverkehr

Zwei Mikrorechner sind über eine serielle Schnittstelle, die mit dem ACIA aufgebaut ist, verbunden. Mikrorechner 1 ist der aktive Partner und sendet während seiner Programmdurchführung eine Datei dem Mikrorechner 2 zu. Dieser unterbricht jeweils beim Eintreffen eines Zeichens sein Programm und speichert das Zeichen in einem vorgesehenen Speicherbereich ab. Mikrorechner 2 empfängt also die Zeichen Interrupt-gesteuert und enthält deshalb zusätzlich zu seinem Hauptprogramm eine Interrupt-Empfangsroutine.

Mikrorechner 1 springt aus seinem Hauptprogramm immer dann in ein Unterprogramm *SENDEN,* wenn das Senden der Datei gefordert wird. Die zu sendende Datei beginnt bei der Adresse *DATANF* = $BB00 und ist mit dem Steuerungszeichen EOF = 04 abgeschlossen, kann somit unterschiedliche Länge haben. Mikrorechner 2 speichert die empfangene Datei ebenfalls beginnend bei der Adresse *DATANF* = $BB00 ab. Während über die Hauptprogramme der Mikrorechner im folgenden keine näheren Angaben gemacht werden, da sie von Anwendung zu Anwendung verschieden sein können, werden die Sende- und Empfangsprogramme ausführlich wiedergegeben und kommentiert.

Programm von Mikrorechner 1 (Sendender Rechner):

```
            NAM     PRGRM1          Programmname von Rechner 1
* DEFINATOR
ACIACS      EQU     $9100           Adresse des Control-Reg. des ACIA
ACIADA      EQU     ACIACS+1        Adresse des Sendereg. des ACIA
DATANF      EQU     $BB00           Dateianfangsadresse
STACK       EQU     $007F           Top of the Stack festlegen
FORMA1      EQU     $19             ACIA-Steuerwort: Taktteil. 1:16, 8 Datenbit,
                                    gerade Parität, 1 Stopbit, Interrupt disable

* ENDE DES DEFINATORS
            ORG     $FFFE           Laden der Startadresse in den
            FDB     PRGRM1          Reset-Vektor
*
* HAUPTPROGRAMM PRGRM1
*
            ORG     $B000
PRGRM1      LDAA    #3
            STAA    ACIACS          Master-Reset des ACIA
            LDAA    #FORMA1
            STAA    ACIACS          Laden des Steuerworts
            LDS     #STACK          Stackpointer initialisieren
             :                      Weitere Befehle von PRGRM1
             :
            JSR     SENDEN          Sprung zum Sende-Unterprogramm
             :                      Weitere Befehle von PRGRM1
             :
* UNTERPROGRAMM SENDEN
SENDEN      LDX     #DATANF         Dateianfangsadresse bereitstellen
WARTE       LDAB    ACIACS          Abfrage ob ACIA-Senderegister leer
            BITB    #2
            BEQ     WARTE           Wenn nein, dann warten!
            LDAA    0,X           ' Zeichen aus dem Speicher holen
            STAA    ACIADA          und dem Senderegister übergeben
            INX                     Dateiadresse um 1 erhöhen
            CMPA    #$04            Letztes Dateizeichen gesendet?
            BNE     WARTE           Wenn nein, dann zurück zu WARTE!
            RTS                     Wenn ja, zurück ins Hauptprogr.
             :
             :
            END
```

Die zu sendende Datei, deren erstes Zeichen in der Speicherzelle mit der Adresse
DATANF = $BB00 steht, muß also mit dem Zeichen $04 = 0000 0100 abgeschlossen
sein, damit aus dem Unterprogramm *SENDEN* wieder in das Hauptprogramm zurückgekehrt werden kann. Durch die Assembler-Anweisung FDB PRGRM1 nach
ORG $FFFE wird die Startadresse des Hauptprogramms PRGRM1 mit in die Pro-
gramm-Datei aufgenommen und beim Laden des Programms in die Zellen $FFFE und
$FFFF übertragen.

Programm von Mikrorechner 2 (Empfangender Rechner):

```
                NAM     PRGRM2      Programmname von Rechner 2
* DEFINATOR
ACIACS  EQU     $9100
ACIADA  EQU     ACIACS+1
DATANF  EQU     $BB00
STACK   EQU     $007F           Top of the Stack festlegen
INDEX   EQU     $BAFE           Indexregister-Zwischenspeicher
FORMA2  EQU     $99             ACIA-Steuerwort wie bei PRGRM1
                                aber mit Empfänger-Interrupt enable

* ENDE DES DEFINATORS
                ORG     $FFF8       Laden der Interrupt-Adresse in
                FDB     IRQEMF      den IRQ-Vektor
                ORG     $FFFE       Laden der Startadresse in den
                FDB     PRGRM2      Reset-Vektor
*
* HAUPTPROGRAMM PRGRM2
*
                ORG     $B000
PRGRM2  LDAA    #3              ACIA auf gleiches Wortformat wie
        STAA    ACIACS          in PRGRM1 aber Empfänger-Inter-
        LDAA    #FORMA2         rupt enable initialisieren
        STAA    ACIACS
        LDS     #STACK          Stackpointer initialisieren
        LDX     #DATANF         Dateianfangsadresse in INDEX
        STX     INDEX           bereitstellen, Interruptmaske löschen
        CLI
          :                     Weitere Befehle von PRGRM2
          :
* INTERRUPT-EMPFANGSROUTINE
*
IRQEMF  LDX     INDEX           Dateiadresse bereitstellen
        LDAB    ACIACS          Statusregister lesen
        LDAA    ACIADA          Empfangsregister lesen
        BITB    #$70            Flags b6, b5, b4 auf 0?
        BNE     NOSTOR          Wenn nein, dann Zeichen fehler-
        STAA    0,X             haft und nicht abspeichern!
NOSTOR  INX                     nächste Zeichenadresse
        STX     INDEX           in INDEX ablegen
        CMPA    #$04            Letztes Dateizeichen empfangen?
```

```
            BNE     RETURN      Wenn nein, zurück ins PRGRM2
            LDX     #DATANF     Sonst Dateianfangsadresse wieder
            STX     INDEX       bereitstellen
RETURN      RTI
              .
              .
            END
```

Durch den Bittest BITB #$70 werden die Flags *b6*, *b5*, *b4* auf Paritäts-Fehler, Overrun-Fehler und Formatsfehler geprüft. In den Zellen *INDEX* und *INDEX*+1 steht jeweils die Adresse, in die das gerade empfangene Zeichen gespeichert werden soll. Ein fehlerhaftes Zeichen wird nicht abgespeichert, so daß das früher empfangene Zeichen in dieser Zelle stehen bleibt. Ist die Datei vollständig empfangen, wird in den Zellen *INDEX* und *INDEX*+1 wieder die Dateianfangsadresse bereitgestellt. Beim nächsten Senden der Datei wird dann die alte vorher empfangene Datei überschrieben. Die Initialisierung des Stackpointers ist erforderlich, damit beim Auftreten von Subroutine-Sprüngen oder beim Eintreffen der Interrupts die Registerinhalte des Prozessors (bei Subroutine-Sprüngen nur der Programmzähler, bei Interrupts alle außer dem Stackpointer selbst) in den Stack gerettet werden können. Der Stack beginnt hier bei $007F und erstreckt sich zu niedrigeren Adressen, könnte also z. B. im Zero-page-RAM des Prozessors MC6802 liegen.

4.3 Programmierbarer Zählerbaustein (PTM)

Der programmierbare Zählerbaustein MC6840 (Programmable Timer Module PTM) ist für den Einbau in Mikrorechner, die mit Prozessoren der MC6800-Familie arbeiten, besonders gut geeignet, kann jedoch auch in anderen (8 Bit)-Mikrorechnern verwendet werden. Im Mikrorechner dient der Zählerbaustein nicht wie PIA und ACIA dem Datentransport vom und zum Rechner, sondern er ist für den Einsatz in zeitbezogenen Aufgaben gedacht. So lassen sich z. B. Frequenz- und Zeitmessungen, sowie Ereigniszählungen durchführen und, benutzt man seine Ausgänge, auch Rechteckimpulsfolgen unterschiedlicher Frequenz und mit veränderbarem Tastverhältnis erzeugen. Auch die Erzeugung von Einzelimpulsen mit programmierbarer Dauer ist möglich.

4.3.1 Registerstruktur des PTM

Der PTM enthält 3 unabhängige aus 16 Bit bestehende Zähler. Diese zählen grundsätzlich rückwärts und sind aus zwei (8 Bit)-Modulen aufgebaut. Bild **4.**22 zeigt das Blockbild des Timers. Jedem Zähler ist ein Block aus 2 · 8 Auffang-Flipflops (Latches) vorgeschaltet. Es sind zwei verschiedene Zählarten möglich.

(16-Bit)-Zählmodus Der Inhalt der Latches wird in den treffenden Zähler übertragen und das MS-Byte und LS-Byte des Zählers (MS steht für most- und LS für less-signifikant = höchst- und niederwertig) werden als (16 Bit)-Dualzahl aufgefaßt, die mit jedem Zähltakt um 1 erniedrigt (dekrementiert) wird. Steht in den Latches die größtmögliche Dualzahl 1111 1111 1111 1111 = $FF FF, und wird diese in den Zähler übertragen, so wird

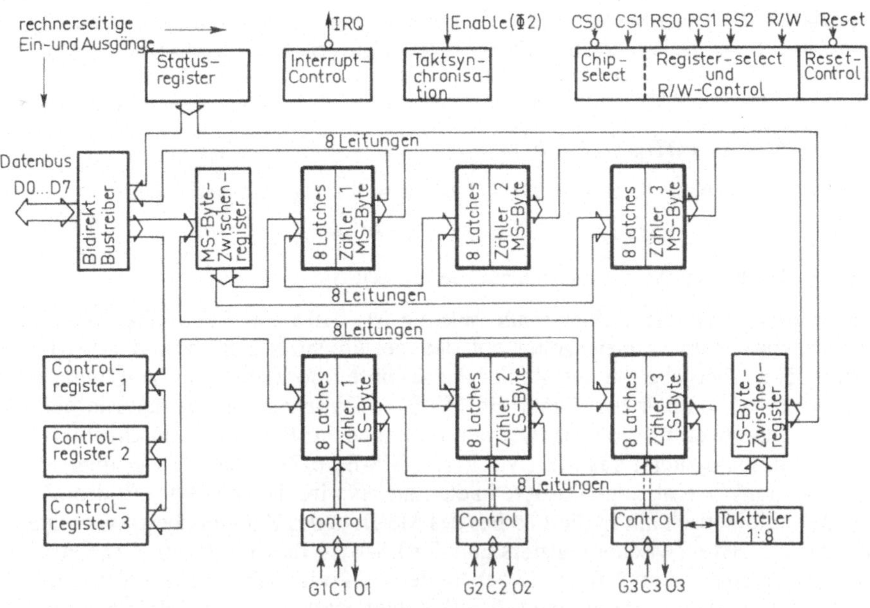

Bild 4.22 Blockschaltbild und Registerstruktur des programmierbaren Timer-Moduls MC6840 (PTM)

nach N_m = 65535 Zählimpulsen der Zähler auf den Zählerstand 0 heruntergezählt sein, und mit dem Impuls N_m+1 = 65 536 wird die Meldung: Time-Out TO = Zeit ist abgelaufen (Zählerstand ist 0) erfolgen. Ist eine beliebige Zahl $N < N_m$ über die Latches in den betreffenden Zähler geladen, trifft das Signal Time-Out zum Zeitpunkt TO_1, und nach der Zeit

$$\Delta t_1 = TO_1 - t_0 = (N+1)T_{Cp} = (N+1)/f_{Cp}$$

ein, wenn t_0 der Zeitpunkt ist, zu dem die Zahl N in den Zähler geladen und der Zähler gestartet wurde, und T_{Cp} bzw. f_{Cp} Periodendauer bzw. Frequenz der am Takteingang liegenden Impulse sind. Das Dekrementieren des Zählers und die Erzeugung des Time-Out-Signals wird stets beim $1 \rightarrow 0$-Übergang des Taktsignals ausgeführt.

(2 · 8 Bit)-Zählmodus Der Inhalt der Latches wird in das MS-Byte und in das LS-Byte des betreffenden Zählers übertragen. Jedesmal wenn das LS-Byte des Zählers auf 0 dekrementiert ist, wird das MS-Byte um 1 erniedrigt und das LS-Byte wieder mit dem Inhalt seiner vorgeschalteten Latches geladen. Ist in das LS-Byte die Zahl L und in das MS-Byte die Zahl M geladen, so trifft das Time-Out-Signal zum Zeitpunkt TO_2 und nach der Zeit

$$\Delta t_2 = TO_2 - t_0 = (L+1)(M+1)T_{Cp} = (L+1)(M + 1)/f_{Cp}$$

ein. Nur wenn im LS-Byte L = \$FF geladen ist und wenn beim (16 Bit)-Zählmodus im LS-Byte ebenfalls \$FF steht, sind die Zeiten Δt_2 und Δt_1 gleich, sonst weichen sie z. T. erheblich voneinander ab.

Beispiel 4.2 Der Timer Module wird mit der Taktfrequenz $f_{Cp} = 50$ kHz betrieben. In die Latches von Zähler 1 wird die hexadezimale Zahl $N = \$0202$ geladen. Man berechne die Zeiten Δt_1 und Δt_2 bis zum Auftreten des Time-Outs für den (16 Bit)- und den ($2 \cdot 8$ Bit)-Zählmodus.

(16 Bit)-Zählmodus: Es ist $N = \$0202 = 770$ und mit $T_{Cp} = 1/f_{Cp} = 1/(50$ kHz$) = 20$ µs ergibt sich

$$\Delta t_1 = (N+1)T_{Cp} = 771 \cdot 20 \text{ µs} = 15420 \text{ µs}$$

($2 \cdot 8$ Bit)-Zählmodus: Es ist $L = \$02 = 2$ und $M = \$02 = 2$, und man erhält

$$\Delta t_2 = (L+1)(M+1)T_{Cp} = 3 \cdot 3 \cdot 20 \text{ µs} = 180 \text{ µs}$$

Hier ist also die Zeit Δt_2 wesentlich kürzer als die Zeit Δt_1.

Laden und Lesen der Zählerstände Wichtig ist, daß beim Laden die 16 Latches des betreffenden Zählers gleichzeitig auf den gewünschten Zählerstand gesetzt werden, damit beim Übergeben in den Zähler die gesamte Information zur Verfügung steht. Zu diesem Zweck enthält der Timer ein MS-Byte-Zwischenregister, denn in den (8 Bit)-Mikrorechnern kann vom Prozessor her das Laden nur Byte-weise durchgeführt werden. Es muß deshalb zuerst das MS-Byte in das MS-Byte-Zwischenregister übergeben werden. Bei der Übergabe des LS-Byte in die Latches wird das MS-Byte aus dem Zwischenregister automatisch mit in die Latches des MS-Byte des Zählers übertragen. Die Adressen des MS-Byte-Zwischenregisters und der LS-Byte-Latches der drei Zähler liegen so, daß das Laden mit den (2 Byte)-Ladebefehlen STX oder STS durchgeführt werden kann, so daß zum Laden des gesamten (16 Bit)-Zählerstandes nur ein Befehl erforderlich ist.

Beim Lesen eines gerade vorliegenden Zählerstandes wird gleichzeitig mit dem Auslesen des MS-Byte aus dem betreffenden Zähler sein LS-Byte in das LS-Byte-Zwischenregister übertragen, so daß dieses in einem zweiten Lesezyklus geholt werden kann. Würde nicht so verfahren, könnte zwischen dem Lesen des MS-Byte und des LS-Byte der Zähler bereits weiter dekrementiert worden sein. Auch beim Lesen gilt, daß bei richtiger Adressierung MS-Byte-Zähler- und LS-Byte-Zwischenregister-Inhalt mit einem Befehl LDX oder LDS in den Prozessor geholt werden können.

Control- und Status-Register Jedem Zähler ist ein Control-Register zugeordnet, über welches der gewünschte Zählmodus programmiert werden kann. Die Control-Register sind Write-only-Register, können also nur beschrieben werden. In Abschn. 4.3.3 wird genauer darauf eingegangen. Das Statusregister wird von allen drei Zählern mit Meldungen versorgt und ist ein Read-only-Register, kann also vom Prozessor nur gelesen werden. Tafel **4**.23 enthält eine Zusammenstellung der Meldeeigenschaften der Statusregister-Flags. Dort ist auch angegeben durch welche Ereignisse diese Interrupt-Flags $I1$, $I2$ und $I3$, die den Zählern 1, 2 und 3 zugeordnet sind, gesetzt und wieder gelöscht werden. Die Bits $b3$ bis $b6$ enthalten immer 0. Das gemeinsame Interrupt-Flag $b7 = INT$ wird gesetzt, wenn eines der individuellen Flags $I1$, $I2$ oder $I3$ gesetzt ist und wenn das Freigabebit $b6$ des zugehörigen Control-Registers $CR16$, $CR26$ oder $CR36$ ebenfalls gesetzt ist. Daraus ergibt sich die in Tafel **4**.23 eingetragene Bedingung.

4.3.2 Adressierung des PTM

Obwohl im programmierbaren Timer-Modul insgesamt 16 adressierbare Register enthalten sind, ist er für den Prozessor jedoch nur ein Baustein mit 8 Adressen. Auch hier wird wie beim PIA ein Bit (hier Bit $b0 = $ CR20) von Control-Register 2 als Adreßbit verwen-

T a f e l **4**.23 Statusregister des programmierbaren Zählers: Zusammenfassung der Meldeeigenschaften der Flags

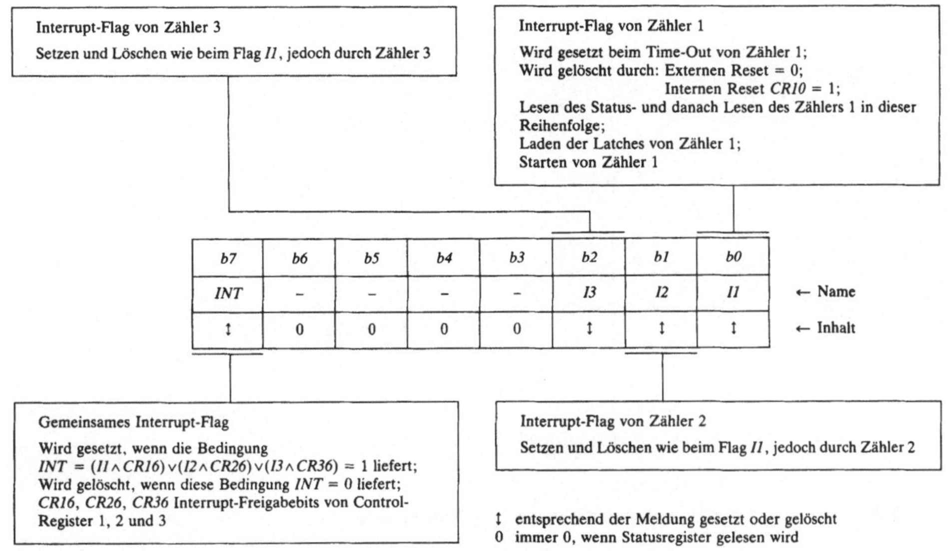

T a f e l **4**.24 Adressierung der verschiedenen Register im Timer-Modul PTM

Register-adresse bei Basisadr. 0000	Registeranwahleingänge			Operation und angewähltes Register	
	RS2	RS1	RS0	Schreiben in (R/W = 0)	Lesen aus (R/W = 1)
0000	0	0	0	$CR20$ = 0 Control-Register 3 $CR20$ = 1 Control-Register 1	Keine Wirkung
0001	0	0	1	Controlregister 2	Statusregister
0002 0003	0 0	1 1	0 1	MS-Byte-Zwischenregister LS-Byte-Latches Zähler 1	MS-Byte-Zähler 1 LS-Byte-Zwischen-register
0004 0005	1 1	0 0	0 1	MS-Byte-Zwischenregister LS-Byte-Latches Zähler 2	MS-Byte-Zähler 2 LS-Byte-Zwischen-register
0006 0007	1 1	1 1	0 1	MS-Byte-Zwischenregister LS-Byte-Latches Zähler 3	MS-Byte-Zähler 3 LS-Byte-Zwischen-register

det. Ferner wird auch die Leitung R/W zur internen Registerumschaltung verwendet, da einige Register nur beschrieben und andere nur gelesen zu werden brauchen. Wie die verschiedenen Register angewählt werden zeigt Tafel **4**.24.

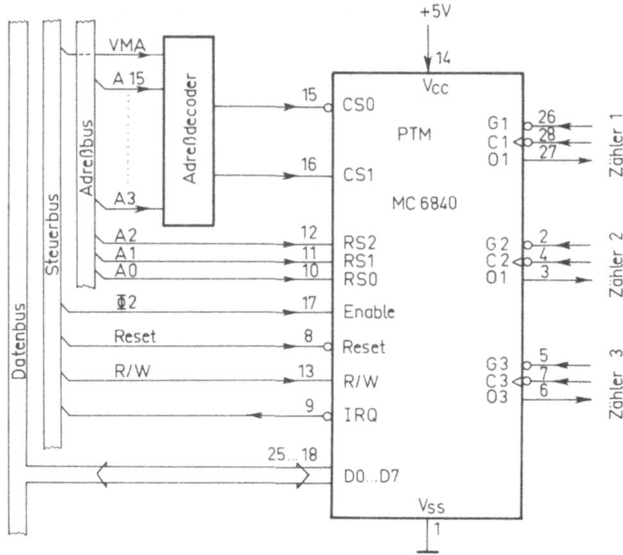

Bild 4.25 Adressierung des Timer-Moduls PTM und Pin-Numerierung

Die angegebene Registeradresse erhält man, wenn wie in Bild **4.**25 RS0 mit A0, RS1 mit A1 und RS2 mit A2 beschaltet werden. Über den Adreßdecoder kann mit den Chip-Anwahleingängen CS0 und CS1 der Timer-Modul schließlich in jeden beliebigen Adreß-bereich gelegt werden.

Aufgrund der beim Schreiben gewählten mehrfachen Adressierung des MS-Byte-Zwi-schenregisters und beim Lesen der mehrfachen Adressierung des LS-Byte-Registers kön-nen, wie schon erwähnt die Zähler mit den Indexregister oder Stackpointer bezogenen (2 Byte)-Store- oder Load-Befehlen geladen oder gelesen werden.

4.3.3 Zählersteuerung durch die Control-Register

Jedem Zähler x ist für seine Steuerung ein Control-Register x (x = 1, 2, 3) zugeordnet. Die Steuerungsbits $CRx1$ bis $CRx7$ haben in allen drei Control-Registern dieselbe Wir-kung. Nur das Bit $CRx0$ hat, wie Tafel **4.**26 zeigt, in jedem Control-Register eine unter-schiedliche Funktion. Tafel **4.**26 gibt einen Überblick über die Steuerungsfunktionen der Control-Register-Bits. Kompliziert ist die Wirkung der drei Bits $CRx3$ bis $CRx5$. Ihre Steuerungsfunktionen sind in den Tafeln **4.**27 bis **4.**29 deshalb gesondert dargestellt. Grundsätzlich werden hiermit 4 unterschiedliche Zähler-Verhaltensweisen gesteuert:

Kontinuierliches Zählen: Es wird z. B. angewendet für die Erzeugung von Square-Wave-Rechteckimpulsfolgen (im (16 Bit)-Zählmodus) oder von Rechteckim-pulsfolgen mit einem Tastverhältnis $V_T < 0,5$ (im (2 · 8 Bit)-Zählmodus).

Einzelimpulserzeugung: Die Erzeugung von Einzelimpulsen (Single Shots) unterschiedlicher (programmierbarer) Dauer und nach programmierbarer Verzögerung wird ermöglicht.

T a f e l **4**.26 Steuerungswirkung der Bits der Control-Register (Der Buchstabe x kann 1, 2 oder
3 sein.)

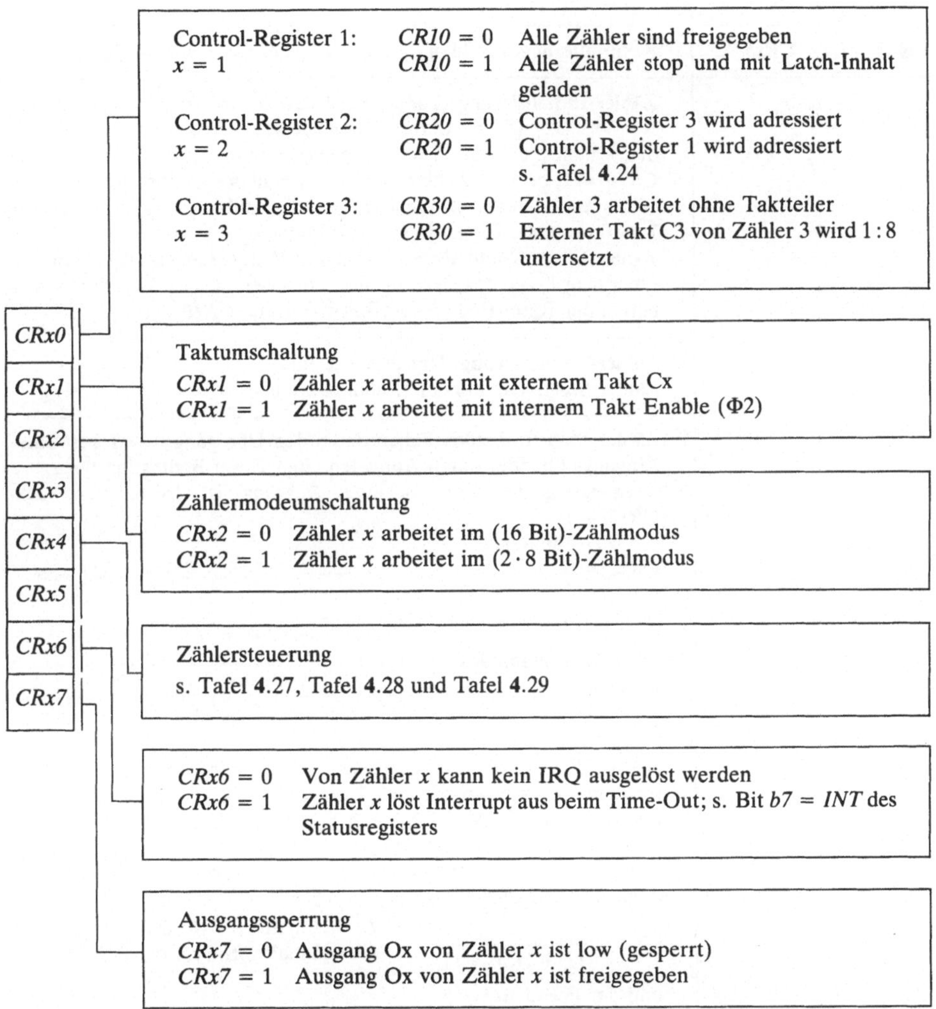

P e r i o d e n d a u e r m e s s u n g : Das Auszählen der Periodendauer T_{Gx} einer Rechteck-
schwingung, die am Gate-Eingang G_x von Zähler x liegt wird ermöglicht. Dadurch kann
der Prozessor die Frequenz dieser Schwingung berechnen.

I m p u l s d a u e r m e s s u n g : Das Auszählen der Zeit T_{GLx} eines Impulses, für die der
Gate-Eingang G_x von Zähler x auf Low-Signal liegt, wird ermöglicht.

Die letzten beiden Anwendungen sind also Zeitintervallmessungen.

Die Zähler können sowohl vom Systemtakt $\Phi2$ des Mikrorechners über den Eingang
Enable als auch über die externen Takteingänge Cx getaktet werden. Im letzteren Fall

Tafel 4.27 Zählersteuerung durch die Bits $CRx5$, $CRx4$ und $CRx3$ beim kontinuierlichen Zählen

Bit-Kombination	Zählerarbeitsweise
$CRx5$ $CRx4$ $CRx3$	Kontinuierliches Zählen im (16 Bit)- oder ($2 \cdot 8$ Bit)-Modus
0 0 0	**Zähler-Initialisierung (Laden der Latch-Inhalte in Zähler x):** Durch $R \lor Wx \lor Gx{\downarrow}$ (R = externer Reset (Reset = 0)), bei dem \$FFFF in die Latches und in Zähler x geladen wird, oder interner Reset $CR10 = 1$, bei dem Zähler x mit dem Inhalt der Latches geladen wird; Wx = Write-Befehl in die Latches von Zähler x; $Gx{\downarrow}$ = Übergang $1 \to 0$ des Gate-Eingangs Gx von Zähler x.) **Zähler Start:** Wenn Reset-Bedingung R aufgehoben ist, durch den Übergang $1 \to 0$ des Gx-Eingangs, oder wenn Gx = 0 ist, durch Aufheben der Reset-Bedingung (Reset = 1 und $CR10 = 0$)
0 1 0	**Zähler-Initialisierung:** Nur durch $R \lor Gx{\downarrow}$ **Zähler Start:** Wie bei der Kombination 000
	Zähler Stop: In beiden Fällen durch den Übergang $0 \to 1$ des Gate-Eingangs Gx oder durch Auftreten einer Reset-Bedingung R **Ausgangssignale:** Voraussetzung Ausgang ist freigegeben, also $CRx7 = 1$; (16 Bit)-Zählmodus $CRx2 = 0$ ($2 \cdot 8$ Bit)-Zählmodus $CRx2 = 1$ Beim (16 Bit)-Zählmodus läßt sich am Ausgang Ox eine Rechteckschwingung erzeugen mit dem Tastverhältnis $V_{Tx} = 0{,}5$ und der Frequenz $f_x = f_{Cpx}/[2(N + 1)]$, wenn f_{Cpx} die Taktfrequenz am Takteingang Cx von Zähler x ist. Beim ($2 \cdot 8$ Bit)-Zählmodus entsteht eine Rechteckschwingung mit dem Tastverhältnis $$V_{Tx} = \frac{L}{(L + 1)(M + 1)}$$ L = Inhalt LS-Byte des Zählers x M = Inhalt MS-Byte des Zählers x und der Frequenz $$f_x = \frac{f_{Cpx}}{(L + 1)(M + 1)}$$ Time-Out-Signale TOx werden vom Zähler x erzeugt zum Zeitpunkt der dem Zählerstand 0 folgenden negativen Taktflanke. Sie setzen das Interrupt-Flag Ix von Zähler x im gemeinsamen Statusregister und laden die Latch-Inhalte wieder neu in den Zähler x.

sind diese Taktsignale asynchron zum Systemtakt $\Phi2$ und werden vor der Ansteuerung der Zähler mit dem Systemtakt synchronisiert. Für diese Synchronisation benötigt der Timer 3 Systemtaktperioden, und erst mit dem vierten Systemtakt $\Phi2$ wird der Takt Cx

Tafel 4.28 Zählersteuerung durch die Bits $CRx5$, $CRx4$ und $CRx3$ bei der Einzelimpulserzeugung

Bit-Kombination	Zählerarbeitsweise
$CRx5$ $CRx4$ $CRx3$	Erzeugung eines Einzelimpulses im (16 Bit)- oder im $(2 \cdot 8$ Bit)-Zählmodus (Single Shot)
1 0 0	**Zähler-Initialisierung:** Durch $R \vee Wx \vee Gx$ wie bei der Kombination 000 in Tafel **4.27** **Zähler Start:** S. Tafel **4.27**
1 1 0	**Zähler-Initialisierung:** Nur durch $R \vee Gx$ wie bei der Kombination 010 in Tafel **4.27** **Zähler Start:** S. Tafel **4.27**
	Zähler Stop: Wie in Tafel **4.27** **Ausgangssignale:** Voraussetzung der Ausgang Ox ist durch $CRx7 = 1$ freigegeben. (16 Bit)-Zählmodus $CRx2 = 0$ 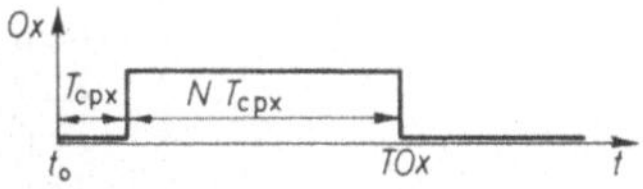 (2 · 8 Bit)-Zählmodus $CRx2 = 1$ 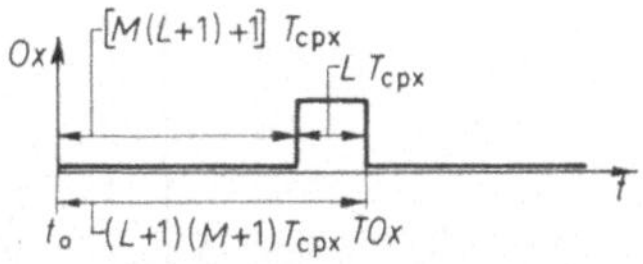 Es tritt also nur ein Impuls auf, gleichgültig ob nach dem Start Gx = 0 bleibt oder wieder Gx = 1 wird. Der Zähler x läuft jedoch intern zyklisch weiter wie im kontinuierlichen Zählmode und erzeugt jeweils nach Erreichen des Zählerstandes 0 ein Time-Out-Signal TOx. Ein neuer Einzelimpuls kann jedoch erst dann ausgegeben werden, wenn wie oben angegeben der Zähler neu initialisiert und gestartet wird. Wird $N = 0$ oder $M = L = 0$ beim Initialisieren geladen, geht bei der nächsten negativen Taktflanke der Ausgang auf 0 und bleibt 0 bis entweder der Arbeitsmodus geändert oder $N \neq 0$ bzw $M \neq 0$ und $L \neq 0$ geladen wird.

am getakteten Zähler wirksam. Diese Eigenschaft verringert nicht die zulässige maximale Taktfrequenz, sondern führt lediglich zu einer zeitlichen Verschiebung der Ausführung von $4T_{\Phi2} = 4$ µs, wenn der Mikrorechner z. B. mit der Systemtaktfrequenz $f_{\Phi2} = 1$ MHz betrieben wird.

Maximal zulässige externe Taktfrequenz: Für die Periodendauer T_{Cx} des externen Taktsignals gilt mit der Low-Time T_{CxL} (Impulspause) und der High-Time T_{CxH} (Impulsdauer)

$$T_{Cx} = T_{CxL} + T_{CxH} \tag{4.1}$$

Sowohl für die Low-Time T_{CxL} als auch für die High-Time T_{CxH} wird gefordert

$$T_{CxL} = T_{CxH} \geqq T_{\Phi2} + t_{su} + t_{hd} \tag{4.2}$$

Tafel **4**.29 Zählersteuerung durch die Bits $CRx5$, $CRx4$ und $CRx3$ bei der Frequenz- und Puls-
dauer-Messung

Bit-Kombination	Zählerarbeitsweise
$CRx5$ $CRx4$ $CRx3$	Auszählen der Periodendauer T_{Gx} oder der Pulsdauer T_{GLx} einer am Eingang Gx liegenden Rechteckspannung
0 0 1	**Zähler-Initialisierung:** Durch Übergang $1 \rightarrow 0$ von Gx oder durch Auftreten einer Reset-Bedingung R (s. Tafel **4**.27), wenn das individuelle Interrupt-Flag Ix gelöscht ist. **Zähler Start:** Durch Übergang $1 \rightarrow 0$ von Gx, wenn keine Reset-Bedingung vorliegt, das Interrupt-Flag Ix gelöscht ist und kein Schreibbefehl in die Latches ausgeführt wird. **Zähler Stop:** Wenn der nächste Übergang $1 \rightarrow 0$ von Gx zeitlich vor dem Time-Out-Signal TOx auftritt. Gleichzeitig hiermit wird das individuelle Interrupt-Flag Ix gesetzt. Neue Initialisierung und neuer Start ist nur möglich, wenn zuvor durch Lesen des Statusregisters und des Zählers x das Flag Ix gelöscht wird. Ferner wenn eine Reset-Bedingung auftritt oder wenn in die Latches von Zähler x geschrieben wird. Tritt das Time-Out-Signal TOx vor dem $1 \rightarrow 0$-Übergang von Gx auf, so läuft der Zähler weiter. 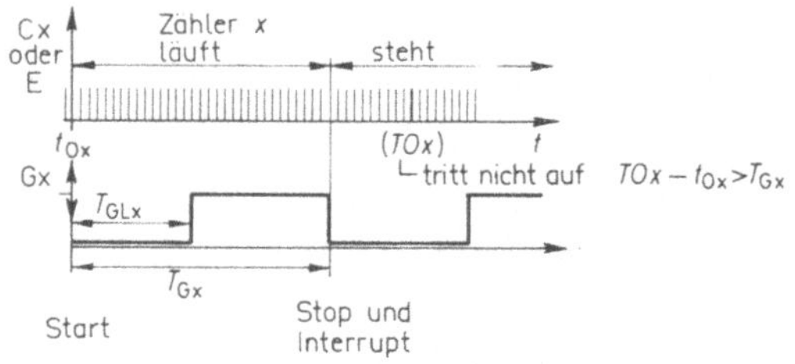
1 0 1	Gleiches Verhalten wie bei Kombination 001 nur **Zähler Stop:** Wenn der nächste Übergang $1 \rightarrow 0$ von Gx zeitlich nach dem Time-Out TOx auftritt. 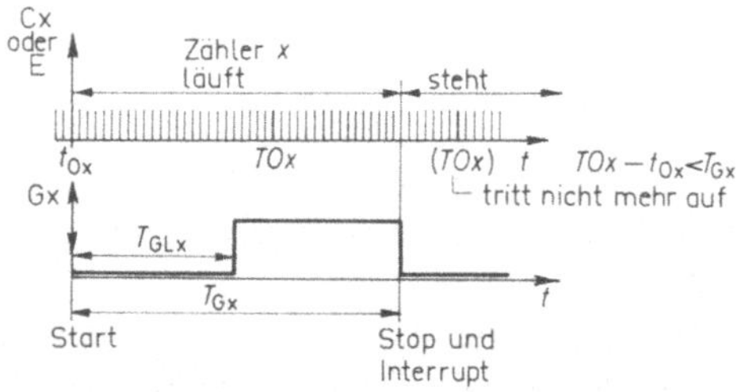
0 1 1	Gleiches Verhalten wie bei 001 nur anstelle von T_{Gx} tritt die Impulsdauer T_{GLx}, also die „Low-Zeit" des an Gx liegenden Impulses.
1 1 1	Gleiches Verhalten wie bei 101 nur anstelle von T_{Gx} tritt wieder die Impulsdauer T_{GLx}.

wobei $T_{\Phi2}$ die Periodendauer des Systemtakts $\Phi2$, t_{su} die Set-up-Zeit und t_{hd} die Hold-Zeit sind. t_{su} entspricht in etwa der Abfallzeit t_f des 1→0-Übergangs des Systemtakts $\Phi2$ und t_{hd} ist das sich anschließende Zeitintervall, in dem die externe Taktvariable stabil gehalten werden muß. Beide Zeiten sind durch die Halbleitertechnologische Herstellung des Bausteins bestimmt.

Beispiel 4.3 In einem Mikrorechner, der mit der Systemtaktfrequenz $f_{\Phi2}$ = 1 MHz arbeitet, wird der MC6840-Timer-Module betrieben. Seine Set-Up-Zeit ist t_{su} = 200 ns und seine Hold-Zeit beträgt t_{hd} = 50 ns. Man berechne die maximale zulässige externe Taktfrequenz f_{Cx}.
Mit $T_{\Phi2}$ = $1/f_{\Phi2}$ = 1/(1MHz) = 1 µs ergibt sich aus Gl. (4.1) und (4.2)

$$T_{Cx} = 2(T_{\Phi2} + t_{su} + t_{hd}) = 2(1000\ \text{ns} + 200\ \text{ns} + 50\ \text{ns}) = 2{,}5\ \text{µs}$$

Damit wird f_{Cx} = $1/T_{Cx}$ = 1/(2,5 µs) = 400 kHz.

Für die schnelle Version des PTM (MC68B40) und bei der Systemtaktfrequenz $f_{\Phi2}$ = 2 MHz wird mit t_{su} = 75 ns und t_{hd} = 50 ns die maximal zulässige externe Taktfrequenz f_{Cx} = 800 kHz.

Wird bei Zähler 3 mit der externen Taktteilung im Verhältnis 1:8 gearbeitet (Prescaling), gelten für den Ausgang des vorgeschalteten Taktteilers die gleichen Taktfrequenzspezifikationen, wie für die ungeteilten Takteingänge. Für den Eingang des Taktteilers, also für C3 im Teilermodus ($CR30$ = 1), sind jedoch jetzt höhere externe Taktfrequenzen erlaubt. Gefordert wird in diesem Fall für die Zeiten

$$T_{C3L} = T_{C3H} = 125\ \text{ns minimal für den MC6840}$$
$$= 62{,}5\ \text{ns minimal für den MC68B40}$$

Damit ergeben sich maximale zulässige externe Taktfrequenzen von

$$f_{C3} = 1/(T_{C3L} + T_{C3H}) = 4\ \text{MHz für den MC6840}$$
$$= 8\ \text{MHz für den MC68B40}$$

Allerdings ist bei dieser Taktteilung zu bedenken, daß nur jeder achte Taktimpuls eine Dekrementierung von Zähler 3 bewirkt. Die Auflösung wird durch die Taktteilung also nicht vergrößert.

Weiter gehende Angaben z. B. über das Bus-Timing, Belastbarkeit der Ausgänge sind Motorolas Microcomputer-Components-Datenbuch [5] sowie dem Programmable Timer Fundamentals and Application Manual [17] zu entnehmen.

4.3.4 Anwendungsbeispiel für den Timer-Modul

In dem folgenden Anwendungsbeispiel sollen verschiedene Betriebsarten des Timers und die hierfür erforderlichen Initialisierungen dargestellt werden. Mit dem Timer seien folgende Aufgaben zu lösen:

Zähler 1: Gemessen wird die Periodendauer T_{G1} und daraus berechnet die Frequenz f_{G1} der am Gate-Eingang G1 liegenden Schwingung. Frequenzbereich dieser Schwingung sei 30 Hz < f_{G1} < 10 kHz. Als Takt werde der Systemtakt mit der Frequenz $f_{\Phi2}$ = 1 MHz verwendet. Der Ausgang O1 wird nicht benötigt und soll deshalb in den Low-Zustand geschaltet werden.

Zähler 2: Am Ausgang O2 soll eine Square-Wave-Schwingung mit der Frequenz f_{O2} = 25 kHz erzeugt werden. Der Zähler soll im (16 Bit)-Zählmodus arbeiten und als Takt den Systemtakt $\Phi 2$ verwenden. Er soll keine Interrupts auslösen und über den Gate-Eingang G2 gestartet und gestoppt werden können.

Zähler 3: Eine am externen Takteinang liegende Schwingung mit der Frequenz $f_{C3} =$ 2 MHz soll nach Taktteilung von 1 : 8 über den Zähler 3 am Ausgang O3 in eine Schwingung mit der Frequenz $f_{O3} = 2$ kHz und dem Tastverhältnis $V_T = 0{,}24$ umgewandelt werden. Der Zähler soll keine Interrupts auslösen und mit dem Eingang G3 gestartet und gestoppt werden können.

Vorüberlegungen: Zähler 2 arbeitet im (16 Bit)-Zählmodus, und für die Periodendauer der Ausgangsschwingung gilt deshalb

$$T_{O2} = 2(N+1)T_{\Phi 2} = 40 \; \mu s$$

(s. Tafel **4.27**). Mit $T_{\Phi 2} = 1 \; \mu s$ müssen deshalb die Zähler-Latches mit der Zahl

$$N = (T_{O2}/2T_{\Phi 2}) - 1 = (40 \; \mu s/2 \; \mu s) - 1 = 19 = \$ 13$$

geladen werden.

Zähler 3 muß wegen des Tastverhältnisses $V_T = 0{,}24$ im (2 · 8 Bit)-Zählmodus arbeiten. Nach Tafel **4.27** ergibt sich mit der 1 : 8 geteilten Eingangsfrequenz $f_{C3}/8$ für das Tastverhältnis

$$V_T = \frac{L}{(L+1)(M+1)} = 0{,}24$$

und für die Frequenz

$$f_{O3} = \frac{f_{C3}/8}{(L+1)(M+1)} = 2 \; kHz$$

Mit $L = 30$ und $M = 3$ lassen sich beide Forderungen am besten erfüllen, und es ergibt sich das Tastverhältnis $V_T = 0{,}2419$ und die Frequenz $f_{03} = 2{,}016$ kHz. Die Latches des LS-Byte von Zähler 3 sind deshalb mit $L = 30 = \$ 1E$ und die des MS-Byte mit $M = 3 = \$ 03$ zu laden.

Die Latches von Zähler 1 werden mit $N = \$ FFFF$ geladen, der Zähler mit *CR15, CR14, CR13* $= 0, 0, 1$ (s. Tafel **4.29**; $1 \rightarrow 0$-Übergang von G1 tritt zeitlich vor dem Time-Out auf) gesteuert und beim Eintreffen des Interrupts wird Zähler 1 gelesen und durch Subtraktion seines Inhalts von $\$ FFFF$ wird die Anzahl der Zählimpulse N_z und somit die Periodendauer $T_{G1} = N_z T_{\Phi 2} = N_z \cdot 1 \; \mu s$ berechnet. Im Unterprogramm *FREQ* wird schließlich die Frequenz f_{G1} berechnet und im Unterprogramm *DISPLA* über eine PIA mit angeschlossenem 8421-7-Segment-Decoder auf 4 7-Segment-Displays ausgegeben.

Assembler-Programm TIMERUEBUNG

```
        NAM     TIMERUEBUNG
*DEFINATOR                       Festlegung der symb. Adressen
PTMC13  EQU     $8000            Timer-Basisadresse (CR1 und CR3)
PTMSC2  EQU     PTMC13+1         Control-Reg. 2 und Statusreg.
COUNT1  EQU     PTMSC2+1         Zähler 1 (2 Byte)
COUNT2  EQU     COUNT1+2         Zähler 2 (2 Byte)
COUNT3  EQU     COUNT2+2         Zähler 3 (2 Byte)
PIAAD   EQU     $4000            PIA-Basisadresse (A-Port Datenreg.)
```

```
PIAAC   EQU     PIAAD+1         PIA-Control-Reg. A-Seite
PIABD   EQU     PIAAC+1         PIA-Datenreg. B-Seite
PIABC   EQU     PIABD+1         PIA-Control-Reg. B-Seite
N       EQU     19              Latch-Inhalt von Zähler 2
ML      EQU     $031E           Latch-Inhalt von Zähler 3
*                               (M = 03, L = 30 = $1E)
        ORG     0000
BUFFER  RMB     2               Zwischenspeicher für TG1
HIBUFF  RMB     3               Hilfszellen zur Freq.-Berechn.
FREBUF  RMB     2               Frequenzspeicher für fG1
        ORG     $FFF8
        FDB     INTSVS          IRQ-Vektor laden
        ORG     $FFFE
        FDB     BEGINN          RESET-Vektor laden
*DEFINATORENDE
*PROGRAMMBEGINN
        ORG     $FC00
BEGINN  LDS     #$7F            Stackpointer initialisieren
        CLR     PIAAC
        CLR     PIABC
        LDAA    #$FF            Beide PIA-Ports als Ausgänge
        STAA    PIAAD           schalten (s. Abschn. 4.1.5)
        STAA    PIABD
        LDAA    #4
        STAA    PIAAC
        STAA    PIABC
*LADEN DER TIMER-CONTROL-REGISTER
        LDAA    #0              Über Control-Reg. 2 auf Control-
        STAA    PTMSC2          Reg. 3 (CR20 = 0) umschalten
        LDAA    #%10010101      Steuerwort für Zähler 3
        STAA    PTMC13          (Kommentar am Programmende)
        LDAA    #%10010011      Umschalten auf Control-Reg. 1
        STAA    PTMSC2          und Steuerwort für Zähler 2
        LDAA    #%01001011      Steuerwort für Zähler 1
        STAA    PTMC13
*LADEN DER TIMER-LATCHES
        LDX     #N
        STX     COUNT2          Zähler-2-Latches laden
        LDX     #ML
        STX     COUNT3          Zähler-3-Latches laden
        LDX     #$FFFF
        STX     COUNT1          Zähler-1-Latches laden
*FREIGABE DES INTERNEN RESETS UND ENDLOSSCHLEIFE
        CLI                     Prozessor IRQ-Enable
        LDAA    #%01001010      Zählerfreigabe (CR10 = 0)
        STAA    PTMC13
        NOP
        BRA     *-1
```

```
*KOMMENTAR: Steuerwort für Zähler 3 %10010101 ergibt
*sich aus O3 enable, IRQ disable, Initial. durch RvG3↓,
*kontinuierl. Zählmode, (2 · 8 Bit)-Zählmode, ext. Takt
*und 1:8 Taktteilung.
*Steuerwort für Zähler 2 %10010011 ergibt sich aus
*O2 enable, IRQ disable, Initial. durch RvG2↓, kontin.
*Zählmode, (16 Bit)-Zählmode, intern. Takt, Umschaltung
*auf Control-Reg. 1.
*Steuerwort für Zähler 1 ergibt sich aus O1 disable,
*IRQ enable, G1↓ vor Time-Out TO1, (16 Bit)-Zählmode,
*interner Takt, alle Zähler im Reset (Stop).
*Beim Start wird Bit CR10 = 0 gesetzt.
*
*INTERRUPT-SERVICE-ROUTINE
INTSVS  LDAA    PTMSC2          Statusreg. lesen (I1-Flag löschen)
        LDX     COUNT1          Zähler 1 lesen
        STX     BUFFER          und abspeichern
        LDAA    #$FF
        SUBA    BUFFER+1        Anzahl der gezählten Impulse
        STAA    BUFFER+1        durch Subtraktion vom Anfangs-
        LDAA    #$FF            Zählerstand $FFFF berechnen und
        SBCA    BUFFER          wieder in den Zellen BUFFER und
        STAA    BUFFER          BUFFER+1 abspeichern
        JSR     FREQ            Sprung zur Frequenzberechnung
        JSR     DISPLA          Sprung zur Anzeigeausgabe
        RTI                     Rückkehr aus der Interrupt-Routine
*
*UNTERPROGRAMM ZUR FREQUENZBERECHNUNG
*FREQ    LDAA    #$F             Hilfsbuffer mit
        STAA    HIBUFF          $0F 42 40 = 1 000 000 (dez.)
        LDX     #$4240          laden
        STAA    HIBUFF+1
        LDX     #0              Frequenzbuffer löschen
        STX     FREBUF
*
LOOP    LDAB    HIBUFF+2        Berechnung der Frequenz durch
        SUBB    BUFFER+1        fortlaufende Subtraktion der
        STAB    HIBUFF+2        Anzahl der gezählten Impulse von
        LDAB    HIBUFF+1        1000 0000 (dez.) also:
        SBCB    BUFFER        _ (HIBUFF) (HIBUFF+1) (HIBUFF+2)
        STAB    HIBUFF+1              0     (BUFFER)   (BUFFER+1)
                                ─────────────────────────────────
        LDAB    HIBUFF            (HIBUFF) (HIBUFF+1) (HIBUFF+2)
        SBCB    #0              bis Ergebnis negativ wird.
*
        LDAA    FREBUF+1        Nach jedem Subtraktionsvorgang
        ADDA    #1              wird in den Frequenzbuffer
        DAA                     FREBUF und FREBUF+1 dezimal 1
        STAA    FREBUF+1        addiert.
```

```
        LDAA    FREBUF
        ADCA    #0
        DAA
        STAA    FREBUF
*
        STAB    HIBUFF
        BPL     LOOP
        RTS
*
*UNTERPROGRAMM AUSGABE DER FREQUENZ
DISPLA  LDAA    FREBUF
        STAA    PIABD
        LDAA    FREBUF+1
        STAA    PIAAD
        RTS
*
        END
```

STAB HIBUFF — Ergab Subtraktion negatives Ergebnis? Wenn nein zurück zu LOOP!

STAA PIABD — Higher Byte über B-Port,

STAA PIAAD — Lower Byte über A-Port ausgeben

Die technisch-hardware-mäßige Lösung dieser Aufgabe kann mit einem Mikrorechner durchgeführt werden, der als Minimalsystem nach Bild 4.30 aufgebaut ist. Er besteht aus

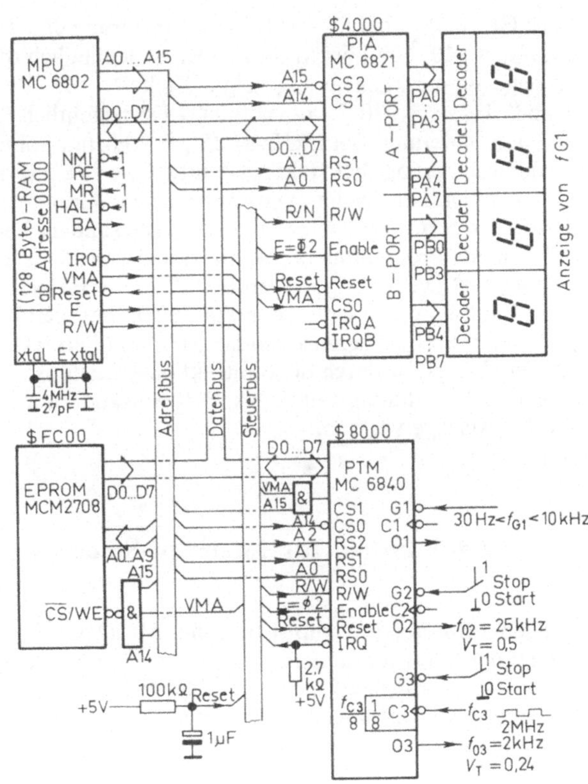

Bild 4.30
Minimalsystem eines Mikrorechners zur Steuerung des Timer-Moduls MC6840 und zur Anzeige der gemessenen Frequenz f_{G1}

der MC6802-MPU, die bereits ein (128-Byte)-RAM an Bord hat, einem (MCM2708-1 kByte)-EPROM, in welches das Programm geladen wird, einem PIA für den Anschluß der Anzeige-Einheiten und dem Timer-Modul. Mit der gewählten Adreßzuteilung ist ein minimaler Aufwand für die Adressierung der Bausteine möglich. Durch Initialisierung des Stackpointers mit $7F wird der Stack an das Ende des MPU-RAMs gelegt. Die erforderlichen Buffer werden am Anfang des MPU-RAMs angeordnet.

Auflösung bei der Frequenzmessung Die Schwingung mit der Frequenz f_{G1} wird vom Zähler 1 mit der Systemtaktfrequenz $f_{\Phi2} = 1$ MHz über eine Periode T_{G1} ausgezählt. Ist N_z das Zählergebnis, so gilt

$$T_{G1} = N_z T_{\Phi2} \tag{4.3}$$

und

$$f_{G1} = f_{\Phi2}/N_z = 1/(T_{\Phi2}N_z) \tag{4.4}$$

Für die Frequenzauflösung

$$df_{G1}/dT_{G1} = -1/T_{G1}^2 = -1/(N_z T_{\Phi2})^2 \tag{4.5}$$

erhält man mit $dT_{G1} = T_{\Phi2} = 1$ μs als kleinste zeitliche Auflösung

$$df_{G1}/f_{G1} = -f_{G1}T_{\Phi2} \tag{4.6}$$

Nach Gl. (4.6) ist bei $f_{G1} = 30$ Hz die Auflösung $df_{G1}/f_{G1} = -3 \cdot 10^{-5}$, bei $f_{G1} = 1$ kHz ist $df_{G1}/f_{G1} = -10^{-3}$ und bei $f_{G1} = 10$ kHz ist schließlich $df_{G1}/f_{G1} = -10^{-2}$. Bei der 4stelligen Anzeige ist die kleinste angezeigte Einheit 1 Hz. Bei 30 Hz ist somit ein „Frequenzquant" $df_{G1} = 3 \cdot 10^{-5} \cdot f_{G1} = 0{,}0009$ Hz wesentlich kleiner als die kleinste angezeigte Frequenzänderung. Bei 1 kHz ist $df_{G1} = 1$ Hz und somit gleich der angezeigten kleinsten Frequenzänderung, bei 10 kHz ist mit $df_{G1} = 100$ Hz das Frequenzquant der Auflösung wesentlich größer als die kleinste Anzeigeänderung. In diesem Bereich springt also die Anzeige in Schritten von ca. 100 Hz. Insbesondere bei den tiefen Frequenzen läßt sich durch mehr Programmieraufwand und durch die Einführung eines Fließkommas die Genauigkeit der Anzeige vergrößern. Da die Berechnung der Frequenz durch fortlaufende Subtraktion im Unterprogramm *FREQ* ausgeführt wird, ist die Berechnungszeit an der oberen Frequenzgrenze am längsten und beträgt etwa $10\,000 \cdot T_{LOOP}$, wobei T_{LOOP} die Durchlaufzeit durch die Subtraktionsschleife ist. Mit $T_{LOOP} = 55$ μs erhält man als maximale Berechnungszeit 0,55 s. Frequenzänderungen werden dann also nur alle 0,55 s auf der Anzeige wirksam.

4.4 Baustein zur Interrupt-Steuerung (PIC)

Mit dem **Prioritäts-Interrupt-Controller PIC (MC6828)** und seiner Anwendung soll in das Gebiet der Interrupt-Steuerung von Mikrorechnern eingeführt werden. Interrupt-Anforderungen sind Eingangssignale, die Meldecharakter haben. Ein Baustein, wie der Prioritäts-Interrupt-Controller PIC, an den mehrere Interrupt-Meldeeingänge angeschlossen werden können, kann deshalb in diesen Abschnitt Ein-/Ausgabe-Bausteine eingeordnet werden.

Die Mikroprozessoren der MC6800-Familie (ausgenommen die weiter entwickelten Typen MC6809 und 68000) besitzen zwei Interrupt-Eingänge:
– den low-aktiven Eingang für den nichtmaskierbaren Interrupt NMI
– den low-aktiven Eingang für den maskierbaren Interrupt Request IRQ
Das Verhalten des Prozessors beim Auftreten eines Interrupts ist in Abschn. 2.5.2 eingehend erläutert. Treten in einem Mikrorechnersystem zwei Interrupt-Quellen, z. B. zwei über PIAs oder ACIAs angekoppelte externe Geräte, auf, und sind diese auf den NMI- und IRQ-Eingang geschaltet, so kann der Prozessor über die verschiedenen Interrupt-vektoren ($FFFC/D für NMI und $FFF8/9 für IRQ) in die jeweilige Interrupt-Routine verzweigen und somit auf den betreffenden Interrupt reagieren. Nachteilig ist hierbei jedoch die Nichtmaskierbarkeit des NMI, was dazu führen kann, daß die Abarbeitung einer IRQ-Interrupt-Routine durch das Auftreten eines am NMI-Eingang liegenden Interrupts unterbrochen und somit gestört werden kann. I. allg. wird deshalb die gesamte Interrupt-Steuerung über den einzigen Eingang IRQ des Prozessors durchgeführt werden. Sind nun an einen Mikrorechner mehrere, Interrupt-Anforderungen abgebende Geräte oder sonstige externe Schaltungen angeschlossen, so ergibt sich für den Prozessor das Problem zu erkennen, welcher Eingang den Interrupt ausgelöst hat. Treten zusätzlich noch mehrere Interrupts gleichzeitig auf, so müssen sie nicht nur erkannt, sondern es muß auch entschieden werden, welcher Interrupt vorrangig zu behandeln ist. Interrupt-Steuerung bedeutet also Erkennen unterschiedlicher Interrupts und nach festgelegten Vorrang-(Prioritäts)-Regeln auf diese durch Abarbeitung der jeweils zugeordneten Interrupt-Service-Routine zu reagieren.

4.4.1 Zusammenschaltung interrupterzeugender Bausteine

Aufgrund des Eintreffens von Daten oder der durchgeführten Ausgabe können Ein-/Ausgabebausteine wie z. B. PIAs oder ACIAs Interrupts auslösen, um dadurch den Prozessor zur Abholung der eingetroffenen Daten oder zur Übergabe neuer Daten aufzufordern. Die Interrupt-Ausgänge aller dieser Bausteine werden wie in Bild **4.**31a miteinander verbunden und auf den IRQ-Eingang des Prozessors geschaltet. Die Zusammenschaltung der Ausgänge ist möglich, da diese aus N-Kanal-MOS-FETs mit offenem Drain (open Drain entspricht open Collector beim bipolaren Transistor) bestehen (Bild **4.**31b) und erst extern über den Widerstand R mit der Versorgungsspannung V_{CC} verbunden sind. Bei dieser Wired-OR-Verbindung ist der IRQ-Eingang des Prozessors low, wenn mindestens einer der IRQ-Ausgänge der wired verknüpften Bausteine auf low geschaltet wird. Koppelt man eine externe Schaltung direkt auf den IRQ-Eingang, so ist der Ausgang der externen Schaltung ebenfalls wie z. B. in Bild **4.**31 b durch einen Transistor mit open Collector aufzubauen. Das Auftreten eines Interrupts wird in dieser Schaltungstechnik durch Low-Signal am betreffenden Ausgang gemeldet. Interrupt-Ausgänge der Bausteine und IRQ-Eingang des Prozessors sind also low aktiv.

4.4.2 Software-Prioritäts-Interrupt-Steuerung

Sind mehrere externe Schaltungen über Ein-/Ausgabebausteine oder auch direkt mit ihren Interrupt-Ausgängen an den IRQ-Eingang des Prozessors gekoppelt, so genügt es nicht, den Interrupt durch Low-Signal am IRQ-Ausgang dem Prozessor zu melden,

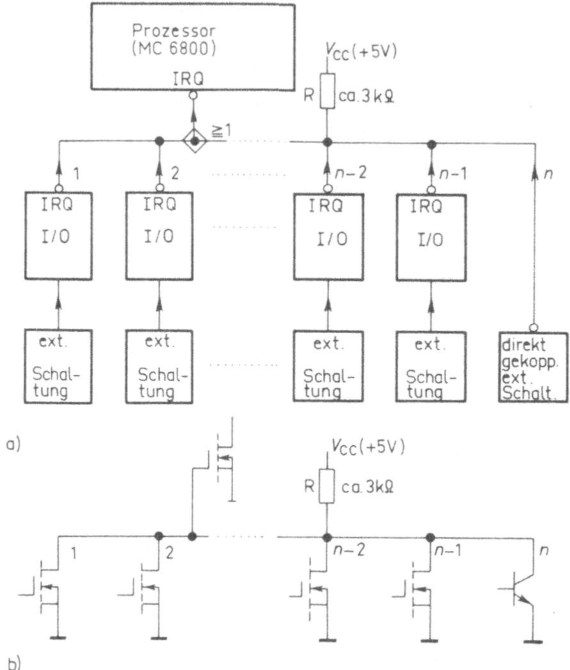

Bild 4.31
Ankopplung mehrerer Interrupt
auslösender I/O-Bausteine an den
IRQ-Eingang des Prozessors durch
die Wired-OR-Verknüpfung (a)
und Open-Drain-Ausgangsschal-
tung der IRQ-Ausgänge (b)

vielmehr muß im Statusregister des betreffenden Bausteins ein Interrupt-Meldeflag gesetzt werden, damit der Prozessor die Möglichkeit erhält, den Interrupt auslösenden Baustein zu finden. Es könnten ja mehrere Bausteine gleichzeitig durch Low-Signal an ihrem IRQ-Ausgang einen Interrupt angefordert haben. Der Prozessor muß durch Abfrage (Polling) der Interrupt-Flags feststellen, welcher Baustein den Interrupt anforderte, und in die zugehörige Interrupt-Service-Routine verzweigen. Fordern mehrere Bausteine einen Interrupt an, so muß derjenige Baustein, dessen Interrupt-Anforderung höchste Priorität hat, vorrangig behandelt werden. Erst nach Reaktion auf diese Anforderung können die Interrupt-Anforderungen von Bausteinen mit niedrigerer Priorität bedient werden.

Im folgenden Beispiel seien die 2 Ports (A-Seite und B-Seite) eines PIA sowie ein ACIA Interrupt auslösende Bausteine. Ihre Interrupt-Ausgänge IRQA, IRQB und IRQ sind Wired-OR zusammengeschaltet. Höchste Priorität hat Port A des PIA. Niedrigste Priorität besitzt der serielle ACIA-Port. In den Control-Registern des PIA und im Statusregister des ACIA ist jeweils das Bit $b7$ das Interrupt-Meldeflag. Das Flußdiagramm der die Priorität berücksichtigenden Interrupt-Polling-Routine ist in Bild **4.32** wiedergegeben.

Tritt ein Interrupt auf, rettet der Prozessor seine Registerinhalte und erreicht über den Interrupt-Vektor die Startadresse *IRQPOL* der Interrupt-Polling-Routine. Zu diesem Zweck muß in der Adresse \$FFF8 das higher Byte *IRQPOL*$_H$ und in der Adresse \$FFF9 das lower Byte *IRQPOL*$_L$ der Startadresse *IRQPOL* gespeichert sein. In der Reihenfolge der festgelegten Priorität „befragt" nun der Prozessor die Interrupt-Flags $b7$ der PIA-Control-Register PIAACO, PIABCO und des Statusregisters ACIACS des ACIA ob diese gesetzt sind. Ist dies der Fall, wird in die zugehörige, den Interrupt bedienende

Bild 4.32
Flußdiagramm der Interrupt-Polling-Routine, wenn A-
und B-Port einer PIA sowie ein ACIA IRQ-auslösen-
de Bausteine sind

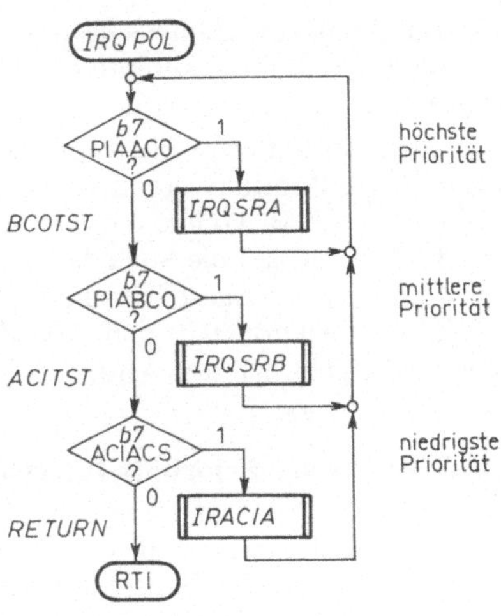

Subroutine verzweigt und danach wieder
an den Beginn der Polling-Routine zurück
gekehrt. In den zugehörigen Subroutinen
werden die Flags $b7$ (z. B. durch Lesen der
Ausgangsregister) wieder gelöscht. Erst
wenn alle Interrupts, die vor dem Eintritt
in die Polling-Routine und während des
Ausführens der Interrupt-Subroutinen,
das ja längere Zeit in Anspruch nehmen
kann, aufgetreten waren, bedient worden
sind, wird mit RTI wieder in das unterbrochene Programm zurückgekehrt. Aus dem
Flußdiagramm ergibt sich das Assembler-
programm

```
IRQPOL  TST  PIAACO      PIA-A-Port-Interrupt-Flag b7 = 0?
        BPL  BCOTST      Wenn nein, B-Port abfragen
        JSR  IRQSRA      Wenn ja, mit IRQSRA Interrupt bedienen
        BRA  IRQPOL      Zurück zu IRQPOL!
BCOTST  TST  PIABCO      PIA-B-Port-Interrupt-Flag b7 =0?
        BPL  ACITST      Wenn nein, ACIA abfragen
        JSR  PIASRB      Wenn ja, mit IRQSRB Interrupt bedienen
        BRA  IRQPOL      Zurück zu IRQPOL!
ACITST  TST  ACIACS      ACIA-Interrupt-Flag b7 = 0?
        BPL  RETURN      Wenn nein, dann Ausstieg mit RTI
        JSR  IRACIA      Wenn ja, mit IRACIA Interrupt bedienen
        BRA  IRQPOL      Zurück zu IRQPOL!
RETURN  RTI              Rückkehr aus der Interrupt-Routine
*
IRQSRA                   Hier beginnt die Interrupt-Subroutine
     .                   IRQSRA, die PIA-Port-A bedient.
     .
        RTS
*
IRQSRB                   Hier beginnt die Interrupt-Subroutine
     .                   IRQSRB, die PIA-Port-B bedient.
     .
        RTS
*
IRACIA                   Hier beginnt die Interrupt-Subroutine
     .                   IRACIA, die den ACIA-Port bedient.
     .
        RTS
```

Im Programm wird die Abfrage von Bit $b7$ mit dem TST-Befehl (Test ob null/positiv oder
negativ) durchgeführt, denn ist $b7 = 1$, so betrachtet der nachfolgende BPL-Befehl

(Branch if plus) die Zahl als negativ, und es wird nicht verzweigt. In den drei Subroutinen steht jeweils die auszuführende Befehlsfolge, mit der auf den betreffenden Interrupt vom Prozessor reagiert wird.

Vorteil dieser Software-Interrupt-Steuerung durch Polling ist, daß je nach Bedarf sehr komplizierte Prioritätsvereinbarungen getroffen und vom Prozessor berücksichtigt werden können. Z. B. könnte ein Baustein, wenn er eine bestimmte Zeit keinen Interrupt angefordert hat, auf die Stelle höchster Priorität gesetzt werden. Nachteilig ist, daß für das Abfragen der Bausteine unnötig Zeit verschwendet wird, so daß in zeitkritischen Fällen die Reaktionszeit, d. h., die Zeit, die bis zum Start der eigentlichen Interrupt-Routine vergeht, zu groß wird.

4.4.3 Hardware-Prioritäts-Interrupt-Steuerung

Die kürzeste Reaktionszeit auf einen Interrupt wird erzielt, wenn ein Abfragen der Interrupt auslösenden Bausteine vermieden werden kann. Dann ist es jedoch erforderlich, jeder Interrupt-Quelle einen eigenen Interrupt-Vektor, in dem die Startadresse der zugehörigen Interrupt-Routine hinterlegt ist, zuzuordnen und außerdem durch eine vorgeschaltete Hardware-Logik die Prioritäts-Festlegung durchzuführen. Ferner sollte diese Hardware noch die Möglichkeit bieten, Interrupt-Eingänge zu maskieren, sie also Interrupt-unfähig (disable) zu schalten.

Motorola hat für diese Aufgaben den Prioritäts-Interrupt-Controller MC6828 als LSI-Schaltung in bipolarer Technik entwickelt. Dieser Baustein, kurz PIC genannt, ist mit

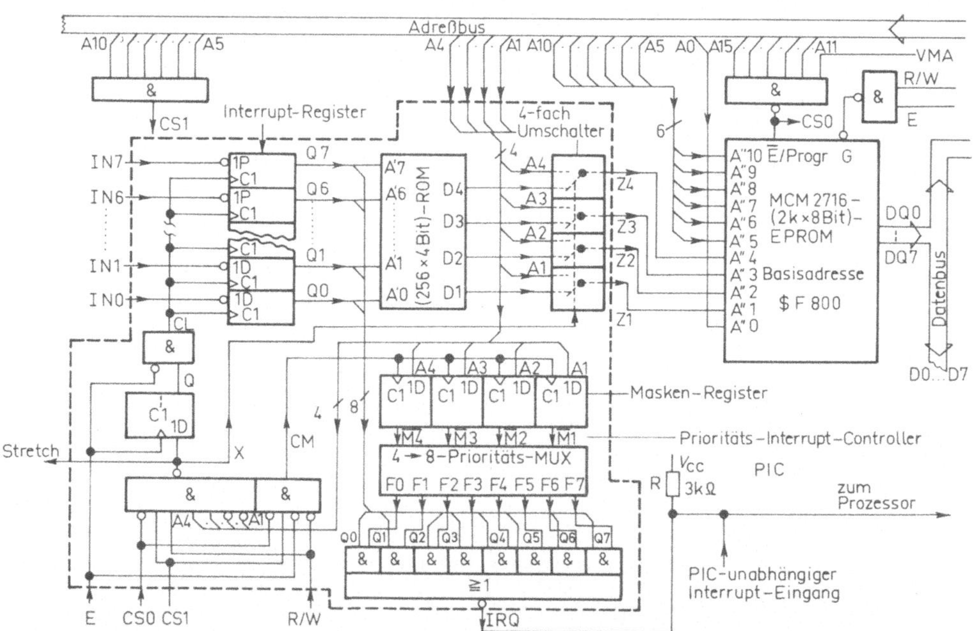

Bild **4**.33 Prioritäts-Interrupt-Controller (PIC) MC6828 (gestrichelt eingerahmt) und Ansteuerung desselben vom Mikrorechner aus

den Mikroprozessoren der MC6800-Familie voll kompatibel und nimmt insbesondere auf die Adresse \$FFF8/9 des IRQ-Vektors Rücksicht. In Bild **4.**33 ist gestrichelt eingerahmt die Schaltung des PIC-Bausteins, die auf einem LSI-Chip integriert ist, dargestellt. Sie kann natürlich auch aus einzelnen MSI- und SSI-Schaltkreisen aufgebaut werden. Bild **4.**33 zeigt auch, wie der PIC in einem Mikrorechner mit Adreßbus, Datenbus und Steuerleitungen zu verbinden ist.

An die Eingänge IN7 (höchste Priorität) bis IN0 (niedrigste Priorität) sind die Ausgänge der Interrupt auslösenden Bausteine, also z.B. IRQA, IRQB von PIAs, IRQ von ACIAs oder von Timer-Modulen, anzulegen. Die Eingänge IN7 bis IN0 sind low aktiv. Liegt an Eingang INi Low-Signal, so wird mit dem folgenden $1 \to 0$-Übergang des Systemtaktes $\Phi 2 = E$ der Ausgang Qi des zugehörigen flankengesteuerten D-Flipflops im Interrupt-Register gesetzt und somit der Interrupt gespeichert. Der zeitliche Ablauf dieser Speicherung ist in dem Timing-Diagramm von Bild **4.**34 am Beispiel von $i = 7$, also mit dem Eingang IN7 dargestellt. Dort kann auch der weitere Ablauf verfolgt werden. Ist in dem Maskenregister ein solches Bitmuster geladen, daß der Ausgang F7 des Prioritäts-Multiplexers das UND-Gatter von Q7 freigibt, dann geht nach der Verzögerungszeit der UND-vor-NOR-Schaltung der IRQ-Ausgang des PIC in den Low-Zustand. Ist der Prozessor IRQ-Enable (Interrupt-Maske *I* gelöscht), so startet der Prozessor seinen Interrupt-Zyklus, d. h., er beendet den laufenden Befehl, rettet seine Registerinhalte und emittiert, wie in Bild **4.**34 gezeigt, auf dem Adreßbus den Interrupt-Vektor. Durch die Decodierung von A5 bis A10 (UND-Gatter) für CS1 und A11 bis A15 (NAND-Gatter) für CS0 und durch die weitere NAND-Verknüpfung

$$X = \overline{\overline{CS0} \wedge CS1 \wedge R/W \wedge A4 \wedge A3 \wedge \overline{A2} \wedge \overline{A1}} \tag{4.7}$$

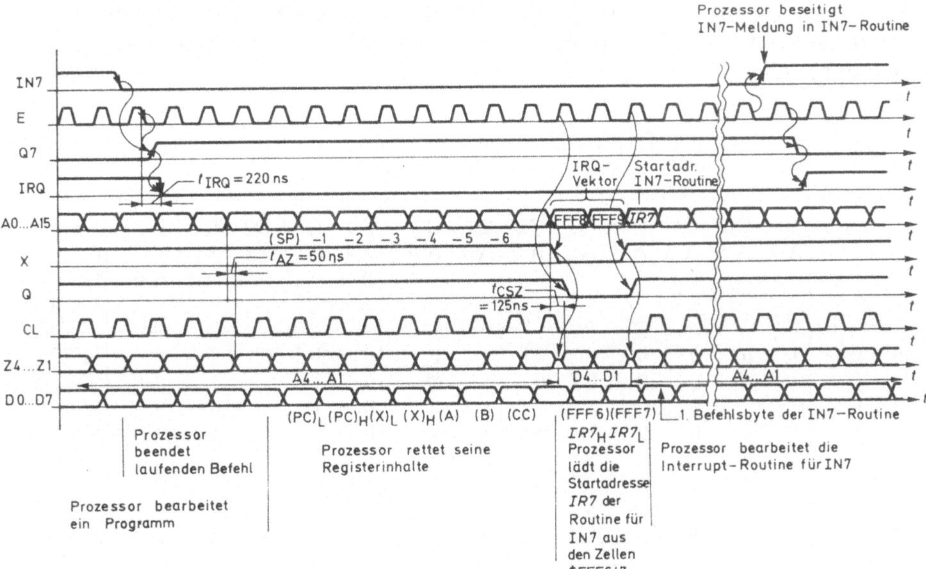

Bild **4.**34 Timing-Diagramm für den Fall, daß über den Interrupt-Eingang IN7 ein Interrupt über den Controller PIC dem Mikrorechner zugeführt wird

wird die Umschaltvariable $X = 0$, wenn auf dem Adreßbus die Vektoradressen \$FFF8 und \$FFF9 auftreten. Der 4-fach-Umschalter schaltet um und legt die Ausgänge D4 bis D1 des $(256 \times 4$ Bit)-ROMs anstelle der Adreßbusleitungen A4 bis A1 an die Adreßeingänge $A''4$ bis $A''1$ des MCM2716-EPROMs. Dieser Umschaltvorgang ist auch in Bild **4.34** dargestellt. Mit der Umschaltvariablen $X = 0$ wird über das Flipflop Q auch das Taktsignal CL gesperrt, so daß in der Zeit, in der der IRQ-Vektor emittiert wird, ein weiterer Interrupt nicht in das Interrupt-Register gespeichert werden kann. Die Modifikation der Beschaltung der Adreßeingänge $A''4$ bis $A''1$ des EPROMs bewirkt nun im umgeschalteten Fall je nach Bitmuster des $(256 \times 4$ Bit)-ROMs, das an D4 bis D1 auftritt und, da A0 direkt dem Adreßeingang $A''0$ des EPROMs zugeführt wird, die Ansteuerung eines von den Adressen \$FFF8/9 verschiedenen Speicherzellenpaares im EPROM. Über die Programmierung, die herstellerseitig schon durchgeführt ist, kann nun festgelegt werden, welches Speicherzellenpaar, also welcher Interrupt-Vektor, einem Interrupt-Eingang INi/Qi zugeordnet werden soll. Gleichzeitig kann hierdurch die Priorität der Interrupt-Eingänge festgelegt werden. Diese Zuordnung der Inhalte des $(256 \times 4$ Bit)-ROMs zu seinen Adressen $A'0$ bis $A''7$ ist in der Tafel **4.35** durchgeführt, in der auch die daraus sich ergebenden zugeordneten Interrupt-Vektoren angegeben sind.

Tritt also an den Eingängen IN7 bis IN0 ein Interrupt auf, wird obwohl der Prozessor den Vektor \$FFF8/9 emittiert, nicht der Inhalt dieser beiden Zellen, sondern der Inhalt desjenigen Zellenpaares gelesen, das dem Interrupt-Eingang zugeordnet ist. In diesem Zellenpaar muß deshalb die Startadresse der zugeordneten Interrupt-Routine gespeichert sein, denn diese Adresse wird vom Prozessor in den Programmzähler geladen und dadurch die Interrupt-Routine gestartet (Bild **4.34**). Tritt am PIC-unabhängigen Interrupt-Eingang ein Interrupt auf, und sind alle Eingänge $INi = 1$, so wird nach Tafel **4.35** der ursprüngliche Interrupt-Vektor \$FFF8/9 nicht geändert und somit das Zellenpaar \$FFF8/9 gelesen. In diesem IRQ-Vektor kann deshalb die Startadresse einer Polling-Routine gespeichert werden, die weitere Interrupt auslösende Bausteine bedient. Diese Routine hat dann die niedrigste Priorität.

T a f e l **4.35** Zuordnung und Prioritäts-Festlegung der Interrupt-Eingänge INi zu den Adressen $A'j$ und den Inhalten Dk des $(256 \times 4$ Bit)-ROMs

Interrupt-Eingang	Q7 A′7	Q6 A′6	Q5 A′5	Q4 A′4	Q3 A′3	Q2 A′2	Q1 A′1	Q0 A′0	D4 Z4 A″4	D3 Z3 A″3	D2 Z2 A″2	D1 Z1 A″1	A″0	Zugeordneter IRQ-Vektor
IN0 = 0	0	0	0	0	0	0	0	1	0	1	0	0	×	\$FFE8/9
IN1 = 0	0	0	0	0	0	0	1	×	0	1	0	1	×	\$FFEA/B
IN2 = 0	0	0	0	0	0	1	×	×	0	1	1	0	×	\$FFEC/D
IN3 = 0	0	0	0	0	1	×	×	×	0	1	1	1	×	\$FFEE/F
IN4 = 0	0	0	0	1	×	×	×	×	1	0	0	0	×	\$FFF0/1
IN5 = 0	0	0	1	×	×	×	×	×	1	0	0	1	×	\$FFF2/3
IN6 = 0	0	1	×	×	×	×	×	×	1	0	1	0	×	\$FFF4/5
IN7 = 0	1	×	×	×	×	×	×	×	1	0	1	1	×	\$FFF6/7
Alle INi = 1	0	0	0	0	0	0	0	0	1	1	0	0	×	\$FFF8/9

$\times$ = don't care situation (0 oder 1)

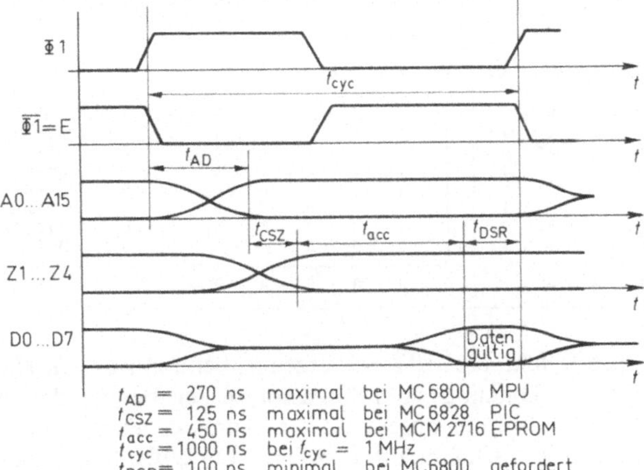

Bild 4.36
Timing-Diagramm beim Lesen eines EPROMs mit den vom Controller PIC umgeschalteten Adreßvariablen Z1 bis Z4

Der Tafel sind auch die Prioritäts-Zuordnungen zu entnehmen. Während der Interrupt niedrigster Priorität IN0 nur dann über den Vektor \$FFE8/9 zur Wirkung kommt, wenn die Registerausgänge höherer Priorität Q7 bis Q1 0 sind, wird der Interrupt höchster Priorität IN7 immer wirksam gleichgültig ob auch an den Registerausgängen Q6 bis Q0 mit $Qi = 1$ Interrupt-Anforderungen gemeldet werden.

Die Adreßeingänge $A''4$ bis $A''1$ werden gegenüber den restlichen Adreßeingängen des EPROMs verzögert angesteuert. Ist der PIC nicht selektiert, wirkt nur die Verzögerung des 4fach-Umschalters (Zeit $t_{AZ} \approx 50$ ns in Bild **4.34**). Kritischer ist der Fall, wenn über den IRQ-Vektor \$FFF8/9 der PIC selektiert wird. Dann muß zunächst die Umschaltvariable X gebildet und dann noch auf D4 bis D1 umgeschaltet werden. Die hierfür erforderliche Zeit $t_{CSZ} \approx 125$ ns ist größer als t_{AZ}. Es muß deshalb geprüft werden, ob für das EPROM genügend Zugriffszeit t_{acc} zur Verfügung bleibt, um die Vektorinhalte zu lesen. Ist dies bei langsamen ROMs nicht der Fall, kann aber über den Stretch-(Dehnungs)-Ausgang in Zusammenhang mit dem MC6875-Taktmodul die Systemtaktperiode auf das doppelte gedehnt werden. Wie Bild **4.36** zeigt, ist dies beim MCM2716 nicht erforderlich, denn es gilt mit der Adreßverzögerungszeit t_{AD} (s. Tafel **2.9**) für die Zeit, die Daten am Prozessor zur Verfügung stehen müssen (Data-set-up-time-read)

$$t_{DSR} = t_{cyc} - t_{AD} - t_{CSZ} - t_{acc}$$
$$= 1000 \text{ ns} - 270 \text{ ns} - 125 \text{ ns} - 450\text{ns} = 155 \text{ ns}$$

Diese Zeit ist größer als die für die MC6800-MPU geforderte minimale Zeit $t_{DSRmin} = 100$ ns. Dabei wurde davon ausgegangen, daß der Prozessor mit der Taktfrequenz $f_{cyc} = 1$ MHz betrieben wird.

PIC-Maskenregister Das Maskenregister ist ein (4 Bit)-Register, in das die Adreßbusbits A4 bis A1 geladen werden können. Wie sich aus Bild **4.33** ergibt, wird mit dem $1 \to 0$-Übergang des Enable-Signals E ($\Phi 2$) geladen, wenn der Ladetakt

$$CM = \overline{CS0} \wedge CS1 \wedge \overline{R/W} \wedge \overline{E} \tag{4.8}$$

von 0 auf 1 übergeht. Erforderlich für das Laden ist also CS0 = 0, CS1 = 1, R/W = 0, d. h., der PIC muß über seine Chip-select-Eingänge angewählt werden, und es muß ein

Tafel **4**.37 Wahrheitstafel des vom Maskenregister gesteuerten $4 \to 8$-Prioritäts-Multiplexers

A4 A3 A2 A1 M4 M3 M2 M1				F7	F6	F5	F4	F3	F2	F1	F0	Maskenregister- Ladeadressen	gesperrte Interrupt-Eingänge
0	0	0	0	1	1	1	1	1	1	1	1	\$FFE0/1	keiner
0	0	0	1	1	1	1	1	1	1	1	0	\$FFE2/3	IN0
0	0	1	0	1	1	1	1	1	1	0	0	\$FFE4/5	$IN0 \wedge IN1$
0	0	1	1	1	1	1	1	1	0	0	0	\$FFE6/7	$IN0 \wedge IN1 \wedge IN2$
0	1	0	0	1	1	1	1	0	0	0	0	\$FFE8/9	$IN0 \wedge IN1 \wedge IN2 \wedge IN3$
0	1	0	1	1	1	1	0	0	0	0	0	\$FFEA/B	$IN0 \wedge IN1 \wedge IN2 \wedge IN3 \wedge IN4$
0	1	1	0	1	1	0	0	0	0	0	0	\$FFEC/D	$IN0 \wedge IN1 \wedge IN2 \wedge IN3 \wedge IN4 \wedge IN5$
0	1	1	1	1	0	0	0	0	0	0	0	\$FFEE/F	$IN0 \wedge IN1 \wedge IN2 \wedge IN3 \wedge IN4 \wedge IN5 \wedge IN6$
1	×	×	×	0	0	0	0	0	0	0	0	\$FFF/0 bis F	alle

Store-Befehl, der R/W $= 0$ erzeugt, benutzt werden. Hier werden also nicht Daten, die über den Datenbus vom Prozessor ausgegeben werden, in dieses Register geladen, sondern ein Teil der ausgesendeten Adresse, nämlich die Adreßbits A4 bis A1. Das bei diesem Store-Befehl auf dem Datenbus auftretende Datenwort ist deshalb bedeutungslos. Die Ausgänge des Maskenregisters steuern über den $4 \to 8$-Prioritäts-Multiplexer die IRQ-UND-vor-NOR-Schaltung. Ist ein Ausgang $Fi = 1$, wird der zugehörige Interrupt-Registerausgang Qi negiert durchgeschaltet. Ist ein Ausgang $Fi = 0$, wird der betreffende Interrupt-Registerausgang Qi gesperrt. Für den Prioritäts-Multiplexer gilt die Zuordnung von Tafel **4**.37.

Aus Tafel **4**.37 ergeben sich die Schaltgleichungen

$$
\begin{aligned}
F0 &= \overline{M4} \wedge \overline{M3} \wedge \overline{M2} \wedge \overline{M1} \\
F1 &= \overline{M4} \wedge \overline{M3} \wedge \overline{M2} \\
F2 &= F1 \vee (\overline{M4} \wedge \overline{M3} \wedge \overline{M1}) \\
F3 &= \overline{M4} \wedge \overline{M3} \\
F4 &= F3 \vee (\overline{M4} \wedge \overline{M2} \wedge \overline{M1}) \\
F5 &= F3 \vee (\overline{M4} \wedge \overline{M2}) \\
F6 &= F5 \vee (\overline{M4} \wedge \overline{M1}) \\
F7 &= \overline{M4}
\end{aligned}
\qquad (4.9)
$$

in die nur die negierten Ausgangsvariablen $\overline{Mi}$ des Maskenregisters eingehen. Aus Tafel **4**.37 ergibt sich also, wenn 0000 ins Maskenregister geladen wird, die Freigabe aller Interrupt-Eingänge, da alle $Fi = 1$ sind. Dual aufsteigend ist dann nur noch der Interrupt-Eingang IN7 freigegeben, wenn 0111 geladen wird. Wird das Bit M4 des Maskenregisters auf $M4 = 1$ gesetzt, sind alle Interrupt-Eingänge gesperrt. Die Dualzahl als Inhalt des Maskenregisters wirkt wie eine verschiebbare Trennungsmaske. Interrupt-Eingänge, deren Index i kleiner als diese Zahl ist, sind gesperrt und solche, deren Index größer oder gleich i ist, sind freigegeben.

Für das Laden des Maskenregisters zwecks Sperren oder Freigeben von Interrupt-Eingängen muß mit einem Store-Befehl die betreffende, in Tafel **4**.37 angegebene Maskenregister-Ladeadresse angesprochen werden, z. B. werden mit dem Befehl STAA \$FFEC nur die Interrupt-Eingänge IN7 und IN6 freigegeben.

Die Ladeadressen des Maskenregisters sind nun allerdings auch Adressen des bei der Basisadresse \$F800 plazierten (2k · 8 Bit)-EPROMs (Adreßbereich \$F800 bis \$FFFF). Sendet deshalb der Prozessor eine dieser Ladeadressen zwecks Maskierung von Interrupt-Eingängen aus, wird auch das EPROM adressiert und schaltet seine Ausgänge DQ0 bis DQ7 auf den Datenbus. Da jedoch Prozessor und EPROM nicht gleichzeitig den

Datenbus treiben dürfen, muß wie in Bild **4.**33 die R/W-Leitung mit in die Freigabe-Dekodierung des EPROMs einbezogen werden. Bei einem Store-Befehl ist dann R/W = 0, und das EPROM wird im Gegensatz zum PIC-Maskenregister nicht freigegeben. Bei Lesebefehlen wird dagegen wegen R/W = 1 das EPROM angesprochen und das PIC-Maskenregister gesperrt.

4.5 Daten-Ein-/Ausgabe durch direkten Speicherzugriff (DMA)

Die Daten-Ein-/Ausgabe kann beim Mikrorechner im parallelen Format über einen PIA (Abschn. 4.1) oder im seriellen Format über einen ACIA (Abschn. 4.2) durchgeführt werden. In beiden Fällen läuft der Datentransport jedoch über den Prozessor. Bei der Eingabe liest zunächst der Prozessor den Eingabebaustein und speichert dann das gelesene Zeichen. Bei der Ausgabe wird zunächst das Zeichen aus dem Speicher gelesen und dann mit einem Store-Befehl dem Ausgabebaustein übergeben. In jedem Fall ist hierfür die Abarbeitung eines Load- und eines Store-Befehls erforderlich. Bedenkt man, daß i. allg. auch noch die Speicheradresse bereitgestellt werden muß und daß die Ausgabe eines Datenblocks über das Indexregister gesteuert erfolgt, so kann, wie das folgende Beispiel zeigt, bei einer Systemtaktfrequenz von f_{cyc} = 1 MHz nur alle 21 µs ein Zeichen ausgegeben werden.

Assembler-Programm zur Ausgabe eines Datenblocks, dessen erstes Zeichen in der Zelle mit der Adresse *ANFAD* steht und der aus *BC* (Byte Count) Zeichen besteht:

```
             :
        LDX    #ANFAD          Anfangsadresse bereitstellen.
LOOP    LDAA   0,X             Zeichen indiziert holen
        STAA   PIAADA          und zum Port PIAADA ausgeben.
        INX                    Zeichenadresse erhöhen.
        CPX    #ANFAD+BC       Alle Zeichen ausgegeben?
        BNE    LOOP            Wenn nein, zurück zu LOOP
             :
```

Ist der Prozessor mit der Ausgabe von Zeichen beschäftigt, kann er ferner keine anderen Aufgaben mehr erledigen.

Werden deshalb hohe Datentransferraten verlangt und soll trotzdem der Prozessor von seiner eigentlichen Programmbearbeitung nicht allzusehr „abgelenkt" werden, muß ein direkter Zugriff zum Speicher des Mikrorechners ermöglicht werden. Dieser Direct Memory Access (DMA) muß nun unter Umgehung des Prozessors von einem gesonderten Steuerungsbaustein kontrolliert werden. Hersteller von Mikrorechner-Chips bieten für diesen Zweck DMA-Controller als VLSI-Bausteine an (bei Motorola ist es der MC6844), mit deren Hilfe diese Steuerung durchgeführt werden kann.

In der Blockschaltung von Bild **4.**38 arbeiten sowohl der Prozessor (MPU) als auch ein solcher DMA-Controller (DMAC) auf Adreß- und Datenbus. Beide sind ebenfalls in der Lage die R/W-Leitung zu steuern. In Bild **4.**38 sind in dem RAM-Speicher 4 verschiedene Datenblöcke mit den Anfangsadressen *ANFAD0* bis *ANFAD3* und der Blocklänge *BC0* bis *BC3* abgespeichert. Diese Blöcke können z. B. von der MPU während ihrer Programmbearbeitung mit Daten gefüllt worden sein, oder sie können über einen DMA-

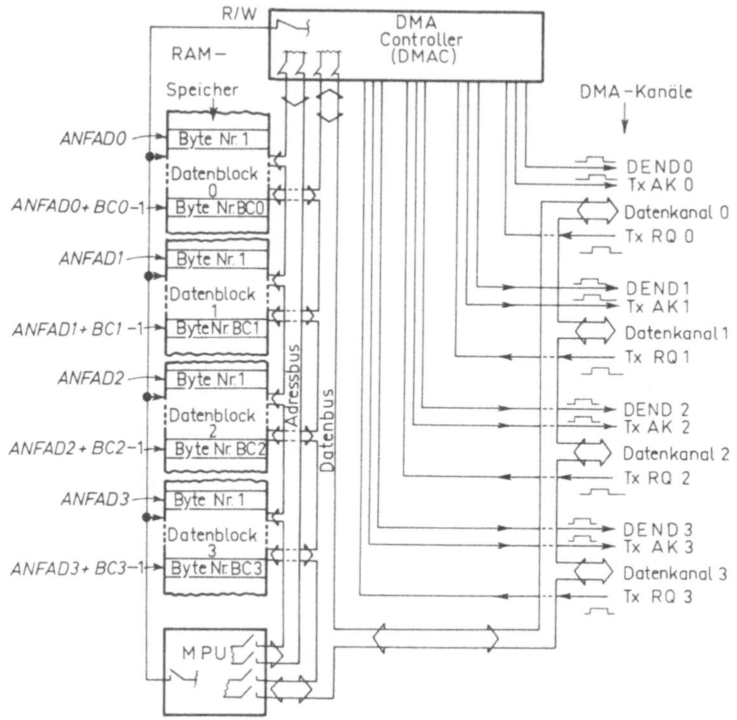

Bild 4.38 Blockschaltbild für die Ausgabe von 4 Datenblöcken mit den Anfangsadressen *ANFAD0* bis *ANFAD3* über die Datenkanäle 0 bis 3 durch direkten Speicherzugriff DMA und Steuerung dieser Ausgabe von einem DMA-Controller

Kanal von einem externen Gerät (z. B. einem Plattenspeicher) mit Daten versorgt worden sein.

Sollen z. B. aufgrund einer Transfer-Anforderung auf der Leitung TxRQ1 die Daten von Block 1 über den diesem zugeordneten Datenkanal 1 zu einem externen Speicher ausgegeben werden, muß zunächst die MPU vom Daten- und Adreßbus und von der R/W-Leitung abgeschaltet werden. Da die MPU-Ausgänge Three-state-Eigenschaften haben, ist dies möglich. Dann schaltet sich der DMAC, der zuvor von der MPU her mit der Anfangsadresse und der Anzahl der auszugebenden Bytes geladen wurde, auf den Adreßbus und auf die R/W-Leitung und überträgt durch Ansteuerung des Speichers ein Byte über den Datenbus. Während der Zeit, in der das Datenbyte auf dem Adreßbus liegt, wird über die Leitung TxAK1 in Form einer Quittung (acknowledgement) das externe Gerät aufgefordert, dieses Datenbyte vom Datenkanal 1 abzuholen. Sind alle Bytes des Datenblocks ausgegeben, wird dies dem externen Gerät über die Leitung DEND1 als Ende-Quittung gemeldet.

Aufgabe des DMA-Controllers ist es also, bei einer Transfer-Anforderung dafür zu sorgen, daß die MPU die Busse freigibt, daß die erforderlichen Datenadressen auf den Adreßbus geschaltet werden, daß durch Ansteuerung der R/W-Leitung die Datenrichtung festgelegt wird (R/W = 1 bei Datenausgabe über einen Kanal) und daß die erforderlichen Quittungssignale TxAKi bzw. DENDi für den i-ten Kanal erzeugt werden, wenn über diesen der Datentransfer ablaufen soll.

4.5.1 DMA-Methoden

Die beschriebenen Aufgaben des Controllers können in der MC6800-Mikroprozessor-Familie mit dem MC6844-DMA-Controller auf unterschiedliche Art und Weise gelöst werden. Unterschiedlich ist hierbei die vom DMA-Controller ausgelöste Stillegung der MPU, wenn eine DMA-Transfer-Anforderung auftritt.

4.5.1.1 TSC-Cycle-Steal-DMA-Mode Es besteht die Möglichkeit, der MPU immer dann einen Taktzyklus zu „stehlen" (cycle stealing), wenn durch DMA ein Byte übertragen werden soll. Das Stehlen eines Taktzyklusses bedeutet für die MPU eine momentane zeitliche Dehnung ihrer Taktsignale Φ1MPU und Φ2MPU. Diese Dehnung darf jedoch nicht zu groß werden, da sonst die dynamischen Register der MPU ihre Information verlieren. Da die niedrigste zulässige Taktfrequenz der MC6800-MPU $f_{cycmin} = 100\,\mathrm{kHz}$ beträgt, dürfen bei der Betriebstaktfrequenz $f_{cyc} = 1\,\mathrm{MHz}$ maximal 10 Taktzyklen hintereinander „gestohlen" werden. Spätestens dann muß die MPU wieder einen Taktimpuls zur Auffrischung ihrer Registerinhalte zugeführt bekommen.

Bild **4.39** zeigt die erforderliche Zusammenschaltung von MC6800-MPU, MC6875-Taktgenerator und MC6844-DMA-Controller für die Durchführung des DMA im TSC-Cycle-Steal-Mode. Dabei wurde der Übersichtlichkeit halber nur ein DMA-Kanal verwendet. Hinzu gehört das Timing-Diagramm von Bild **4.40a**, in dem der zeitliche Ablauf des DMA dargestellt ist. Wir wollen diesen Ablauf anhand der beiden Bilder verfolgen:

Trifft auf der Leitung TxRQ0 ein DMA-Request (1-Signal) ein, wird diese Anforderung

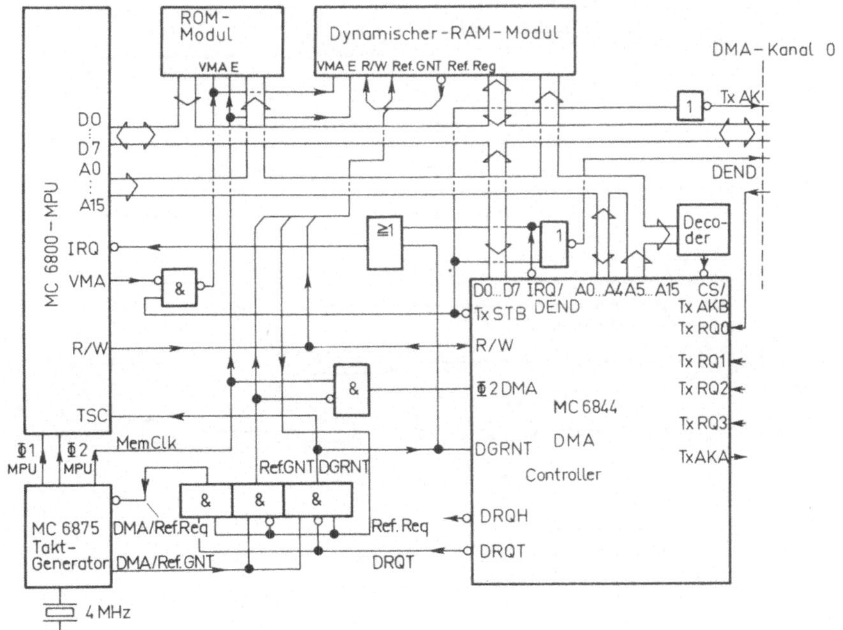

Bild **4.39** Einbau des DMA-Controllers MC6844 in einen Mikrorechner, wenn DMA im TSC-Cycle-Steal-Mode über den DMA-Kanal 0 durchgeführt werden soll

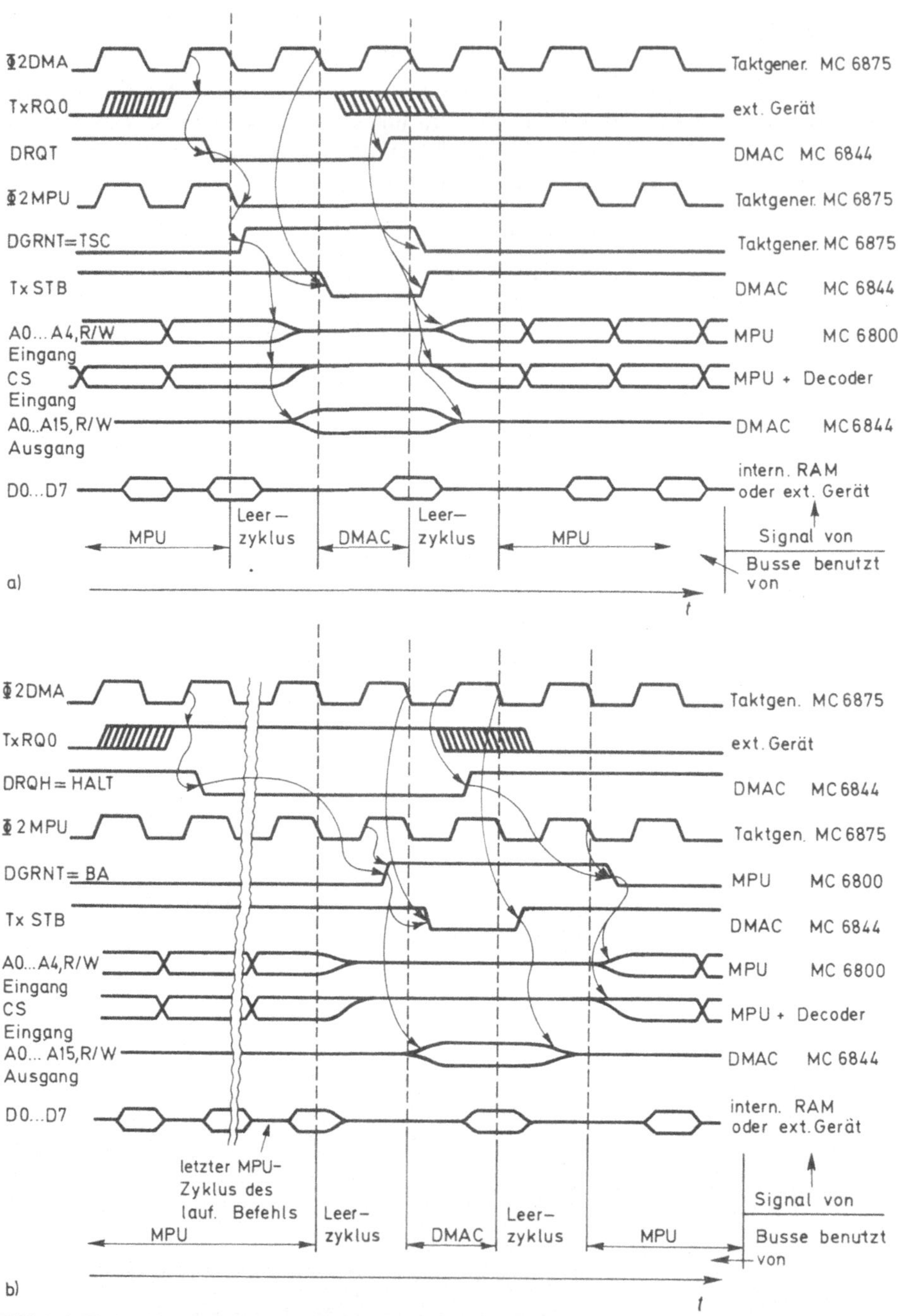

Bild 4.40 Timing-Diagramme für den direkten Speicherzugriff DMA
a) DMA durch TSC-Cycle-Steal-Mode
b) DMA durch HALT-Steal-Mode

vom DMA-Controller synchronisiert, und mit dem folgenden $0 \to 1$-Übergang von
Φ2DMA sendet er für 2 Taktzyklen das DRQT-Signal (**DMA-Request-Three-State-Con**-
trol, 0-Signal) aus. Ist das RefReq-Signal des RAM-Speichers im 1-Zustand, steuert
DRQT den Eingang DMA/RefReq des Taktgenerator. Wie Bild **4.**40a zeigt, unterbricht
dieser infolgedessen die Taktimpulsfolge Φ2MPU für 3 Zyklen. Gleichzeitig erzeugt er
für 2 Zyklen ein DGRNT-Signal (**DMA-Grant**, DMA-Bewilligung, 1-Signal), das als
DGRNT-Signal sowohl dem DMA-Controller als auch dem Three-State-Control-Eingang TSC der MPU zugeführt wird. Im folgenden Leerzyklus erfolgt die Umschaltung
der Busse: Durch das 1-Signal am TSC-Eingang gibt die MPU Daten- und Adreßbus
sowie R/W frei. Durch das 1-Signal am DGRNT-Eingang schaltet der DMA-Controller
seinen Adreßbusausgang auf den System-Adreßbus und übernimmt die R/W-Steuerung.
Im folgenden DMA-Zyklus liegt der Inhalt der durch den DMAC adressierten Speicherzelle (Lesezyklus) auf dem Datenbus, und über das Signal TxSTB (Transfer Strobe,
Transfer-Abtastung), das in Bild **4.**38 dem TxAK0-Signal entspricht, teilt der DMAC
dem externen Gerät mit, daß das Datenwort verfügbar ist. Im folgenden Leerzyklus
erfolgt die Rückschaltung der Busse, und die MPU übernimmt wieder die Bus-Steue-
rung. Ist im folgenden Zyklus TxRQ0 noch auf 1-Signal, wird ein erneuter DMA-Zyklus
eingeleitet.

Bei maximaler DMA-Übertragungsrate besteht ein Übertragungszyklus demnach aus
einem MPU-Zyklus (dieser ist für das Auffrischen der MPU-Register erforderlich), zwei
Leer- und einem DMA-Zyklus. Ist die System-Zykluszeit bei $f_{cyc} = 1$ MHz $T_{cyc} = 1$ µs,
so erhält man als maximale DMA-Übertragungsrate

$$f_{DMAmax} = 1/(4T_{cyc}) = 1/(4 \text{ µs}) = 250 \text{ kHz}$$

Ergänzende Bemerkungen: Bei TSC = 1 ist der Ausgang VMA = 0 (Valid Memory
Address), und die Versorgung der Speicher mit dem VMA-Signal übernimmt über das
NAND-Gatter der DMA-Controller mit seinem low aktiven TxSTB-Signal. Durch die
Kopplung über das ODER-Gatter wird während der Zeit, für die DGRNT = 1 ist, die
MPU gegenüber Interrupts gesperrt. Dynamische Speicherzellen im RAM-Speicher
müssen periodisch aufgefrischt werden (s. Abschn. 5.3.2). Der RAM-Modul sendet des-
halb alle 32 µs eine Refresh-Anforderung an die MPU, die gegenüber dem DMA-
Request Vorrang hat. Hierbei wird der MPU ebenfalls ein Zyklus gestohlen und dem
RAM-Modul während dieser Zeit ein RefGNT Signal gesendet (**Refresh Grant**, Auffri-
schungsbewilligung). TSC wird hierbei nicht auf 1-Signal gelegt, die MPU ist also weiter
auf die Busse geschaltet, da der RAM-Modul, gesteuert über seine Refresh-Logik, sich
selbst von diesen abkoppelt (s. Abschn. 5.3.2.4).

4.5.1.2 HALT-DMA-Mode Der TSC-Cycle-Steal-DMA-Mode erfordert für die Taktversorgung der MPU den externen Taktgenerator MC6875. Er könnte also z. B. mit der
MC6802-MPU, die einen internen Taktgenerator besitzt, nicht erzeugt werden. Der
HALT-DMA-Mode ist dagegen mit allen MPUs realiserbar, die einen HALT-Eingang
besitzen (z. B. MC6800, MC6802, MC6808).

HALT-Steal-DMA-Mode Bild **4.**41 zeigt die Zusammenschaltung von DMA-Controller
und MPU, und Bild **4.**40b gibt das zugehörige Timing-Diagramm wieder. Trifft wieder
am Eingang TxRQ0 ein DMA-Request ein, schaltet jetzt der DMA-Controller über
seinen Ausgang DRQH (**DMA-Request-HALT**) den HALT-Eingang der MPU auf low.
Die MPU beendet nun zunächst den gerade laufenden Befehl (dies erfordert je nach

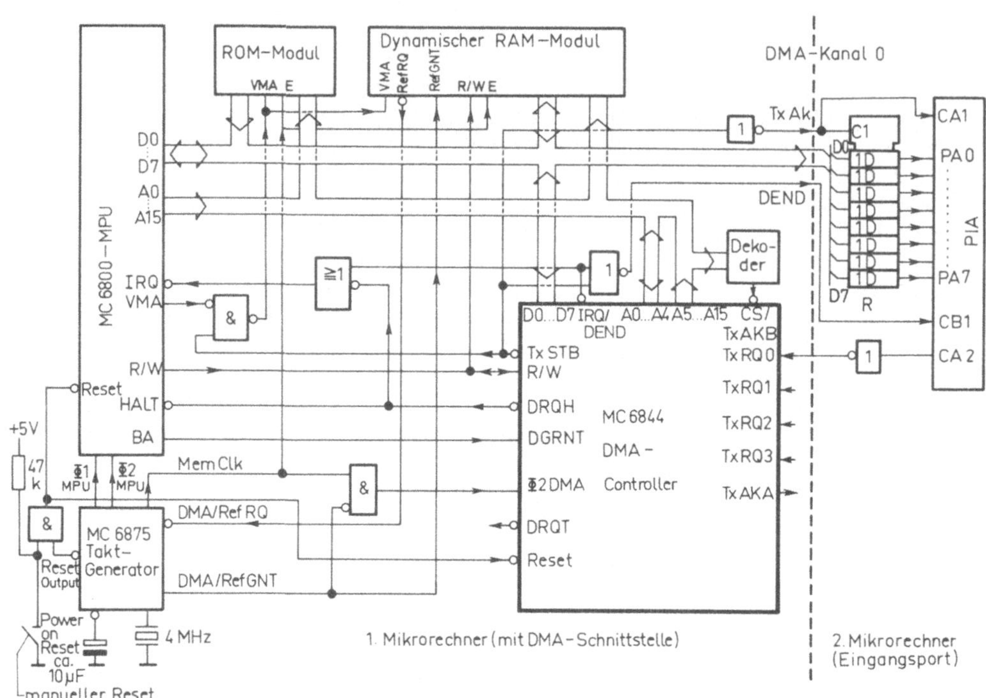

Bild **4**.41 Einbau des DMA-Controllers MC6844 in einen Mikrorechner, wenn DMA im HALT-Steal-Mode über
den DMA-Kanal 0 durchgeführt wird. Im Latch-Register R werden die ausgegebenen Bytes aufgefangen und dem PIA des empfangenden Mikrorechners 2 zugeführt

Befehl 2 bis 12 Taktzyklen), schaltet dann ihre Busausgänge und R/W frei, legt VMA auf
low und meldet danach mit BA = 1 dem DMA-Controller an seinem DGRNT-Eingang
diesen HALT-Zustand. Da die MPU weiter Taktsignale Φ1MPU und Φ2MPU erhält,
werden ihre Registerinhalte laufend aufgefrischt. Der HALT-Zustand kann also beliebig
lange aufrecht erhalten werden. Wie das Timing-Diagramm von Bild **4**.40b zeigt, erzeugt
die MPU wieder einen Leerzyklus, in dem die Busse abgeschaltet werden. Im nächsten
Zyklus schaltet aufgrund des BA = DGRNT-Signals der DMA-Controller seine Adreß-
bus-Ausgänge auf den Systemadreßbus, liest oder beschreibt die adressierte Speicherzelle und erzeugt das TxSTB-Signal als Meldung. Der DMA-Controller schaltet in dem
dem Signal BA =1 folgenden Zyklus die HALT-Leitung wieder auf 1-Signal und übergibt deshalb nach einem Leerzyklus der MPU wieder die Bussteuerung. Es wird also
jeweils nur ein Byte transferiert. Die maximale DMA-Datenübertragungsrate ist nun
nicht mehr konstant, sondern schwankt, abhängig von dem in Bearbeitung befindlichen
Befehl bei einer Systemtaktfrequenz f_{cyc} = 1 MHz zwischen

$$200\ \text{kHz} \geqq f_{\text{DMAmax}} \geqq 66{,}7\ \text{kHz}$$

und ist somit geringer als im TSC-Steal-DMA-Mode.

HALT-Burst-DMA-Mode Durch interne Programmierung des DMA-Controllers
(s. Abschn. 4.5.2) kann verhindert werden, daß der DMAC nach der Übertragung von

einem Byte die Bussteuerung wieder der MPU überträgt. Dann bleibt DRQH und somit HALT solange im Low-Zustand bis sämtliche zum Datenblock gehörenden Bytes übertragen worden sind. In diesem Übertragungsmode wird pro Systemzyklus ein Byte aus dem Speicher oder in den Speicher übertragen. Dadurch wird, wenn der Mikrorechner mit der Systemtaktfrequenz von $f_{cyc} = 1$ MHz betrieben wird, die größtmögliche Datenübertragungsrate

$$f_{DMAmax} = f_{cyc} = 1 \text{ MHz}$$

erreicht.

Von Nachteil ist hierbei natürlich, daß während dieser Transferzeit alle MPU-Aktivitäten gestoppt sind, also keine weitere Programmbearbeitung stattfindet. Im TSC-Cycle-Steal-Mode und HALT-Steal-Mode ist dies nicht der Fall. DMA-Controller und MPU teilen sich während des Transfers eines Datenblocks die Busbelegungszeit (time sharing), so daß DMA und MPU-Programmausführung scheinbar parallel ablaufen.

4.5.2 Struktur des DMA-Controllers

Der MC6844-DMA-Controller ist ein NMOS-VLSI-Baustein, der in einem 40-poligen DIL-Gehäuse untergebracht ist. Er kann die Steuerung von 4 DMA-Kanälen beliebig in einem der drei DMA-Modes (TSC-Steal-, HALT-Steal- oder HALT-Burst-Mode) übernehmen. Bevor DMA-Anforderungen an ihn herangetragen werden, muß er von der MPU über eine entsprechende Programmsequenz programmiert werden.

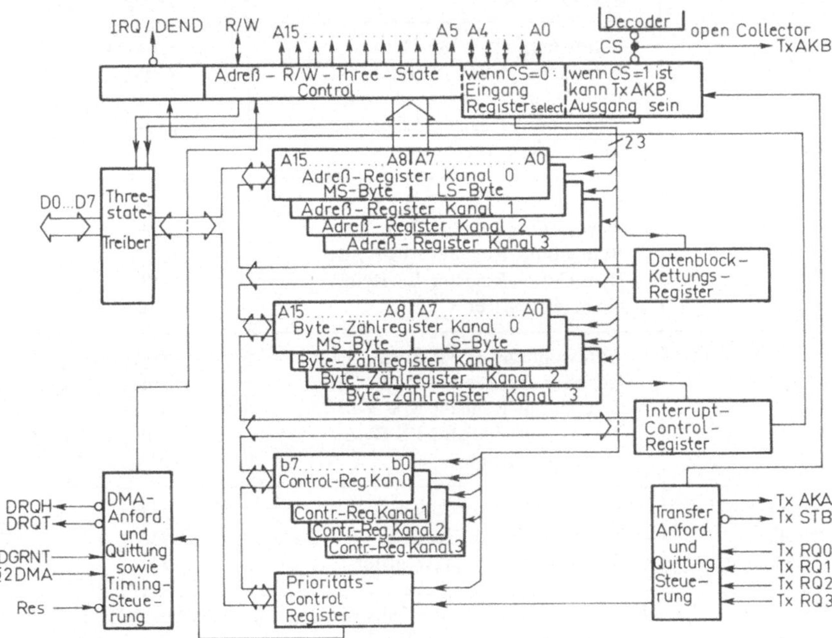

Bild **4**.42 Blockschaltung und Registerstruktur des MC6844-DMA-Controllers

Bild **4**.42 zeigt das Blockschaltbild des DMA-Controllers. Jedem Kanal ist ein (16 Bit)-Adreßregister, in dem die Anfangs- oder die Endadresse des zugeordneten Datenblocks gespeichert werden muß, und ein (16 Bit)-Byte-Count-Register, in dem die Anzahl der zu tranferierenden Bytes abgelegt wird, zugeteilt. Ferner ist auch jedem Kanal ein individuelles Control-Register, in dem der Steuerungsmode des betreffenden Kanals festgelegt wird, zugeordnet. Gemeinsam für alle 4 Kanäle ist das Prioritäts-Control-Register, das Interrupt-Control-Register und das Datenblock-Kettungsregister (Data Chain Register).

Bedenkt man, daß die Adreß- und Byte-Count-Register als (16 Bit)-Register jeweils 2 Byte speichern, so ergeben sich insgesamt 23 (1 Byte)-Register, in die vom Prozessor her hineingeschrieben oder aus denen gelesen werden können muß. Hierfür sind 5 Register-select-Leitungen erforderlich. Benutzt werden die Adreßleitungen A0 bis A4, die bidirektional geschaltet werden können. Bei Chip Select CS = 0 wirken sie als Eingang und wählen gemäß Tafel **4**.43 die verschiedenen Register an. Ist der Controller im DMA-Zustand, ist CS = 1 (oder wirkt als Quittungsausgang TxAKB), und sämtliche Adreßleitungen A15 bis A0 sind als Ausgänge geschaltet und treiben den Adreßbus. Als Three-

Tafel **4**.43 Kanal- und Adressenzuordnung der Register des DMA-Controllers MC 6844

Kanal-Nr.	Register	Adresse (hexadez.)
0	Adressenregister MS-Byte	xx00
0	Adressenregister LS-Byte	xx01
0	Byte-Count-Register MS-Byte	xx02
0	Byte-Count-Register LS-Byte	xx03
0	Control-Register	xx10
1	Adressenregister MS-Byte	xx04
1	Adressenregister LS-Byte	xx05
1	Byte-Count-Register MS-Byte	xx06
1	Byte-Count-Register LS-Byte	xx07
1	Control-Register	xx11
2	Adressenregister MS-Byte	xx08
2	Adressenregister LS-Byte	xx09
2	Byte-Count-Register MS-Byte	xx0A
2	Byte-Count-Register LS-Byte	xx0B
2	Control-Register	xx12
3	Adressenregister MS-Byte	xx0C
3	Adressenregister LS-Byte	xx0D
3	Byte-Count-Register MS-Byte	xx0E
3	Byte-Count-Register LS-Byte	xx0F
3	Control-Register	xx13
gemeinsam	Prioritäts-Control-Register	xx14
für alle	Interrupt-Control-Register	xx15
4 Kanäle	Datenblock-Kettungsregister	xx16

xx = 2stellige hexazimale Zahl, die durch Decodierung der Adreßbits A15 bis A8 festgelegt ist. Diese Decodierung wird in einem dem CS-Eingang vorgeschalteten Decoder durchgeführt, dem auch A7, A6, A5 zugeführt werden können.

State-Ausgänge können die Adreßleitungen auch in den hochohmigen Zustand geschaltet werden. Dies ist im MPU-Mode der Fall, wenn also kein DMA-Zyklus vorliegt. Auch R/W ist bidirektional, denn beim Beschreiben oder Lesen der DMAC-Register wirkt er als Eingang und steuert die Three-State-Datenbustreiber, im DMA-Mode dagegen ist R/W ein Ausgang, der die Datenrichtung des angeschlossenen RAM-Speichers festlegt (R/W = 0: in den Speicher wird durch DMA geschrieben; R/W = 1: aus dem Speicher wird durch DMA gelesen).

Nach jedem Datenbyte-Transfer wird das dem Kanal zugeordnete Adreßregister entweder inkrementiert oder dekrementiert (beides kann im Control-Register festgelegt werden) und vor dem Transfer das zugeordnete Byte-Count-Register dekrementiert. Ist letzteres auf 0 heruntergezählt, wird über den Ausgang IRQ/DEND ein low-aktives Endesignal ausgegeben, das dem Prozessor per Interrupt und dem externen Gerät als DEND-Quittung mitteilt, daß der betreffende Datenblock vollständig transferiert worden ist.

Für jeden Datenkanal steht ein Transfer-Request-Eingang (TxRQ0 bis TxRQ3) zur Verfügung, über den die Transfer-Anforderung für den betreffenden Kanal dem Controller durch High-Signal mitgeteilt werden muß. Die in Bild **4**.38 dargestellten Quittungssignale TxAK0 bis TxAK3 müssen aus den Quittungssignalen TxAKA, TxAKB und dem Strobe-Signal TxSTB über die Schaltgleichungen

$$\text{TxAK0} = \overline{\text{TxAKA}} \wedge \overline{\text{TxAKB}} \wedge \overline{\text{TxSTB}}$$

$$\text{TxAK1} = \text{TxAKA} \wedge \overline{\text{TxAKB}} \wedge \overline{\text{TxSTB}}$$

$$\text{TxAK2} = \overline{\text{TxAKA}} \wedge \text{TxAKB} \wedge \overline{\text{TxSTB}} \tag{4.10}$$

$$\text{TxAK3} = \text{TxAKA} \wedge \text{TxAKB} \wedge \overline{\text{TxSTB}}$$

gebildet werden. Wird nur ein Kanal benutzt, kann direkt wie in Bild **4**.39 und **4**.41 mit $\overline{\text{TxSTB}}$ als Quittung gearbeitet werden. Bei 2 Kanälen sind

$$\text{TxAK0} = \overline{\text{TxAKA}} \wedge \overline{\text{TxSTB}}$$

$$\text{TxAK1} = \text{TxAKA} \wedge \overline{\text{TxSTB}} \tag{4.11}$$

als Quittungssignale zu bilden. Der Ausgang TxAKB, der ja auch als Chip-select-Eingang dient, wird dann nicht benötigt.

Die in Bild **4**.38 eingetragenen DMA-Ende-Signale DEND0 bis DEND3 können für den i-ten Kanal (i = 0, 1, 2, 3) nach der Gleichung

$$\text{DENDi} = \overline{\text{IRQ/DEND}} \wedge \text{TxAKi} \tag{4.12}$$

gebildet werden, wobei IRQ/DEND der low-aktive Interrupt-Ausgang des DMA-Controllers und TxAKi ein nach Gl. (4.10) gebildetes Quittungssignal sind.

4.5.2.1 DMAC-Kanal-Control-Register Das jedem Kanal zugeordnete Control-Register ist eine Mischung aus Control- und Status-Register, muß deshalb lesbar und beschreibbar sein.

Bedeutung seiner 8 Bit (jeweils für den betreffenden Kanal):

Bit $b0$:   R / W - S t e u e r u n g. $b0$ = 0: Der DMAC beschreibt den Speicher. $b0$ = 1: Der DMAC liest den Speicher.

Bit *b1*:   Burst-/Steal-Steuerung. *B1* = 0: Der DMAC arbeitet im TSC-oder HALT-Steal-Mode. *b1* = 1: Der DMAC benutzt den HALT-Burst-Mode.

Bit *b2*:   TSC-/HALT-Steuerung. *b2* = 0: Der DMAC arbeitet im HALT-Mode. *B2* = 1: Der DMAC arbeitet im TSC-Mode.

Bit *b3*:   Adressen-Inkrementierungs-/Dekrementierungs-Steuerung. *b3* = 0: Nach jedem Byte-Transfer wird das Adreßregister inkrementiert. *b3* = 1: Nach jedem Transfer wird es dekrementiert.

Bit *b4*:   Nicht benutzt.

Bit *b5*:   Nicht benutzt.

Bit *b6*:   Busy-/Ready-Flag. *b6* = 0: Meldung, daß sich kein Datenblock im Transfer befindet. *b6* = 1: Meldung, daß sich ein Datenblock im Transfer befindet.

Bit *b7*:   DMA-Ende-Flag. *b7* = 0: Meldung, daß Datenblockausgabe noch nicht beendet. *b7* = 1: Meldung, daß Datenblockausgabe beendet. *b7* wird gesetzt am Ende der Datenblockausgabe und gelöscht, wenn das betreffende Control-Register von der MPU gelesen wird.

4.5.2.2 Prioritäts-Control-Register Dies ist ein reines Control-Register, das bei Mehrkanalbetrieb die Priorität der Kanäle festlegt. Ferner können die Kanäle für Transfer-Anforderungen gesperrt werden.

Bedeutung seiner 8 Bit:

Bit *b0*:   Transfer-Enable-/Disable-Kanal0. *b0* = 0: Kanal0 ist für Transfer-Anforderungen gesperrt. *b0* = 1: Kanal0 ist frei gegeben.

Bit *b1*:
Bit *b2*:   } Entsprechende Wirkung auf die Kanäle 1 bis 3.
Bit *b3*:

Bit *b4*, Bit *b5*, Bit *b6*: Nicht benutzt.

Bit *b7*:   Prioritäts-Steuerung. *b7* = 0: Die Kanäle werden mit der festen Priorität behandelt: Kanal0 hat höchste, und absteigend Kanal3 niedrigste Priorität. *b7* = 1: Die Priorität der Kanäle rotiert, d. h., in einer Warteschlange wird jeweils der zuletzt bediente Kanal prioritätsmäßig in der Schlange hinten eingereiht. Die anderen Kanäle rücken prioritätsmäßig um eine Stelle voran. Bei der Ersteinreihung hat Kanal0 höchste und Kanal3 die niedrigste Priorität.

4.5.2.3 Interrupt-Control-Register Es ist eine Mischung aus Control- und Status-Register, mit dessen Hilfe die Interrupt-Auslösung durch die einzelnen Kanäle freigegeben oder gesperrt werden kann.

Bedeutung seiner 8 Bit:

Bit *b0*:   Interrupt-Enable-/Disable-Kanal0. *b0* = 0: Sperrt die Interrupt-Auslösung nach der Ausgabe des Datenblocks von Kanal0. *b0* = 1: Gibt die Interrupt-Auslösung frei.

Bit *b1*:
Bit *b2*:   } Entsprechende Wirkung für die Kanäle 1 bis 3.
Bit *b3*:

Bit *b4*, Bit *b5*, Bit *b6:* Nicht benutzt.

Bit *b7:*   Interrupt-Melde-Flag. *b7* = 0: Es ist kein Interrupt aufgetreten. *b7* = 1: Im DMAC ist ein Interrupt ausgelöst worden. *b7* wird gesetzt, wenn ein im Interrupt-Control-Register freigegebener Interrupt im betreffenden Kanal am Ende der Datenblockausgabe aufgetreten ist. *b7* wird gelöscht, wenn das Control-Register desjenigen Kanals gelesen wird, in dem der Interrupt auftrat.

4.5.2.4 Datenblock-Kettungsregister Es dient zur Festlegung einer periodisch sich wiederholenden Ausgabe von Datenblöcken. Nur über Kanal 0, Kanal 1 und Kanal 2 können die zugeordneten Datenblöcke periodisch ausgegeben werden. Zu diesem Zweck müssen die Anfangsadresse (Endadresse im Dekrementierungs-Mode) und die Anzahl der auszugebenden Bytes im Adreß- und Byte-Count-Register von Kanal 3 gespeichert werden. Ist in dem periodisch arbeitenden Kanal i (i = 0, 1, 2) das Byte-Count-Register auf 0 heruntergezählt, der Block also ausgegeben, werden mit dem darauf folgenden Φ2DMA-Takt das Adreßregister und das Byte-Count-Register des Kanals i wieder mit den Inhalten der betreffenden Register von Kanal 3 geladen, so daß derselbe Block erneut ausgegeben wird. Der Inhalt des Blocks kann natürlich inzwischen durch die Tätigkeit des Prozessors verändert worden sein.

Bedeutung seiner 8 Bit:

Bit *b0:*   Chain-Enable-/Disable-Steuerung. *b0* = 0: Sperrung der Datenblock-Kettungsfunktion. *b0* = 1: Die Datenblock-Kettung in der beschriebenen Weise ist frei gegeben.

Bit *b1*, *b2:* Anwahl des zu kettenden Kanals.
    b2 b1 = 00: Kanal 0 arbeitet periodisch.
    b2 b1 = 01: Kanal 1 arbeitet periodisch.
    b2 b1 = 10: Kanal 2 arbeitet periodisch.
    b2 b1 = 11: Diese Eingabe ist verboten!

Bit *b3:*   Zwei-/Vier-Kanal-Mode. *b3* = 0: Der DMAC arbeitet im zwei-Kanal-Mode, d. h., für die Bildung der TxAKi-Quittungssignale wird die DMAC-Leitung CS/TxAKB nicht benötigt. Diese Leitung ist in diesem Mode stets als Eingang geschaltet. *b3* = 1: Der DMAC arbeitet im Vier-Kanal-Mode. Die CS/TxAKB-Leitung ist im MPU-Mode als Eingang und im DMA-Mode als Ausgang geschaltet. Bit *b3* hat also mit der Kettungsfunktion nichts zu tun!

Bit *b4*, Bit *b5*, Bit *b6*, Bit *b7:* Nicht benutzt.

4.5.3 Anwendungsbeispiel des DMA-Controllers

Im folgenden Beispiel soll ein DMA-Datentransfer von einem Mikrorechner zu einem zweiten Mikrorechner erfolgen. Dabei benutzen wir für die Hardware die Schaltung von Bild **4.41**. Dort ist Mikrorechner 1 mit dem DMA-Controller MC6844 ausgerüstet und soll durch DMA über Kanal 0 dem Mikrorechner 2 einen Block Datenbytes zur Verfügung stellen. Mikrorechner 2 sendet über die CA2-Leitung des PIA-Ports immer dann eine Transfer-Anforderung, wenn er wieder ein Byte benötigt. Mikrorechner 1 gibt dieses Byte im HALT-Steal-Mode über Kanal 0 aus. In dem (8 Bit)-Latch-Register R, dessen Takt das high-aktive TxAK-Signal ist, wird das Byte aufgefangen und den Eingängen PA0 bis PA7 des PIA-A-Ports zugeführt. Der $0 \rightarrow 1$-Übergang des DEND-Signals setzt am Ende der Datenblock-Ausgabe das IRQB1-Flag (Bit $b7$ im Control-Register B), und durch Abfrage desselben kann Mikrorechner 2 erfahren, ob der Block einmal vollständig transferiert wurde.

System-Festlegungen M i k r o r e c h n e r 1. Für den DMA-Controller gilt: Nur Kanal 0 wird freigegeben. Daten werden über Kanal 0 ausgegeben. Die Ausgabe soll im HALT-Steal-Mode erfolgen. Das Adreßregister soll inkrementiert werden. Der Ende-Interrupt von Kanal 0 wird freigegeben. Es genügt der Zweikanal-Mode (CS/TxAKB ist immer Eingang). Die Kettungsfunktion für Kanal 0 soll freigegeben werden, da der zugeordnete Datenblock periodisch ausgegeben wird. Der DMA-Controller habe die symbolische Basisadresse *DMAC*.

Für den Prozessor gilt: Der Prozessor wird Interrupt-enable betrieben. Der *DMAC* sei die einzige Interrupt-Quelle. Während der Programmbearbeitung aktualisiert die MPU laufend den Inhalt des Datenblocks. Der Datenblock hat die symbolische Anfangsadresse *ANFAD0* und enthält *BC0* Bytes. Die letzten beiden Zellen des Blocks mit den Adressen *ANFAD0* + *BC0* – 2 und *ANFAD0* + *BC0* – 1 werden als (16 Bit)-Blockausgabezähler benutzt, dessen Inhalt nach jeder vollständigen Blockausgabe in der Interrupt-Routine vom Prozessor um 1 erhöht wird.

M i k r o r e c h n e r 2. Für den PIA-A-Port gilt: Er ist als Eingang geschaltet. Der Übergang $0 \rightarrow 1$ setzt das IRQA1-Flag. Der Interrupt von CA1 ist gesperrt. CA2 arbeitet als Ausgang im Read-Strobe-with-CA1-Restore-Mode (s. Tafel **4**.4 und Bild **4**.5a). Der Prozessor liest in einer Leseschleife zunächst sämtliche Bytes des Blocks und speichert sie in seinem Speicher ebenfalls beginnend mit der Anfangsadresse *ANFAD0* ab. In einem folgenden Programmabschnitt werden die Daten verarbeitet. Danach wird der Block erneut gelesen.

Assembler-Programmausschnitte Hier werden nur die für den Datentransfer wichtigen Programmsequenzen dargestellt. Das Entstehen der Daten im Datenblock während der Programmbearbeitung von Mikrorechner 1 kann in unterschiedlichster Weise erfolgen und wird deshalb nicht wiedergegeben. Lediglich die Inkrementierung des Blockausgabezählers wird als Interrupt-Routine dargestellt. Bei Mikrorechner 2 werden ebenfalls nur die PIA-Initialisierung und die Daten-Leseschleife angegeben. Die Weiterverarbeitung der gelesenen Daten kann ebenfalls wieder beliebig sein.

Mikrorechner 1:

```
            :

*INITIALISIERUNG DES DMAC
*
        LDX     #ANFAD0          Anfangsadresse bereitstellen
        STX     DMAC             und in Adreßregister 0
        STX     DMAC+$0C         und in Adreßregister 3 speichern
        LDX     #BC0             Byte-Anzahl bereitstellen
        STX     DMAC+2           und in Byte-Count-Register 0
        STX     DMAC+$0E         und in Byte-Count-Reg. 3 speichern
*
        LDAA    #%00000001       Kanal0: Ausgabe, HALT-Steal-Mode,
        STAA    DMAC+$10         Adreßreg.-Inkrement-Mode,
```

```
        STAA    DMAC+$15        nur Kanal0 IRQ-Enable,
        STAA    DMAC+$16        Kettung frei, Kanal0 wird
*                               gekettet, Zweikanal-Mode,
        STAA    DMAC+$14        nur Kanal0 Transfer-Enable,
*                               keine Prioritäts-Rotation
        :
        CLI                     Interrupt-Freigabe
        LDX     #0              (16 Bit)-Blockausgabezähler
        STX     ANFAD0+BC0-2    löschen
        :
        :                       Weiteres Programm
        :

*INTERRUPT-SERVICEROUTINE
*
IRQSVS  STX     INDEX           Indexregister retten
        LDX     ANFAD0+BC0-2    (16 Bit)-Blockausgabezähler
        INX                     um 1 erhöhen
        STX     ANFAD0+BC0-2
        LDX     INDEX           Indexregister restaurieren
        RTI                     Return from Interrupt
        :


Mikrorechner 2:
        :
*INITIALISIERUNG DES PIA
*
        CLR     PIAACO          Access-Bit b2 = 0
        CLR     PIAADA          Port A als Eingang
        LDAA    #%00100110      Port A: IRQ disable, 0→1-
        STAA    PIAACO          Flanke setzt Flag IRQA1
*                               Read-Strobe-with-CA1-
*                               Restore, CA2 ist Ausgang
        CLR     PIABCO
        LDAA    #$FF            Port B als Ausgang
        STAA    PIABDA
        LDAA    #%00000110      Port B: IRQ disable, 0→1-
        STAA    PIABCO          Flanke setzt Flag IRQB1,
        :
*ERSTE TRANSFER-ANFORDERUNG
*
        LDAA    PIAADA          Dummy-Lesebefehl aber CA2 = 0
        NOP                     als Transfer-Anforderung
        NOP                     für das erste Byte
        NOP
        NOP                     10 Zyklen Verzögerung
        NOP
NEXT    LDX     #ANFAD0         Anfangsadresse bereitstellen
*
```

```
*DATEN-LESESCHLEIFE
*
LOOP      LDAA    PIAADA              Erstes und folgende Bytes
*                                     holen und jeweils mit CA2 = 0
*                                     nächstes Byte anfordern
          STAA    0,X                 Byte abspeichern
          INX                         Adresse erhöhen
          TST     PIABCO              Bit b7 = 1?
          BPL     LOOP                Wenn nein, goto LOOP, da
          LDAA    PIAADA              Datenblock noch nicht beendet
*                                     Wenn ja, letztes Byte holen und im
*                                     Progr. Daten bearbeiten
            .
            .                         Weiteres Programm
            .
          IMP     NEXT                Datenblock erneut lesen
```

Bild **4**.44 zeigt das Timing-Diagramm dieser Datenübertragung. $\overline{CA2}$ von Mikrorechner 2 geht unmittelbar nach dem Lesen des PIA-A-Ports auf High-Level. Da die Takte der beiden Rechner asynchron zu einander sind, wird mit dem nächsten $0 \rightarrow 1$-Übergang von Φ2DMA des Rechners 1 die Transfer-Meldung an die MPU abgesetzt. Nach maximal 12 Zyklen (SWI-Befehl) ist der laufende Befehl beendet und nach nochmals 2 Zyklen ist das Byte in den Latches aufgefangen, steht also nach maximal 14 Zyklen zur Verfügung. Die Verzögerung zwischen der ersten Transfer-Anforderung und dem ersten Lesen des Bytes beträgt 16 Zyklen und ist somit auch im schlimmsten Fall ausreichend.

Die Verzögerung in der Leseschleife ergibt 24 Zyklen und ist somit bei weitem ausreichend. Tritt der Ende-Interrupt auf, wird Flag IRQB1 ($b7$ im Control-Register B des PIA) gesetzt. Der Prozessor verläßt die Leseschleife, holt noch das letzte Byte vom A-Port des PIA und beginnt mit der Verarbeitung der Daten.

Ist die Systemtaktfrequenz $f_{cyc} = 1$ MHz, liest der Mikrorechner 2 alle 24 µs ein Byte, was einer Übertragungsrate von 41,67 kHz entspricht. Bei Mikrorechner 1 entfallen dann während des Datentransfers auf 24 Zyklen 3 DMA-Zyklen (2 Leer- und 1 DMA-

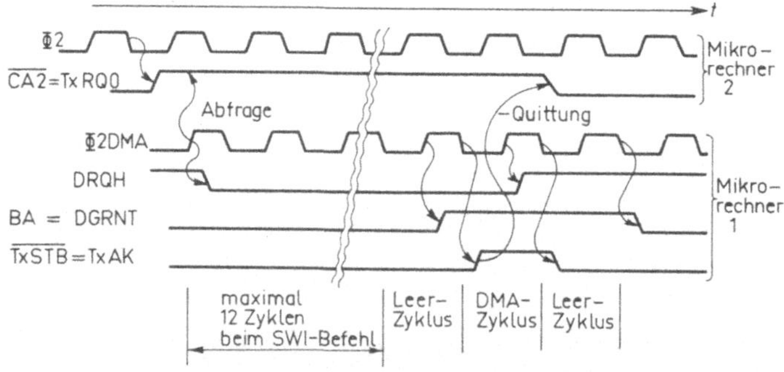

Bild 4.44 Timing-Diagramm der Steuerungssignale von 2 Mikrorechnern, wenn Mikrorechner 2 im DMA-HALT-Steal-Mode Datenbytes aus dem Speicher von Mikrorechner 1 liest; es gilt hierfür die Schaltung nach Bild **4**.41

Zyklus), so daß dessen Arbeitsgeschwindigkeit nur um (3/24)100 = 12,5% verlangsamt wird. In der Zeit, in der Mikrorechner 2 die Daten verarbeitet, wird Mikrorechner 1 überhaupt nicht „belästigt".

4.6 Weitere Ein-/Ausgabebausteine

Der Umfang dieses Buches läßt es nicht zu, alle z. T. auch sehr speziellen Ein-/Ausgabe- sowie Control-Bausteine der M6800-Familie detailliert zu behandeln. Aus diesem Grunde seien weitere derzeit zur Verfügung stehende Bausteine hier in einer Zusammenstellung erwähnt und ihre Anwendungsbereiche kurz umrissen.

Synchroner serieller Daten-Adapter Dieser Baustein – Synchronous Serial Data Adapter, abgekürzt SSDA – mit der Typenbezeichnung MC6852 kann für die synchrone serielle Datenübertragung zwischen externen Geräten und Mikrorechnern eingesetzt werden. Während bei der asynchronen Datenübertragung, z. B. mit Hilfe des ACIA, sich der Empfängerbaustein auf jedes eintreffende Zeichen durch Start- und Stopbits neu synchronisiert, wird bei dieser synchronen Übertragung nur auf den Beginn eines Datenblocks, dem eine entsprechende Synchronisations-Präambel vorausgeschickt wird, synchronisiert. Alle folgenden Datenbits sind ein kontinuierlicher Datenstrom. Zur Synchronisation werden entweder 1-Byte- oder 2-Byte-Worte verwendet, wobei das Bitmuster, auf das synchronisiert werden soll, in ein Synchronisations-Register programmiert werden muß. Treten im Datenstrom beim Senden Lücken auf, werden diese entweder mit 1-Signalen oder mit Synchronisations-Bytes aufgefüllt. Zu den Datenbits muß ein synchroner Takt mitgesendet werden, um den einwandfreien Empfang längerer Datenblöcke zu gewährleisten. Beim asynchronen Übertragen ist dies nicht erforderlich, da auf jedes Zeichen neu synchronisiert wird. Vorteil der synchronen Übertragung ist die höhere Übertragungsrate, die beim MC68B52 bis auf 1,5 MHz (Megabit pro Sekunde) gesteigert werden kann.

Angewendet wird der SSDA bei der Ansteuerung und der Datenübertragung von Floppy-Disk-Geräten, von schnellen digitalen Kassettenrekordern und sonstigen Daten-Kommunikationssystemen.

Advanced Data Link Controller Auch dieser Baustein, abgekürzt ADLC, mit der Typenbezeichnung MC6854 ist ein seriell arbeitender Ein-/Ausgabe-Baustein. Er ist speziell entwickelt für die serielle Übertragung von Daten nach der A d v a n c e d D a t a C o m m u n i c a t i o n C o n t r o l P r o c e d u r e (ADCCP) und verwendet hierfür einen genau festgelegten Ü b e r t r a g u n g s r a h m e n (Frame). Jede Übertragung beginnt mit einem Eröffnungs-Flag (Opening-Flag Bitmuster 01111110) und endet mit einem Abschluß-Flag (Closing-Flag 01111110). Dazwischen liegt der Informations-Block, der mit einem Adressenfeld beginnt, von einem Control- und einem Datenfeld gefolgt wird und mit einem (16 Bit)-Frame-Check-Sequence-(FCS)-Field endet. Der Inhalt des FCS-Feldes wird vom Sender-ADLC nach einer festgelegten Routine aus den vorangegangenen Informationsbits berechnet und mit gesendet. Der Empfänger prüft nach der gleichen Routine die empfangenen Informationsbits und vergleicht das Ergebnis mit dem Inhalt des FCS-Feldes.

Eingesetzt wird der ADLC in komplexeren, die meisten Mikrorechner-Anwendungen übersteigenden Datenkommunikationssystemen. Typisch ist der Fall, in dem mehrere

Terminals (sekundäre Stationen) mit einer primären Rechnerstation in Form einer durchgehenden Schleife gekoppelt werden (Loop-Mode). Die Steuerung dieser Kopplungsschleife wird von der Primärstation durchgeführt. Daten von einem Terminal zu der Primärstation durchlaufen in dieser Schleife alle dahinter liegenden Stationen. Jedes Terminal kann sich in diese Schleife ein- oder ausblenden. Alle hierfür erforderlichen Steuerungssignale werden von den ADLCs der Terminals erzeugt und von anderen Terminals her empfangen.

Floppy-Disk-Controller Dieser Steuerungsbaustein, abgekürzt FDC, wurde entwickelt, um mit einem minimalen zusätzlichen Hardware-Aufwand den Datenaustausch zwischen Mikrorechnern und Floppy-Disk-Laufwerken zu steuern. Der Baustein MC6843 ist so ausgelegt, daß einerseits alle grundlegenden Steuerungsfunktionen hardwaremäßig vorhanden sind aber andererseits von der Software-Seite her noch genügend Anpassungsspielraum für unterschiedliche Laufwerke und Datenstrukturen bleibt. Der FDC kann z. B. gekoppelt mit dem in Abschn. 4.5.2 beschriebenen DMA-Controller den Datenaustausch zwischen Rechner und Floppy-Laufwerk im DMA-Mode steuern.

CRT-Controller Soll die Ausgabe von Zeichen auf ein Bildschirm-Terminal erfolgen, sind ein Teil der hierfür erforderlichen Steuerungen mit dem CRT-Controller durchführbar. CRT ist dabei die Abkürzung von **C**athode **R**ay **T**ube (Kathodenstrahlröhre). Der CRT-Controller, kurz CRTC, mit der Typenbezeichnung MC6845 erzeugt, gesteuert von einem externen Taktgenerator, die Horizontal- und Vertikal-Synchronimpulse, gibt gesteuert von einem internen Refresh-Zähler die Refresh-Adressen für ein (16 kByte)-RAM aus und erzeugt die Zeilen-Adressen die für die Ansteuerung eines Charakter-Generators erforderlich sind. Die Adressierung und Steuerung eines Cursors (Markierung der Stelle, an der das nächste Zeichen erscheint) wird ebenfalls vom CRTC übernommen. Alle wichtigen Funktionen, z. B. verschiedene Bildschirm-Formate (80×24, 72×64, 132×20) sind programmierbar.

Digital Modem Bei diesem Baustein mit der Typenbezeichnung MC6860 handelt es sich um einen Interface-Adapter, der die über einen ACIA (s. Abschn. 4.2) transferierten Daten auf das Telefonnetz weiterleitet. Dieses low speed Modem, dessen höchste Übertragungsrate 600 Baud beträgt, ist also nur über den ACIA mit dem Mikrorechner verbunden, so daß dieser Baustein vom Prozessor her nicht programmierbar ist.

Genauere Angaben zu den in Abschn. 4.6 erwähnten Bausteinen sind in Motorolas Datenbuch „Microcomputer Components" zu finden [5].

5 Speicherbausteine

Speicher werden in Mikrorechnern verwendet, um Programme und Daten permanent oder zeitweilig zu speichern. Das umfangreiche Gebiet der elektronischen Speicherung soll hier nur in dem Rahmen behandelt werden, der für den Einsatz der Speicherbausteine in Mikrorechnern erforderlich ist. In den Vordergrund gestellt wird deshalb der physikalisch technologische Aufbau der Speicher nur insoweit, wie er für das Verständnis der Schaltungstechnik erforderlich ist. Wesentlich ist es, dem Leser einen Überblick über diesen zur Zeit noch in starker Veränderung sich befindenden Bereich zu verschaffen. Dabei sollen hier nur reine Halbleiterspeicher mit wahlfreiem Zugriff in Betracht gezogen werden. Es entfallen also ältere Speichertypen, wie Magnetkernspeicher oder Magnetblasenspeicher, die in Mikrorechner-gesteuerten Digitalschaltungen kaum verwendet werden.

5.1 Speicherübersicht

Ein Überblick über die derzeit verwendeten Halbleiterspeicher ist in Bild **5.**1 dargestellt. Man unterscheidet die Speicher einerseits nach ihrem Speicherungsprinzip und andererseits nach ihrer Fertigungstechnologie. Man kennt zwei grundsätzlich verschiedene Speichertypen:

den Nur-Lese-Speicher (**R**ead **O**nly **M**emory ROM)
den Schreib-Lese-Speicher (**R**andom **A**ccess **M**emory RAM)

Beide Speicher haben durch Anlegen der Adressen wahlfreien Zugriff (random access) zu den Speicherzellen. Insofern ist die Bezeichnung RAM für den Schreib-Lese-Speicher allein nicht gerechtfertigt. Allerdings kommt beim RAM als weitere Wahlfreiheit die Möglichkeit des Beschreibens und des Lesens der Speicherzellen hinzu, und rechtfertigt deshalb wenigstens teilweise seine Bezeichnung. Das ROM stellt als Nur-Lese-Speicher einen F e s t w e r t s p e i c h e r dar, dessen fest gespeicherte Information jedoch ebenfalls über die Adreßeingänge wahlfrei und in beliebiger Reihenfolge abgerufen werden kann.

Sehen wir von dem elektrisch löschbaren und elektrisch wiederprogrammierbaren ROM, dem EEPROM (**E**lectrical **E**rasable and **P**rogrammable ROM) auch EAROM (**E**lectrical **A**lterable ROM) genannt, ab, so sind RAMs flüchtige (volatile) Speicher, d. h., ihre gespeicherte Information geht verloren, wenn die Spannungsversorgung abgeschaltet wird. Bei den dynamischen RAMs muß auch bei eingeschalteter Spannungsversorgung die gespeicherte Information periodisch (etwa alle 1 bis 2 ms) aufgefrischt werden (Refreshing), soll sie nicht verloren gehen.

ROMs sind nichtflüchtige (nonvolatile) Speicher, d. h., die Information bleibt auch beim Abschalten der Versorgungsspannung erhalten. In Mikrorechnern werden sie deshalb als

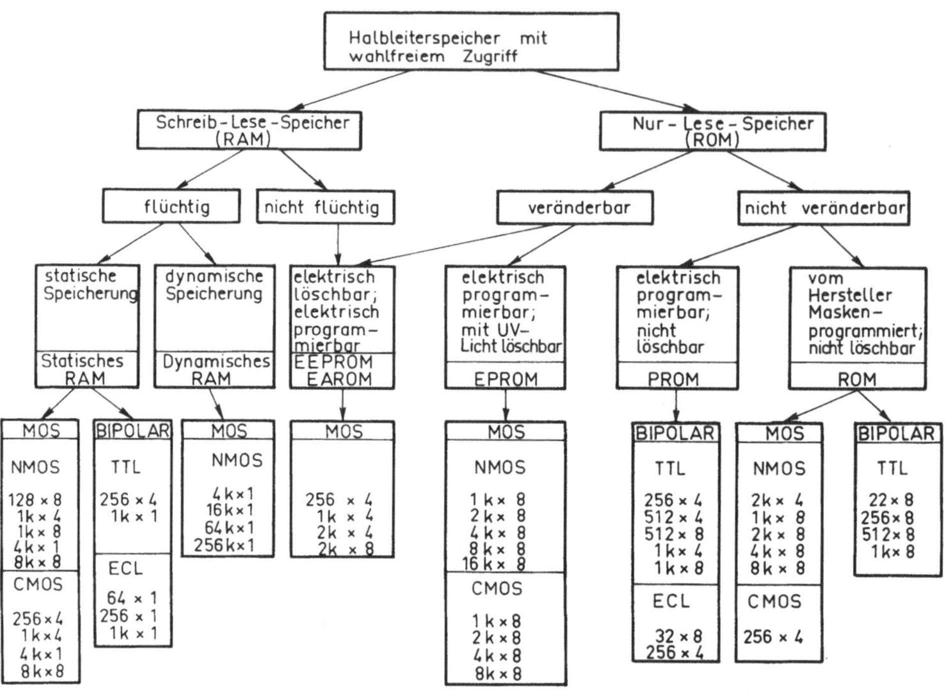

Bild 5.1 Übersichtstafel der in Mikrorechnern verwendeten Halbleiterspeicher

Programmspeicher verwendet. Das für Entwicklungs- und Experimentierzwecke am meisten verwendete ROM ist das EPROM (Erasable and Programmable ROM), da es vom Entwickler mit geeigneten Programmiergeräten selbst mit dem gewünschten Programm geladen werden kann. Sind Programmänderungen erforderlich, läßt es sich durch Bestrahlung mit ultraviolettem Licht wieder löschen und neu programmieren. Das PROM (Programmable ROM) dagegen läßt sich, einmal vom Entwickler programmiert, nicht wieder löschen. Es sollte deshalb erst am Ende einer Entwicklung eingesetzt und programmiert werden. Der Inhalt von maskenprogrammierten ROMs, die bereits bei ihrer Herstellung programmiert wurden, läßt sich vom Entwickler in keiner Weise mehr verändern. Sie können deshalb aus Kostengründen nur in größerer Stückzahl verwendet werden, und dem Hersteller muß für die Programmierung ein absolut ausgereiftes Programm zu Verfügung gestellt werden.

In der Speichertechnologie überwiegen die mit MOSFETs (**M**etal **O**xyd **S**emiconductor **F**ield **E**ffect **T**ransistor) aufgebauten Speicher. Man unterscheidet 3 Technologien:

NMOS-Speicher: Verwendet werden ausschließlich N-Kanal-FETs. Es ist die zur Zeit am meisten verwendete Technologie.

CMOS-Speicher: Verwendet werden in Complementärer Schaltungstechnik N-Kanal- und P-Kanal-FETs.

PMOS-Speicher: Verwendet werden ausschließlich P-Kanal-FETs. Diese Technologie ist bereits veraltet.

Werden PROMs, ROMs oder RAMs mit kurzer Zugriffszeit (Zeit zwischen Anlegen der Adresse und der Verfügbarkeit des Zelleninhalts am Datenausgang) benötigt, empfiehlt es sich, Speicher zu verwenden, die mit bipolaren Transistoren aufgebaut sind. Als Schaltungstechnik wird hierbei hauptsächlich die TTL-Technik (Transistor-Transistor-Logik) oder in Sonderfällen, wenn extrem kurze Zugriffszeiten verlangt werden, die ECL-Technik (Emitter Coupled Transistor Logic) verwendet.

Speicherorganisation Man unterscheidet zwischen Wort- und Bit-Organisation. Bei der Wort-Organisation wird beim Adressieren eine aus mehreren Bit bestehende Speicherzelle (meist 4 oder 8 Bit) angesprochen und ihr Inhalt entweder gelesen oder beim RAM auch mit einem neuen Inhalt überschrieben. Bei der Bit-Organisation wird jeweils nur eine Zelle aus einem Bit adressiert. Vorteil der Wort-Organisation ist, daß in einem Mikrorechner häufig ein einziger Speicherbaustein als Programmspeicher (z. B. EPROM) oder als Datenspeicher (RAM) genügt. Bei der Bit-Organisation sind dagegen entsprechend der Wortlänge des Mikrorechners (meist 8 Bit) gleich viele Speicherbausteine adreßmäßig parallel zu schalten. Nachteil der Wort-Organisation ist die verhältnismäßig große Anzahl von Anschlüssen der Speicherbausteine. Bei 8-Bit-Organisation sind allein für die Daten-Ein- und Ausgänge schon 8 Anschlüsse erforderlich. Üblich sind deshalb bei solchen Speicherbausteinen DIL-Gehäuse (Dual In Line) mit 24 oder 28 Anschlüssen. Bit-organisierte Bausteine haben dagegen i. allg. nur 16 Anschlüsse, sind also in normalen IC-Gehäusen untergebracht.

Bei ROMs, PROMs und EPROMs hat sich die Wort-Organisation weitgehend durchgesetzt, wobei als Wortlänge meist 8 Bit gewählt wird. Statische RAMs werden sowohl in Wort- als auch in Bit-Organisation geliefert. Dynamische RAMs sind weitgehend Bitorganisiert. Ursache hierfür ist die kompliziertere Ansteuerung dynamischer RAMs, die für ein einzelnes Chip nicht sinnvoll wäre. Werden jedoch ohnehin mehrere Bausteine der gleichen Art eingesetzt und gemeinsam gesteuert, ist es der kleineren Gehäuse wegen zweckmäßig, die Bit-Organisation zu wählen. Dynamische RAMs werden wegen der größeren Speicherdichte (zur Zeit bis 256 kBit) meist für größere Speichersysteme eingesetzt.

5.2 Nur-Lese-Speicher (ROM, EPROM, PROM)

Der Aufbau eines ROMs oder EPROMs soll anhand der Blockschaltung von Bild **5.2** erläutert werden. Dabei wurde als Beispiel ein (16 kBit)-Speicher gewählt, der in Wort-Organisation 2048×8 Bit speichern kann. Die kleinste adressierbare Einheit ist also eine Speicherzellenkette von 8 Bit Länge. Ein Vertreter dieses Speichertyps ist das moderne EPROM MCM2716 (die „16" kennzeichnet die speicherbare Kapazität von 16 kBit).

Da $2048 = 2^{11}$ ist, werden für die Adressierung aller Zellen insgesamt die 11 Adreßleitungen A0 bis A10 benötigt. Die Adreßleitungen A4 bis A10 werden dem Zeilendecoder zugeführt und steuern nach Decodierung die $2^7 = 128$ Gate-Leitungen der Speichermatrix an. Die verbleibenden 4 Adreßleitungen A0 bis A3 steuern nach Decodierung durch den Spaltendecoder die 16×8 Spaltenschalter an. Eine Teilmatrix besteht also aus 128×16 = 2048 Speicherzellen. Wegen der parallelen Ansteuerung von jeweils 8 Spaltenschaltern wird aus jeder der 8 Teilmatrizen bei der Adressierung die gleiche Spalte

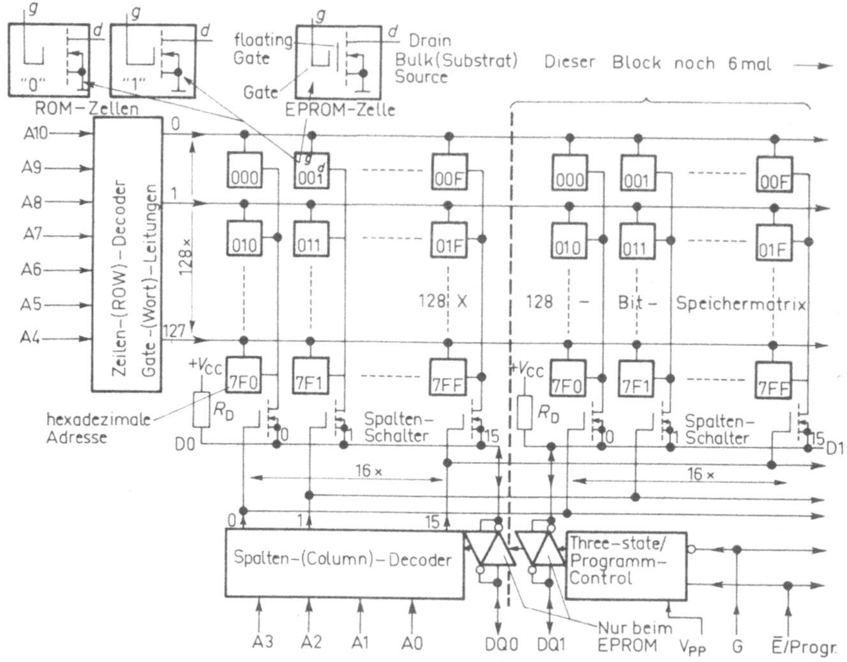

Bild 5.2 Blockstruktur des MCM2716-EPROMs bzw. des MCM68A316E-NMOS-ROMs, die Pin-kompatibel und zu 2048 × 8 Bit organisiert sind; am oberen Bildrand ist der Aufbau der ROM- und EPROM-Zelle dargestellt

angewählt. In der Gesamtspeichermatrix von 128×16×8 Speicherzellen haben also jeweils 8 Zellen dieselbe Adresse. Die bei der gewählten Numerierung sich ergebenden hexadezimalen Zellenadressen sind in die als Kästchen symbolisch dargestellten Speicherzellen eingetragen.

5.2.1 ROM-Zellen

Wie in Bild 5.2 am oberen Rand dargestellt ist, besteht die ROM-Zelle aus einem N-Kanal-FET vom Anreicherungstyp (Enhancement-FET). Schon bei der Herstellung der Speichermatrix wird bei denjenigen Zellen, in die eine „1" programmiert werden soll, der Abstand zwischen Gate und Kanal so dünn gehalten, daß bei der Ansteuerung des Gates mit einer positiven Spannung der FET durchgeschaltet wird. Soll eine „0" programmiert werden, wird der Gate-Kanal-Abstand so groß gewählt, daß bei gleicher Gate-Ansteuerung der FET nicht durchschaltet.

Werden nun z. B. die Zellen mit der Adresse 001 angesteuert, indem die Gate-Leitung 0 positive Spannung führt und die Spaltenschalter mit der Nummer 1 vom Spaltendecoder durchgeschaltet werden, dann wird diejenige interne Datenleitung Di auf 0 Volt gezogen, bei der der FET in der adressierten Speicherzelle durchgeschaltet ist, also eine „1" enthält. Diejenigen internen Datenleitungen Di, bei denen in die adressierte Speicherzelle eine „0" programmiert ist, in der also der Zellentransistor nicht durchgeschaltet ist, werden durch die Pull-up-Widerstände R_D auf High-Potential gehalten. Über die Three-state-Treiber werden die logischen Zustände der internen Datenleitungen invertiert auf die Datenausgänge DQ0 bis DQ7 durchgeschaltet, so daß diejenigen Datenausgänge 1-Signal führen, bei denen intern die adressierte Zelle eine „1" enthält, der betreffende FET also durchgeschaltet ist.

5.2.2 EPROM-Zellen

Zwischen Gate und N-Kanal ist ein hochisoliertes zweites Gate (floating Gate) angeordnet. Ist die dünne Metallschicht ladungsträgerfrei, schaltet der FET beim Anlegen einer positiven Gate-Spannung durch. Die Zelle enthält also eine „1". Soll in die Zelle eine „0" programmiert werden, muß an den Drain d des FETs eine erhöhte positive Spannung (ca. 25 V) gelegt und das Gate ebenfalls positiv angesteuert werden. Schnelle Elektronen durchdringen dann im pinch off Bereich des Kanals die Isolation und laden das floating Gate negativ auf. Beim MCM2716 darf diese erhöhte Drainspannung nur für etwa 50 ms angelegt werden, wenn eine Zerstörung des Zellen-FETs vermieden werden soll. Wird nun eine mit „0" programmierte Zelle mit positiver Spannung auf der Gate-Leitung angesteuert, schirmt das negativ aufgeladene floating Gate das Steuerungs-Gate so stark ab, daß der FET nicht durchgeschaltet wird. Die über den durchgeschalteten Spalten-schalter mit der Zelle verbundene interne Datenleitung Di bleibt über den Pull-up-Widerstand R_D auf der positiven Spannung V_{CC} =5 V und ist der Ausgangstreiber durch-geschaltet, invertiert dieser den Zustand zu einer logischen 0 auf der Ausgangsleitung DQi.

Programmiert werden also nur die „0"-Zelleninhalte. Ein unprogrammiertes EPROM enthält in allen Zellen „1". Die Programmierung wird beim MCM2716 z. B. in folgender Weise durchgeführt:

Nach Anlegen der Zellenadresse an die Adreßeingänge A0 bis A10 und Schalten des Output-enable-Eingangs auf G = 1, werden die 8 Datenbits an die Daten-Ein-/Ausgänge DQ0 bis DQ7 gelegt. Während nun die Spannung an dem V_{PP}-Eingang von 5 V auf 25 V erhöht ist, wird der Programmiereingang $\overline{E}$/Progr für 50 ms auf 5 V (High-Signal) geschaltet. Über den invertierenden Eingangstreiber wird dann diejenige interne Daten-leitung Di auf 25 V geschaltet, bei der am Dateneingang DQi 0-Signal liegt. In diejeni-gen Zellen, die auch Gate-seitig adressiert werden, wird jetzt eine „0" einprogrammiert, d. h., deren floating Gate wird aufgeladen.

Bei fehlerhaftem Programmieren können nachträglich „1"-Inhalte noch durch „0"-Inhalte überprogrammiert werden. Umgekehrt ist dies nicht möglich, denn das floating Gate kann nur durch intensive UV-Bestrahlung wieder entladen werden. Durch diese Bestrahlung wird eine geringfügige Leitfähigkeit in der SiO_2-Isolation des Gates erzeugt. Diese Programmierung wird meist auf speziell entwickelten Geräten oder, wenn ein Mikroprozessor-Entwicklungssystem (z. B. Exorciser von Motorola) zur Verfügung steht, mit dem dort integrierten PROM-Programmer-Mikromodul durchgeführt.

5.2.3 PROM-Zellen

PROMs sind nur einmalig programmierbare ROMs. Ihre Adreßdecoder und Steuerlogik sind meist in TTL-Technik und in Sonderfällen auch in ECL-Technik hergestellt. Die Speicherzellen enthalten anstelle der in Bild 5.2 gezeigten FETs bipolare Transistoren, in deren Emitterzweige sehr dünne Metallschichtverbindungen (links) aus Nickel-Chrom nach Masse geschaltet sind. In der nicht programmierten Zelle schaltet ein an der Basis über die Wortleitung angesteuerter Transistor durch und schließt somit über den durchgeschalteten Spaltenschalter die interne Datenleitung nach Masse kurz. Dies entspricht einer programmierten „1".

Beim Programmieren wird durch einen Stromstoß von etwa 0,6 A und 0,1 bis 1 ms Dauer die Nickel-Chrom-Schicht durchgebrannt (blow up). Wird eine so behandelte Transistorzelle angesteuert, schaltet sie nicht mehr nach Masse durch, und die am Collector liegende interne Datenleitung bleibt im High-Zustand. Dies entspricht einer programmierten „0". Der Programmiervorgang ist hier irreversibel, denn die einmal durchgebrannte Verbindung kann nicht wieder „repariert" werden. Während beim EPROM sämtliche 8 Bit eines Wortes parallel, also gleichzeitig programmiert werden, müssen beim bipolaren PROM die einzelnen Bit eines Wortes zeitlich nacheinander angesteuert und programmiert werden.

5.2.4 Zugriffszeit und Verlustleistung

Zugriffszeit Das Zeitintervall zwischen Anlegen der Adresse einer Speicherzelle und der Verfügbarkeit des Zelleninhalts am Datenausgang wird als Adreß-Zugriffszeit t_{AVQV} bezeichnet. Diese Zeit ist bei den in unterschiedlicher Technologie hergestellten Nur-Lese-Speichern sehr verschieden. Die wichtigen Zeiten sind im Timing-Diagramm von Bild 5.3 eingetragen. Die dort angegebenen Zeiten gelten für das EPROM MCM2716 und sind Maximalwerte. Folgende Werte sind typisch:

NMOS-EPROMs oder -ROMs:	$t_{AVQV} \approx$ 300 ns bis 450 ns
TTL-PROMs oder -ROMs:	$t_{AVQV} \approx$ 40 ns bis 70 ns
ECL-PROMs oder -ROMs:	$t_{AVQV} \approx$ 7 ns bis 25 ns

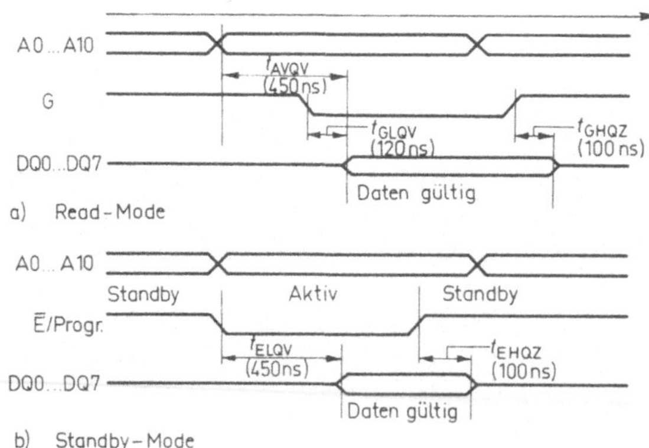

Bild 5.3
Timing-Diagramm für den Read-Mode (a) und den Standby-Mode (b) eines EPROMs
Die in Klammern angegebenen Zeiten sind Maximalwerte des EPROMs MCM2716

Wird ein Mikrorechnersystem mit einer Systemtaktperiode von T_{cyc} = 1000 ns betrieben, so ist die Zugriffszeit aller NMOS-EPROMs hinreichend klein um sicheren Betrieb zu gewährleisten. Wird mit einer Zykluszeit von T_{cyc} = 500 ns gearbeitet, wie beim Prozessor MC68B00 möglich, sind entsprechend schnellere Speicher (z. B. MCM27A16) zu verwenden. Bei noch kürzeren Zykluszeiten ist dann nur noch die Verwendung bipolarer TTL- oder gar ECL-PROMs möglich.

Verlustleistung Moderne EPROMs, wie das MCM2716, arbeiten mit nur einer Versorgungsspannung von V_{CC} = 5 V und erzeugen im selektierten Fall eine Verlustleistung von etwa 300 mW. Wird ein solches EPROM nicht selektiert, da $\overline{E}$/Progr = 1 ist, so wird in diesem Standby-Mode die Verlustleistung auf etwa 50 mW reduziert. Ältere EPROMs, wie das MCM2708 mit einer Speicherkapazität von 1024×8 Bit, benötigen noch die Versorgungsspannungen 12 V, 5 V und –5 V und erzeugen eine Verlustleistung von etwa 800 mW. Die Verlustleistung eines bipolaren TTL-PROMs beträgt ebenfalls etwa 750 mW (z. B.MCM7680).

5.2.5 Adressierung

Als Beispiel wird in Bild **5**.4 das (2 k × 8 Bit)-EPROM-MCM2716 vom Prozessor adressiert und angesteuert. Während die niederwertigeren Bits A0 bis A10 direkt dem EPROM zugeführt werden, sind die höherwertigen Bits A11 bis A15 direkt und invertiert an die Adressierschalter gelegt. Je nach Stellung der 5 Schalter kann nun das EPROM mit seiner Anfangsadresse an 2^5 = 32 verschiedenen Stellen im (64 k)-Adreßraum des Mikrorechners plaziert werden.

Es sind folgende Adreßplazierungen möglich:

$0000   bis $07FF
$0800   bis $0FFF
$1000   bis $17FF
$1800   bis $1FFF
$2000   bis $27FF

$\vdots$

$F000   bis $F7FF
$F800   bis $FFFF

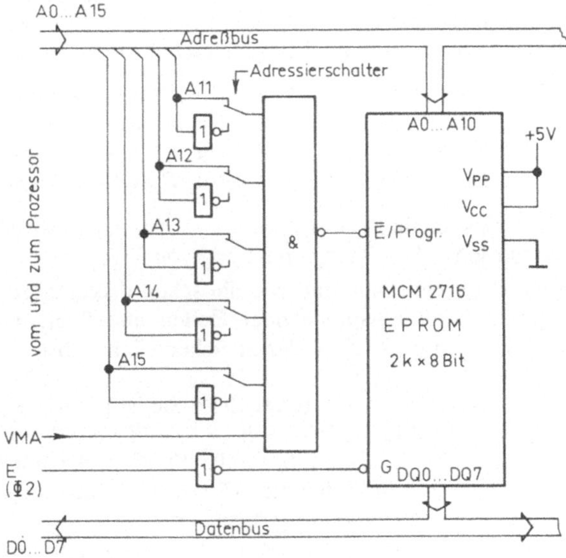

Bild **5**.4 Einbau und Adressierung eines MCM2716-EPROMs in einem Mikrorechner

Im allg. wird im Mikrorechner eine öftere Adreßumschaltung des Speichers nicht erforderlich sein, so daß die Adressierschalter auch durch feste Drahtbrücken ersetzt werden können. In kleineren Systemen ist auch eine unvollständige Adressierung des EPROMs möglich, d. h., es werden nicht alle 5 höherwertigen Bit zur Adressierung des EPROM-Bausteins benutzt. Bei der gezeigten Ansteuerung verläßt das EPROM nur dann den verlustarmen Standby-Mode, wenn es durch $\overline{E}$/Progr = 0 adreßmäßig selektiert wird. Schließlich werden erst bei $\Phi 2$ = E = 1, also in der Datenübertragungsphase, die Ausgänge DQ0 bis DQ7 auf den Datenbus geschaltet.

5.3 Schreib-Lese-Speicher (RAM)

Beim PROM und EPROM ist es nur durch einen relativ komplizierten Programmierungsprozeß möglich, Daten in die Speicherzellen einzugeben. Schreib-Lese-Speicher sind jedoch immer dann erforderlich, wenn der Prozessor während der Programmbearbeitung Daten zwischenzeitlich ablegen muß, um sie später wieder abzurufen und weiterzuverarbeiten. Das Beschreiben der Speicherzellen muß dann ebenfalls wie das Lesen der Zellen innerhalb einer Zykluszeit des Prozessors möglich sein. Beim RAM muß grundsätzlich zwischen der statischen und der dynamischen Speicherung unterschieden werden.

5.3.1 Statisches RAM

In Bild **5.**5 ist der organisatorische Aufbau eines statischen (4 k $\times$ 1 Bit)-RAMs dargestellt. Dargestellt ist dort auch die Struktur der einzelnen Speicherzelle, sowohl in NMOS als auch in CMOS-Technik. Ein solches als Beispiel verwendetes (4 kBit)-RAM steht jedoch auch als (1 k $\times$ 4 Bit)-RAM zur Verfügung. Kleinste adressierbare Einheit ist dann eine Kette von 4 Speicherzellen. Beispiele hierfür sind die statischen RAMs:

MCM2147:	4 k $\times$ 1 Bit, NMOS-Technologie
MCM2114:	1 k $\times$ 4 Bit, NMOS-Technologie
MCM146504:	4 k $\times$ 1 Bit, CMOS-Technologie
MCM146514:	1 k $\times$ 4 Bit, CMOS-Technologie

Alle Chips sind in Dual-in-Line-Gehäusen mit 18 Anschlüssen untergebracht und benötigen nur eine Versorgungsspannung von 5 V.

Auch RAM-Speicher sind wie die schon diskutierten ROMs intern als Speichermatrix organisiert mit entsprechender Zeilen und Spaltenanwahl. Die Unterschiede liegen hauptsächlich im Aufbau der Speicherzellen selbst.

5.3.1.1 Statische NMOS-RAM-Zelle Sie ist aus 6 N-Kanal-FETs vom Anreicherungstyp aufgebaut. In Bild **5.**5 bilden die FETs *T1* und *T2* mit den als FET-Diode geschalteten Last-FETs *T3* und *T4* ein bistabiles Flipflop, das nur in zwei Zuständen stabil arbeiten kann. Der Zustand *T1* leitend, *T2* gesperrt, entspreche einer gespeicherten „0" und der umgekehrte Zustand einer gespeicherten „1".

In jedem der beiden Zustände fließt Strom durch die Zelle – entweder über *T3* und *T1* oder über *T4* und *T2*. Prinzipiell könnten die Lasttransistoren *T3, T4* auch durch Wirkwi-

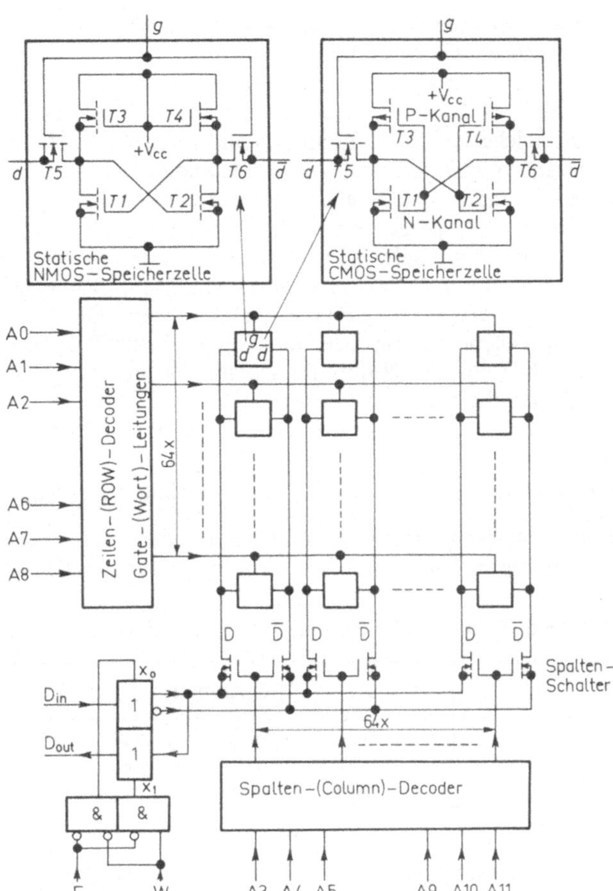

Bild 5.5
Blockstruktur eines statischen
(4096 × 1 Bit)-RAMs (z. B.
MCM2147 in NMOS-Technik oder
MCM146504 in CMOS-Technik)
Am oberen Bildrand ist der Aufbau
der statischen NMOS- und CMOS-
Speicherzelle dargestellt

derstände R_D ersetzt werden. Für die technologische Herstellung ist jedoch die Verwendung von Lasttransistoren günstiger. Die Anwahltransistoren $T5$ und $T6$ dienen zur Daten-Ein-/Ausgabe in bzw. aus der Zelle.

Datenausgabe: Durch Ansteuern der Gate-Leitung g mit positiver Spannung werden die Anwahl-FETs $T5$, $T6$ durchgeschaltet und auf den Spaltenleitungen D, $\overline{\text{D}}$ treten die antivalenten in der Zelle gespeicherten Zustände auf. Der über den Spaltendecoder angesteuerte Spaltenschalter überträgt den nichtinvertierten gespeicherten Zustand der durch Zeilen- und Spaltenkonzidenz angewählten Zelle über den Three-state-Treiber auf die Ausgangsleitung Dout, wenn E = 0 und W = 1 ist.

Dateneingabe: Der am Eingang Din liegende logische Zustand wird bei E = 0 und W = 0 über den angewählten Spaltenschalter in die durch die Wortleitung angesteuerte Zelle geschrieben. Wird eine „0" eingeschrieben, wird über $T5$ wegen D = 0 der FET $T2$ gesperrt und wegen $\overline{\text{D}}$ = 1 über $T6$ der FET $T1$ durchgeschaltet. Werden Spaltenschalter oder Anwahltransistoren wieder gesperrt, bleibt dieser Zustand in der Zelle erhalten, bis durch Einschreiben einer „1" das Flipflop in den anderen Zustand gekippt wird.

5.3.1.2 Statische CMOS-RAM-Zelle Ihr prinzipieller Aufbau ist der gleiche wie bei der NMOS-Zelle, jedoch sind die Lasttransistoren $T3$, $T4$ durch zwei P-Kanal-FETs ersetzt. Da diese Gate-seitig mit den Schalter-FETs $T1$ bzw. $T2$ verbunden sind, ist bei durchgeschaltetem FET $T1$ der Complementär-FET $T3$ gesperrt. Entsprechendes gilt für $T4$ $T2$. Bei gespeicherter „0" ist $T1$ leitend und somit $T2$ durch die auf etwa 0 V liegende Drain-Spannung von $T1$ gesperrt. Von den Complementär-FETs ist $T4$ leitend und $T3$ gesperrt. Dieser Zustand ist stabil ebenso wie der umgekehrte (gespeicherte „1"), in dem $T2$, $T3$ leitend und $T1$, $T4$ gesperrt sind. Durch die Zweige $T1$ $T3$ und $T2$ $T4$ kann jetzt nur während des Umschaltens Strom fließen, da im Ruhezustand stets einer der Transistoren gesperrt ist. Die CMOS-Zelle verbraucht also im Ruhezustand, sieht man von den Restströmen der gesperrten FETs ab, keinen Strom. Die Verlustleistung von CMOS-RAMs ist entsprechend niedrig. Die Herstellung solcher RAMs ist jedoch schwieriger, da die P-Kanal-FETs in eine N-dotierte Isolationswanne eingebaut werden müssen. Da im P-Kanal-FET die positiven Löcher den Strom leiten, deren Beweglichkeit jedoch geringer als die der Elektronen ist, sind die Schalteigenschaften von CMOS-RAMS schlechter als die von NMOS-RAMs.

Für die Datenein- und ausgabe gelten die gleichen Bedingungen wie beim NMOS-RAM.

Read-Write-Steuerung Für die Steuerung der Three-state-Eingangs- und Ausgangstreiber sind die in Tafel **5.6** festgelegten Bedingungen maßgebend.

Tafel **5.6** Wahrheitstafel der Read-Write-Steuerung des statischen RAM

E	W	X0	X1	Operation	Ausgang Dout	Arbeitszustand
0	0	1	0	Write (Eingabe)	hochohmig	aktiv
0	1	0	1	Read (Ausgabe)	Ausg.-Daten	aktiv
1	×	0	0	nicht selektiert	hochohmig	standby

Moderne NMOS-RAMs, wie z. B. das MCM2147, arbeiten mit einer automatischen Power-down-Schaltung und reduzieren im Standby-Mode die Verlustleistung von etwa 900 mW auf 150 mW (Angabe für das MCM2147). Aus Tafel **5.6** ergibt sich die in Bild **5.**5 gezeigte Eingangsschaltung.

Zugriffszeit Die Adreß-Zugriffszeit (s. Bild **5.**3) von NMOS-RAMs liegt im Bereich von 50 ns bis 100 ns und ist somit kürzer als die von NMOS-EPROMs. CMOS-RAMs sind langsamer. Ihre Zugriffszeiten liegen zwischen 300 und 1500 ns.

Verlustleistung Nachteil der statischen NMOS-RAMs ist ihre relativ große Verlustleistung von etwa 1 W im aktiven Zustand eines (4 kBit)-RAM. Power-down-Schaltungen senken jedoch diese Leistung im Standby-Mode auf etwa 1/6. Der große Vorteil von CMOS-RAMs ist ihre geringe Verlustleistung von etwa 10 mW für ein (4 kBit)-RAM. Beide Parameter Zugriffszeit und Verlustleistung müssen deshalb bei der Speicherauswahl berücksichtigt werden.

5.3.1.3 Speicheraufbau mit statischen RAMs Abhängig von der Organisation des RAMs muß der Speicheraufbau erfolgen. Wird ein größerer RAM-Speicher, z. B. wie in Bild **5.**7 ein (4 k × 8 Bit)-Speicher, für einen Mikrorechner benötigt, ist es zweckmäßig, Bit-

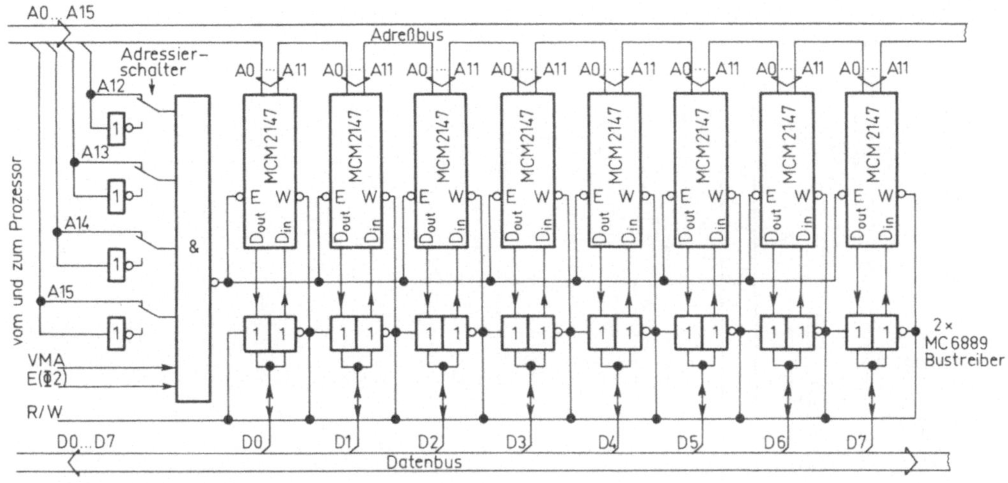

Bild **5**.7 Aufbau eines statischen (4096 × 8 Bit)-RAM-Speichers mit den Bit-organisierten (4096 × 1 Bit)-RAMs MCM2147

organisierte Bausteine zu verwenden und sie wie in Bild **5**.7 anzusteuern. Über die Adressierschalter kann das aus 8 Bausteinen bestehende Array in Abständen von 4 k in den Adreßraum des Mikrorechners plaziert werden. Der Speichermodul kann dadurch in die Adreßbereiche

$0000 bis $0FFF
$1000 bis $1FFF
        :
$F000 bis $FFFF

gelegt werden. Die Datenausgänge Dout und Eingänge Din müssen noch über bidirektionale Bustreiber mit dem Datenbus gekoppelt werden. Geeignet sind hierfür die nicht-invertierenden Bus-Receiver MC6889 (8T28) von Motorola, die jeweils 4 Three-state-Treiberpaare enthalten.

Für kleinere Speichermodule verwendet man Wort-organisierte Bausteine. Bild **5**.8 zeigt einen (1 k × 8 Bit)-Speicher, der mit zwei (1 k × 4 Bit)-RAMs (MCM2114) aufgebaut ist. Da die Bausteine bereits durch W gesteuerte (W = 0 schreiben) bidirektionale Daten-Ein-/Ausgänge I/O besitzen, können die Bustreiber entfallen, was zur weiteren Vereinfachung beim Aufbau beiträgt. Die Adressierschalter plazieren den Speicher in die Adreßbereiche

$0000 bis $03FF
$0400 bis $07FF
$0800 bis $0BFF
$0C00 bis $0FFF
$1000 bis $13FF
        :
$FC00 bis $FFFF

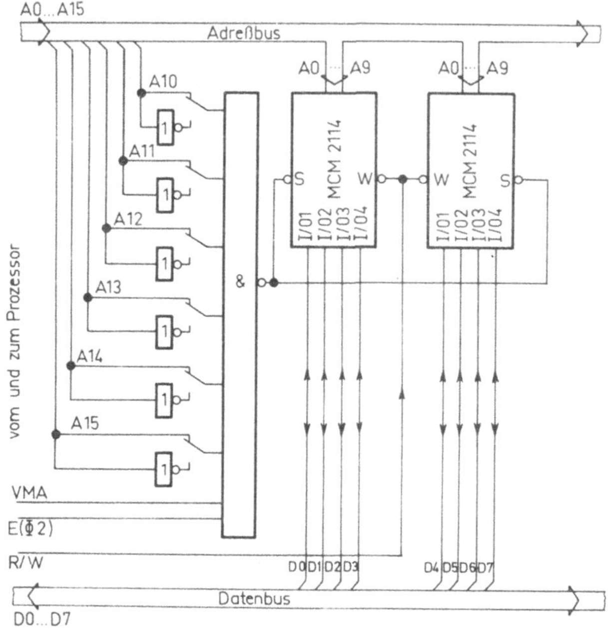

Bild 5.8
Aufbau eines statischen (4096 × 8 Bit)-RAM-Speichers mit den Wort-organisierten (1024 × 4 Bit)-RAMs MCM2114

Auch hier können die Adreßschalter durch Drahtbrücken ersetzt werden, wenn eine häufigere Umadressierung des Speichers nicht erforderlich ist. Würde man den (4 k × 8 Bit)-Speicher mit diesen Wort-organisierten RAMs aufbauen, müßte die Decodierung für jeweils 4 RAM-Paare getrennt aufgebaut werden, was zu einem größeren Aufwand führen würde.

5.3.2 Dynamisches RAM

Bisher ist die Herstellung großer Speicher-Module aus statischen-RAMs an dem relativ komplizierten Aufbau der einzelnen statischen NMOS- oder CMOS-Zelle gescheitert. Für die Erzielung einer höheren Packungsdichte im Speicher-Array ist die Verkleinerung der für eine Speicherzelle erforderlichen Chip-Fläche erforderlich. Diese Bemühungen führten zur aus nur einem N-Kanal-FET bestehenden Speicherzelle des dynamischen RAMs. Dynamische RAMs werden heute in den Größen 4 k × 1 Bit, 16 k × 1 Bit und 64 k × 1 Bit angeboten. Dynamische RAMs mit einer Kapazität von 256 k × 1 Bit stehen ab 1982 ebenfalls zur Verfügung. Sie sind also durchweg Bit-organisiert, eine Organisationsform, die ihrem Anwendungszweck angepaßt ist. Soll z. B. ein (16 k × 8 Bit)-Speicher aufgebaut werden, benutzt man 8 dynamische RAMs vom (16 k × 1 Bit)-Typ, die adreßmäßig parallel angesteuert werden.

5.3.2.1 Dynamische NMOS-RAM-Zelle In Bild 5.10c ist der Aufbau einer dynamischen RAM-Zelle dargestellt. Sie besteht aus nur einem N-Kanal-FET, an den die Kapaztät C angeschlossen ist. Beim Einschreiben einer „1" in die Zelle wird der FET durch positive Spannung am Gate durchgeschaltet und die Kapazität C wird über ihn auf High-Level

(z. B. 5 V) aufgeladen. Beim Einschreiben einer „0" wird C entsprechend auf Low-Level (0 V) entladen. Ist die Kapazität C aufgeladen und danach der FET wieder gesperrt, so bleibt dieser Ladungszustand wegen unvermeidbarer Leckströme nur begrenzte Zeit erhalten. Nach einigen ms ist die Ladespannung soweit abgesunken, daß die gespeicherte „1" verloren geht. Die Zelle besitzt also ein relativ „kurzes Gedächtnis". Der verloren zu gehen drohende Ladungszustand muß deshalb rechtzeitig aufgefrischt (Refreshing), d. h., auf den Ausgangspegel zurückgebracht werden. Wird dieses Refreshing nicht durchgeführt, steht nach etwa 10 ms in allen Speicherzellen eine „0". Der Ladungszustand moderner dynamischer RAM-Zellen wird aus diesem Grunde alle 2 ms regeneriert.

5.3.2.2 Aufbau dynamischer RAMs Dynamische RAMs sind für den Aufbau großer Speicher-Module (>8 kByte) vorgesehen. Die Chips sollten deshalb in möglichst kleinen DIL-Gehäusen untergebracht sein und möglichst wenig Anschlüsse haben, um auf den Speicherkarten eine große Packungsdichte zu erzielen. Diese Forderungen erzwingen als erstes die Bit-Organisation, da dann nur ein Dateneingang und ein Datenausgang benötigt werden. Problematisch ist die große Anzahl von Adreßeingängen (12 beim (4 k)-RAM, 14 beim (16 k)-RAM und 16 beim (64 k)-RAM). Aus diesem Grunde ist man bei modernen dynamischen RAMs zur Adreßansteuerung im Multiplex-Verfahren übergegangen. Bei diesem Verfahren wird die Gesamtadresse dem RAM in zwei „Hälften" zeitlich nacheinander übergeben. Ein (16 k)-RAM benötigt dann nur noch 7 Adreßanschlüsse und kann in ein DIL-Gehäuse mit 16 Anschlüssen eingebaut werden. Zwar wird durch diese Maßnahme der Aufbau kompakter Speichermodule gefördert, die Ansteuerung solcher dynamischer RAMs ist jedoch nicht zuletzt auch wegen des erforderlichen periodischen Refreshing wesentlich komplizierter als die statischer RAMs.

Bild 5.9 zeigt die Blockschaltung eines dynamischen RAMs. Als Beispiel wurde hierfür

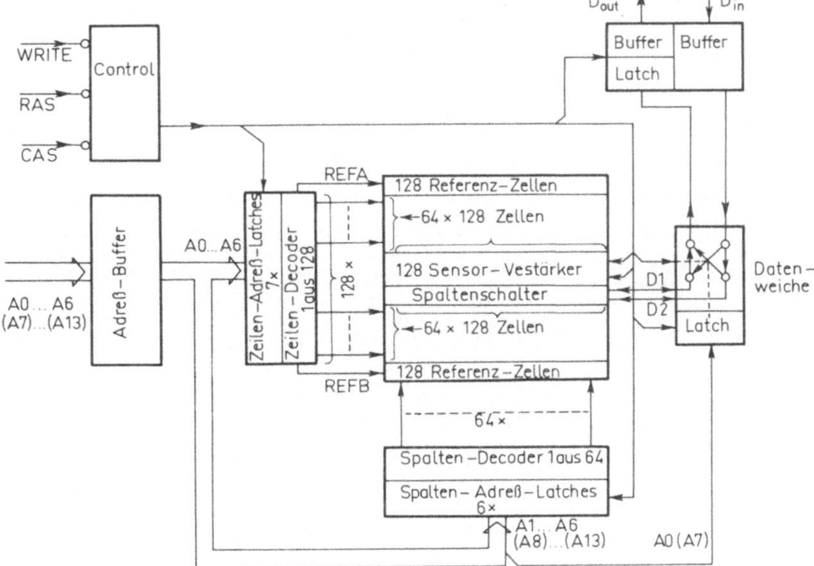

Bild **5**.9 Struktur eines dynamischen (16384 × 1 Bit)-RAM-Speichers

das (16 k × 1 Bit)-RAM MCM5116A von Motorola gewählt. Bei der Ansteuerung werden dem RAM über die Adreß-Buffer zunächst die 7 niederwertigen Bit A0 bis A6 der Adresse in die Zeilen-Adreß-Latches gespeichert. Diese werden vom Zeilendecoder decodiert und steuern die insgesamt 128 Zeilen der Speicher-Matrix an. Die Ansteuerung der Zeilen wird durch RAS = 0 (**R**ow **A**ddress **S**trobe) ausgelöst (s. Timing-Diagramm von Bild 5.11). Innerhalb derselben Taktperiode werden anschließend die 7 höherwertigen Bit A7 bis A13 über dieselben Adreßeingänge in 6 Spalten-Adreß-Latches und in das die Datenweiche steuernde Latch gespeichert. Bei CAS = 0 (**C**olumn **A**dress **S**trobe) werden die Spaltenschalter aktiviert und der Inhalt der durch Koinzidenz von Zeile und Spalte adressierten Speicherzelle wird über die Datenweiche entweder ausgegeben, oder es wird bei WRITE = 0 ein neuer Inhalt in diese eingegeben.

Der genauere Ablauf des Lesens, Einschreibens oder Auffrischens einer Zelle soll an Bild 5.10 erläutert werden. Dort ist als Ausschnitt der Speichermatrix ein aus 4 Spalten bestehender Teil wiedergegeben. Da nur die Adreßbits A8 bis A13 dem Spaltendecoder zugeführt werden, sind nur 64 Spalten-Anwahlleitungen vorhanden, die jeweils 2 Spalten gleichzeitig ansteuern. Ferner führt eine der 2×64 Zeilen-Anwahlleitungen 1-Signal, so daß aus der Gesamtmatrix zwei benachbarte Zellen einer Zeile angewählt sind. Durch die Spaltenschalter und über die Sensorverstärker werden die Inhalte dieser beiden Zellen, sollen sie gelesen werden, auf die internen Datenleitungen D1 und D2 geschaltet. Die vom Adreßbit A7 gesteuerte Datenweiche schaltet nun einen der beiden Inhalte,

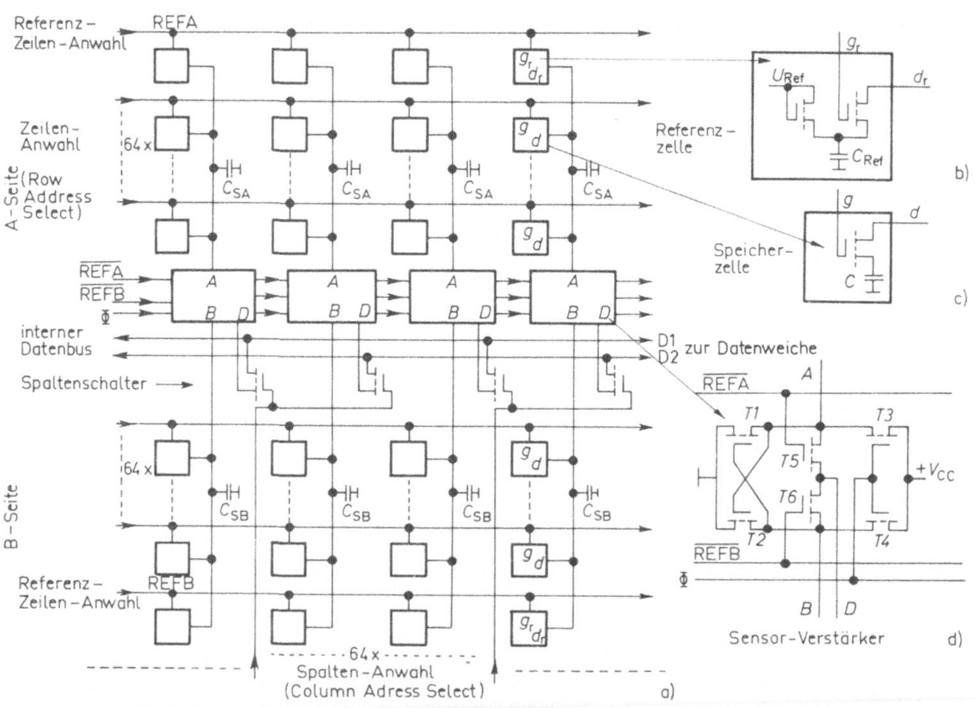

Bild 5.10 Ausschnitt aus der Speichermatrix des dynamischen (16384 × 1 Bit)-RAMs (a) sowie Aufbau von Referenz-Zelle (b), dynamischer Eintransistor-Speicherzelle (c) und Sensor-Verstärker (d)

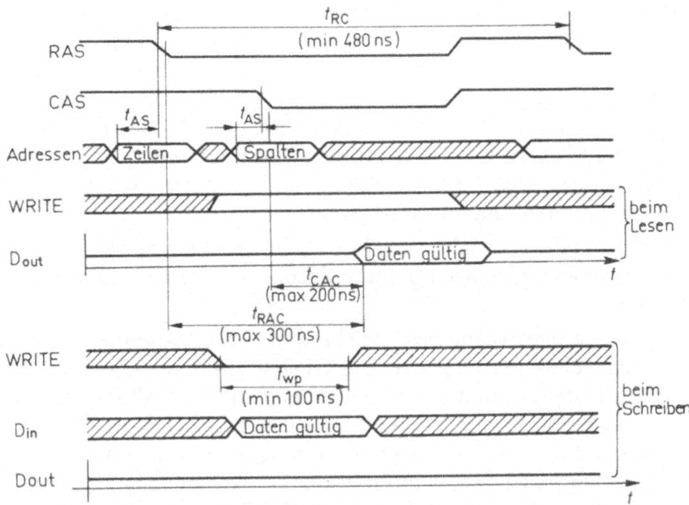

Bild 5.11 Timing eines dynamischen RAMs beim Lesen und beim Schreiben
Die in Klammern angegebenen Zeiten gelten für das dynamische MCM4116A-30-(16 k × 1 Bit)-RAM;
schraffiert: Signalzustand beliebig (don't care)

nämlich den der adressierten Zelle, durch und überträgt ihn in das Ausgangs-Latch.
Nach der Zeit t_{RAC} = 300 ns – gemessen vom Zeitpunkt zu dem RAS = 0 wird
(Bild 5.11) – steht der Zelleninhalt am Ausgang Dout zur Verfügung. Da die Adreß-
Setup-Zeit t_{AS} = 0 sein kann, entspricht t_{RAC} der Zugriffszeit des RAMs.

5.3.2.3 Auffrischen Die Speichermatrix besteht aus 2 gleichen Hälften, der A-Seite und
der B-Seite, mit je einer Zeile von Referenz-Zellen am äußeren Rand, deren prinzipieller Aufbau in Bild 5.10b erkennbar ist. Wird nun durch 1-Signal auf eine Zeilen-Anwahl-
leitung eine Zeile der A-Seite angesteuert, wird gleichzeitig durch REFB = 1 die gegen-
überliegende Referenz-Zeile angewählt. Während zuvor im Sensor-Verstärker
(Bild 5.10d) bei REFA =REFB = 0, also bei $\overline{REFA}$ = $\overline{REFB}$ = 1, die FETs $T5$ und $T6$
durchgeschaltet waren, die Punkte A und B also gleiches Potential führten und somit die
Leitungskapazitäten C_{SA} und C_{SB} gleich aufgeladen waren, wird nun mit $\overline{REFB}$ = 0 der
FET $T6$ gesperrt. Die Leitungskapazitäten C_{SA} der A-Seite werden durch die Zellenka-
pazitäten C über die durchgeschalteten Zellen-FETs aufgeladen, die Kapazitäten C_{SB} der
B-Seite dagegen durch die auf die Referenzspannung U_{Ref} geladenen Referenzkapazitäten C_{Ref}. Die Leitungskapazitäten C_{SA} und C_{SB} sind wesentlich größer als die Speicher-
und Referenzkapazitäten C und C_{Ref}. Die Spannungen an C und C_{Ref} brechen also
zusammen. Die in C gespeicherte Information wird fast zerstört. Die Referenzspannung
U_{Ref} wird so gewählt, daß die durch die Referenzkapazität C_{Ref} aufgeladene Leitungskapazität C_{SB} eine Spannung führt, die kleiner ist als die Spannung an C_{SA}, die sich aus der
Aufladung einer mit „1" gefüllten Speicherzellen-Kapazität C ergibt. Wird eine der
Kapazitäten C_{SA} von einer mit „0" gefüllten, also entladenen Zellenkapazität C geladen,
so ist die sich dann ergebende Ladespannung an C_{SA} kleiner als die an C_{SB}.

Wird nach dieser Zeilen- und Referenzzeilenanwahl durch einen Impuls auf der Leitung
Φ die Spannung V_{CC} über die Lasttransistoren $T3$ $T4$ des Sensorverstärkers kurzzeitig an

die Schaltertransistoren $T1$ $T2$ gelegt, so kippt wegen der anfänglichen Spannungsdifferenz zwischen A und B das Flipflop bestehend aus $T1$ $T2$ $T3$ $T4$ in die Lage, die durch die Spannungsdifferenz vorprogrammiert ist. War eine „1" gespeichert, ist A positiver als B und $T1$ wird gesperrt. A nimmt dann die Spannung V_{CC} an. Leitungskapazität C_{SA} sowie Zellenkapazität C der angewählten Zeile werden aufgeladen. Eine „1" wird zurückgespeichert. Ist A negativer als B, war also eine „0" gespeichert, kippt das Flipflop in die andere Lage, $T1$ ist leitend, und Leitungs- sowie Zellenkapazität C_{SA} und C werden entladen Die „0" wird zurückgespeichert.

Entsprechendes Verhalten ergibt sich, wenn die angewählte Zeile auf der B-Seite liegt, denn dann wird gleichzeitig durch REFA = 1 die Referenzzellenzeile der A-Seite angesteuert.

Bei jedem Lesevorgang des Speichers wird also diejenige Zeile der Matrix aufgefrischt, in der die gelesene Zelle liegt. Das Gleiche gilt beim Schreiben, nur daß hierbei über den internen Datenbus und den angewählten Spaltenschalter in die adressierte Zelle ohnehin ein neuer Inhalt geschrieben und nur die verbleibenden 127 Zellen der Zeile aufgefrischt werden. Wird eine Zeile nicht alle 2 ms einmal angewählt, geht ihr Inhalt verloren. Da der Speicher im Einsatz vom Prozessor bei dessen Programmabarbeitung nie so regelmäßig angesteuert wird, muß die periodische Zeilenanwahl zum Zwecke des Refreshing von einer gesonderten Refresh-Steuerung durchgeführt werden.

5.3.2.4 Ansteuerung dynamischer RAMs Wegen des Adreß-Multiplexing und des Refreshing ist die Ansteuerung moderner dynamischer RAMs recht kompliziert. Um nun dem Entwickler den Aufbau von Speichermodulen zu erleichtern und um die Struktur des Moduls übersichtlich zu halten, werden von den Herstellern, so auch von Motorola, den Anforderungen der dynamischen RAMs genau angepaßte Steuerungsbausteine geliefert. Von Motorola sind dies die Bausteine:

- Memory Controller MC3480;
- Adressen-Multiplexer und Refresh-Zähler MC3242A für die Ansteuerung von (16 k × 1 Bit)-RAMs und MC3232A für die Ansteuerung von (4 k × 1 Bit)-RAMs;
- MPU- und RAM-Timer-Modul MC6875;
- invertierende Bustreiber MC6880A (8T26A);
- nichtinvertierende Bustreiber MC6889 (8T28);

Mit diesen Bausteinen ist in Bild **5**.12 die Ansteuerung eines (64 k × 8 Bit)-Speicherblockes, aufgebaut aus 32 RAMs vom Typ 16 k × 1 Bit (MCM4116A), dargestellt. Bild **5**.13 zeigt das dazugehörende Timing-Diagramm sowohl für den Refresh- als auch für den Read/Write-Betrieb. Anhand dieser beiden Bilder soll sowohl die Refresh- als auch die Read/Write-Steuerung verfolgt werden.

Refresh-Steuerung Der Refresh-Taktgenerator MC1455 läuft völlig asynchron zum MPU-Taktgenerator MC6875 und erzeugt bei f_{Ref} = 64 kHz alle 15,63 µs einen Refresh-Takt RefClk. Der Memory Controller MC3480 fordert daraufhin beim Timer-Modul MC6875 einen Refresh Request an. Der Timer-Modul „stiehlt" nun der MPU einen Takt (s. Abschn. 4.5.1.1) und erteilt über RefGrant dem Memory Controller die Refresh-Genehmigung. Dieser legt infolgedessen den Ausgang RefEnOut auf 1-Signal. Der Adressen-Multiplexer MC3242A schaltet die MPU-Adressen ab und seinen internen 7-Bit-Refresh-Adreßzähler auf die Ausgänge $\overline{O0}$ bis $\overline{O6}$ und somit an die Eingänge A0 bis A6 aller 4 RAM-Blöcke. Daraufhin werden alle 4 Ausgänge RAS1 bis RAS4 auf Low-

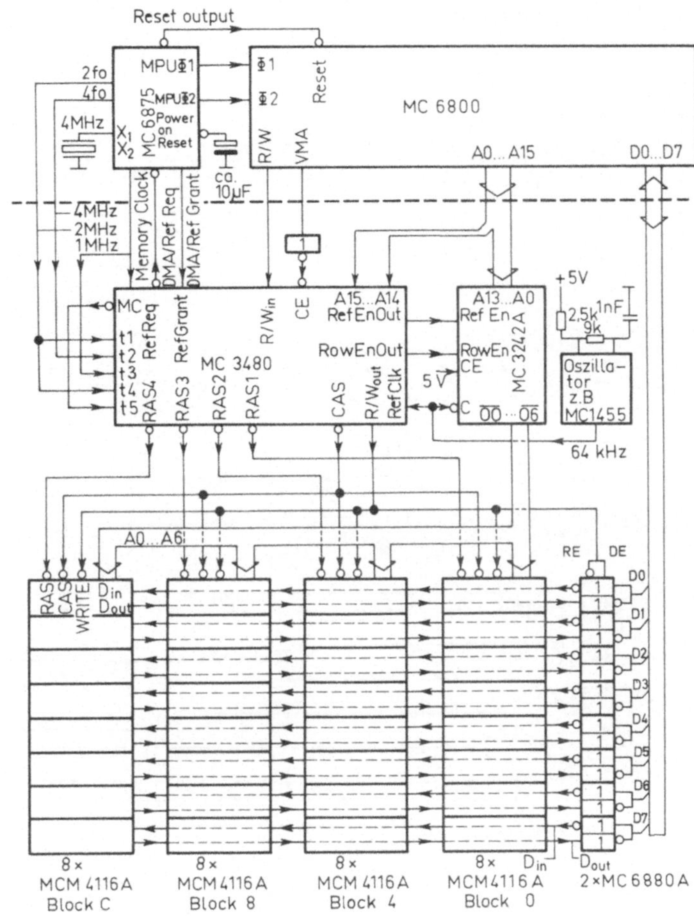

Bild **5.**12 Aufbau eines (64 k × 8 Bit)-RAM-Speichers mit den (16 k × 1 Bit)-MCM4116A-RAMs, dem Memory-Controller MC3480, dem MC3242A-Adressen-Multiplexer und Refresh-Zähler sowie den bidirektionalen Bustreibern MC6880A und Anschluß des Speichers an eine mit dem Taktbaustein MC6875 arbeitende MC6800-MPU

Level geschaltet, wogegen CAS = 1 bleibt. Alle 32 RAMs frischen jetzt die adressierte Zeile, wie in Abschn. 5.3.2.3 beschrieben, auf. Am Ende dieses, der MPU gestohlenen Zyklusses wird RefEnOut = 0, RAS1 bis RAS4 = 1, und der Multiplexer schaltet wieder zurück. Bei der 1 → 0-Flanke des Refresh-Taktes RefClk wird der Refresh-Adreßzähler inkrementiert und somit die nächste Refresh-Adresse bereitgestellt. Bei 128 Zeilen wird jede Zeile spätestens alle $128 \cdot 15{,}63 \, \mu s = 2 \, ms$ aufgefrischt.

Read/Write-Steuerung Ist mit VMA = 1 der Memory Controller wegen CE = 0 freigegeben, liegt keine Refresh-Anforderung vor und sendet die MPU eine Adresse aus, wird abhängig von den beiden höchstwertigen Bits A14 und A15 einer der 4 RAS-Ausgänge low geschaltet. Hierfür gilt Tafel **5.**14.

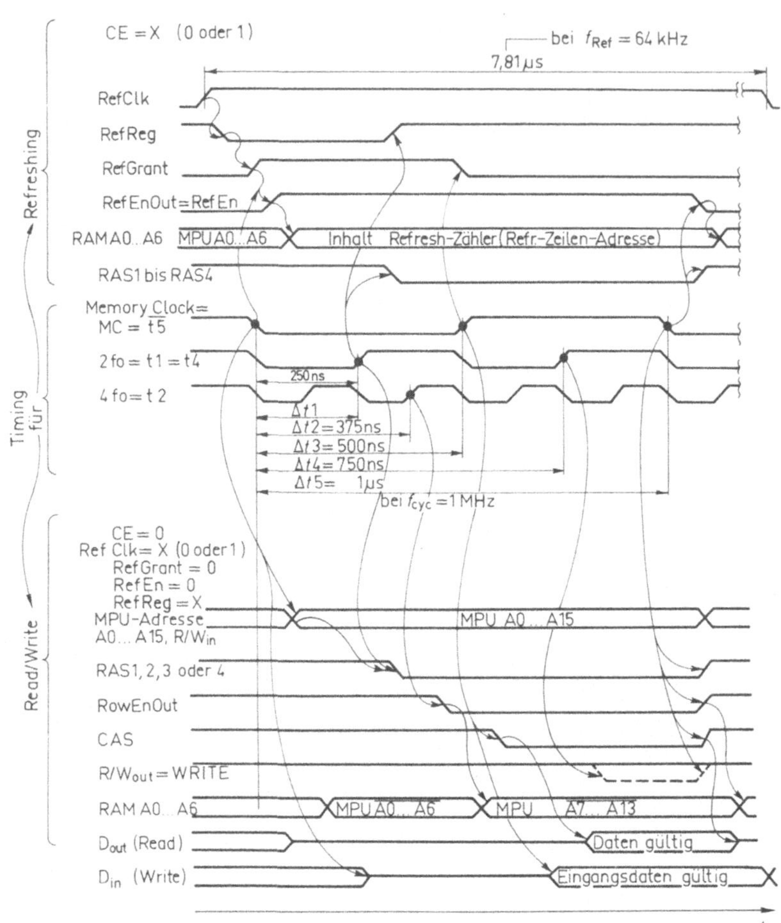

Bild 5.13 Timing-Diagramm des dynamischen RAM-Speichers nach Bild 5.12 für den Refresh- und Read/Write-Mode

Tafel 5.14 Zuordnung der RAS-Ausgänge zu den Adreßbits A14 und A15

A15	A14		
0	0	RAS1 = 0	
0	1	RAS2 = 0	Jeweils alle anderen RASi = 1
1	0	RAS3 = 0	
1	1	RAS4 = 0	

Mit dieser Zuordnung ergeben sich für die 4 angesteuerten Speicherblöcke die Anfangsadressen:

Block 0	$0000	Block 8	$8000
Block 4	$4000	Block C	$C000

Während RASi (i-ter Block) schon low aber der Ausgang RowEnOut noch high ist, schaltet der Adressen-Multiplexer die 7 niederwertigen MPU-Adressen invertiert an die RAMs, von denen sie in den Zeilen-Latches gespeichert werden. Dann wird RowEnOut = 0, der Multiplexer schaltet die 7 höherwertigen Adressen an die RAMs und mit dem folgenden CAS = 0 werden sie in den Spalten-Latches gespeichert. Eine einzige RAM-Zellen-Kette von 8 Bit Länge ist adressiert. Bei Read steht der Inhalt dieser Zellen-Kette auf den Ausgängen Dout zur Verfügung. Bei Write werden während des Impulses WRITE = 0 die an den Eingängen Din liegenden Daten in die Zellen-Kette geschrieben.

Das gesamte Refresh- und Read/Write-Timing wird durch die Signale an den Timing-Eingängen t1 bis t5 des Memory Controllers bestimmt. Eine Möglichkeit der Ansteuerung ist in den Bildern **5.**12 und **5.**13 für ein Mikrorechnersystem wiedergegeben, das mit einer Systemtaktfrequenz von f_{cyc} = 1 MHz mit der MC6800-MPU und dem MC6875-Timer-Modul arbeitet. Von Motorola werden im Datenbuch Memory Products [6] noch weitere Ansteuerungen von t1 bis t5 vorgeschlagen.

Speicherblock Adressiert durch A14, A15 zerfällt der Speicher in die Blöcke 0, 4, 8, C. Während die Blöcke von Adressen und Steuersignalen CAS, WRITE parallel angesteuert werden, sind jeweils die Eingänge Din je eines RAMs der 4 Blöcke und ebenfalls die entsprechenden Ausgänge Dout miteinander verbunden und über die Bustreiber MC6880 auf den Datenbus gekoppelt. Diese invertieren sowohl beim Einschreiben als auch beim Auslesen die Daten. Im Speicher werden also die invertierten Daten hinterlegt. Die RAMs werden mit den invertierten MPU-Adressen $\overline{A0}$ bis $\overline{A13}$ angesteuert. Dies ist jedoch für die Adressierung innerhalb eines Blocks bedeutungslos. Sendet die MPU die Adresse A0 = 0 bis A13 = 0 aus, wird in die Zelle, für die $\overline{A0}$ = 1 bis $\overline{A13}$ = 1 gilt, gespeichert. Der Speicherblock wird also von der höchsten Adresse an zu niedrigeren Adressen hin gefüllt.

Für eine MC6800-MPU, die 64 kByte adressieren kann, ist es sicher nicht zweckmäßig einen (64 kByte)-RAM-Speicher-Modul vorzusehen. Es verbleibt dann nämlich kein Freiraum mehr für die Adressierung von ROMs, PROMs oder EPROMs sowie von Ein-/Ausgabebausteinen (z. B. PIAs und ACIAs) und von sonstigen Sonderbausteinen (z. B. Timer, DMA-Controller). In diesem Fall wird sinnvollerweise der Block C weggelassen. Der Mikrorechner hat dann noch einen sehr großen (48 kByte)-RAM-Speicher, der für die meisten speicherintensiven Operationen, wie z. B. Text-Editing, ausreicht. In dem verbleibenden 16-kByte-Block von $C000 bis $FFFF können dann alle EPROM-Programmspeicher und Ein-/Ausgabemodule adreßmäßig plaziert werden. Ein solcher RAM-Speicherblock ist mit der heutigen Layout-Technik bequem auf einer Europa-Karte (100 mm × 160 mm) unterzubringen. Da jedes der 24 RAMs vom Typ MCM4116A, die für einen (48 k × 8 Bit)-Speicher erforderlich sind, im Standby-Betrieb nur 20 mW Verlustleistung abgibt, ist dies auch aus thermischer Sicht ohne weiteres zulässig.

Mit der Einführung des (64 k × 1 Bit)-RAMs MCM6664 werden sich diese Verhältnisse noch weiter verbessern. Schon jetzt kann gesagt werden, daß Speicher, die mit diesen RAMs aufgebaut sind, die in digitalen Steuerungen verwendeten Mikrorechner-Speichergrößen übersteigen, und deshalb mehr im Bereich der Groß- und Minirechner eingesetzt werden dürften.

6 Entwurf einer digitalen Schaltung mit Mikroprozessor

Beim Entwurf mikroprozessorgesteuerter Digitalschaltungen muß der Entwicklung von Hardware und Software gleichermaßen Aufmerksamkeit gewidmet werden. Dabei zerfällt die Hardware meist in den eigentlichen Mikrorechner, der die Steuerung ausführt und in die über Ein-/Ausgabebausteine angeschlossene externe Hardware, die vom Rechner gesteuert wird. Bei der Software zeigt es sich, daß häufig verschiedene Programme, die unterschiedliche Steuerungswirkungen haben, auf derselben Hardware laufen können. Änderungen im Steuerungsablauf erfordern dann nur Programmänderungen. Wir wollen dies im folgenden Beispiel darstellen.

6.1 Mikroprozessorgesteuertes Digitalvoltmeter

6.1.1 Problemformulierung

Mit einem einfachen Mikrorechner und einfacher externer Hardware ist ein Digitalvoltmeter aufzubauen, das analoge Spannungen im Bereich -5 V $\leq U_e < +5$ V in einen dazu proportionalen Zahlenwert umsetzt und diesen auf einer 3-stelligen 7-Segmentanzeige in dezimaler Darstellung und vorzeichenrichtig ausgibt.

Die Umsetzung der analogen Eingangsspannung U_e in einen zunächst dualen Zahlenwert soll nach zwei verschiedenen Verfahren erfolgen, von denen jedes durch ein spezielles Konvertierungsprogramm realisiert wird.

6.1.1.1 Treppenverfahren Durch Inkrementieren des Inhalts des Datenausgangsregisters PIA1AD von Port A der PIA1 (s. Bild **6.**3) wird auf den Ausgangsleitungen PA0 bis PA7 eine 8-stellige Dualzahl ausgegeben, die sich bei jeder Inkrementierung um 1 erhöht. Mit diesem Bitmuster wird ein (8 Bit)-DA-Wandler angesteuert, der infolge des an seinen Eingängen dual ansteigenden Bitmusters an seinem Ausgang DAout eine stufenförmige ansteigende Ausgangsspannung U_{out} erzeugt. Diese ist in Bild **6.**1 dargestellt. Über den Referenzspannungseingang und die Verstärkung des internen Operationsverstärkers sei der DA-Wandler so abgeglichen, daß beim Anlegen der Hexazahl 00 die Spannung $U_{\mathrm{out}} = -5$ V und beim Anlegen von \$FF die Spannung $U_{\mathrm{out}} = 4{,}96$ V entsteht. Wir teilen dabei den Spannungshub von 10 V in 256 Stufen mit der Stufenhöhe $\Delta U_{\mathrm{out}} = 10$ V/256 $= 39{,}0625$ mV. Nach 128 (\$80) Stufen ist die Spannung

$$U_{\mathrm{out}} = -5 \text{ V} + 128 \cdot 39{,}0625 \text{ mV} = 0 \text{ V}$$

und nach 255 (\$FF) Stufen die maximal mögliche Spannung

$$U_{\mathrm{out}} = -5 \text{ V} + 255 \cdot 39{,}0625 \text{ mV} = 4{,}9609375 \text{ V} \approx 4{,}96 \text{ V}$$

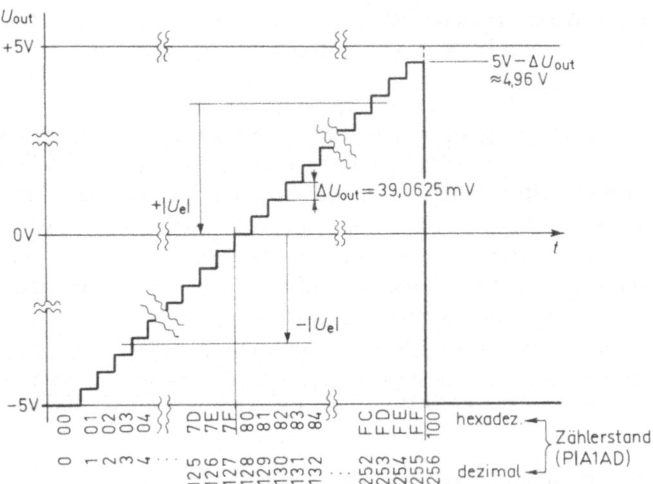

Bild 6.1 Treppen-Ausgangsspannung U_{out} des (8 Bit)-DA-Wandlers von Bild 6.3 bei der Analog-Digital-Wandlung nach dem Treppenverfahren

erreicht. Übersteigt die Treppenspannung des DA-Wandlers die zu messende Eingangsspannung U_e, schaltet der Komparator in Bild 6.3 und erzeugt über den Eingang CA1 von PIA1 einen Interrupt. Das Inkrementieren wird beendet und somit die Treppe abgebrochen. Der duale Zahlenwert wird in dezimaler Form in der Interrupt-Service-Routine ausgegeben.

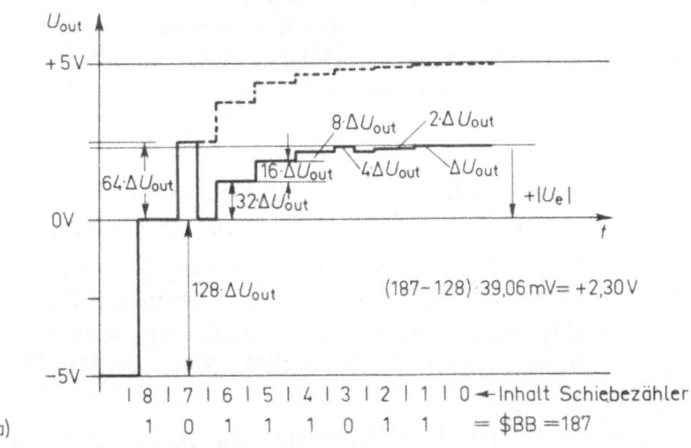

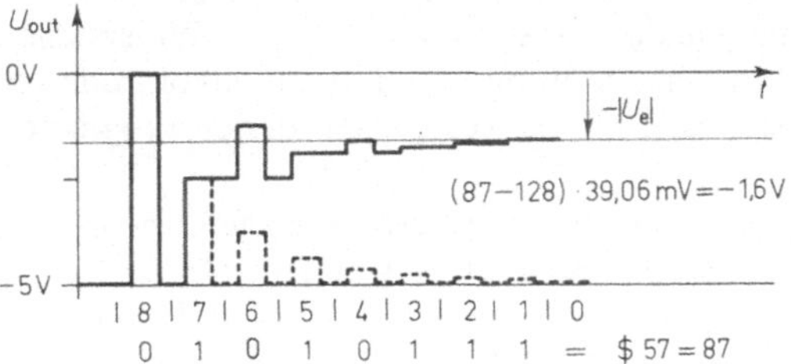

Bild 6.2
Ausgangsspannung U_{out} des DA-Wandlers bei der Analog-Digital-Wandlung nach dem Wägeverfahren
a) U_{out} bei positiver Eingangsspannung U_e (gestrichelt bei $U_e = 4{,}96$ V)
b) U_{out} bei negativer Einspannung U_e (gestrichelt bei $U_e = -5$ V)

6.1.1.2 Wägeverfahren Wie Bild **6.**2 zeigt, wird zunächst das höchstwertige Bit ($\$80 \triangleq 128 \cdot \Delta U_{out} = 5$ V) ausgegeben und der Komparator prüft, ob die sich ergebende Ausgangsspannung U_{out} größer oder kleiner als die Spannung U_e ist. Ist sie kleiner, wie in Bild **6.**2a, wird das nächst niederwertige Bit ($\$40 = 64 \cdot \Delta U_{out} = 2,5$ V) dazugeschaltet; ist sie größer, wird das höchstwertige Bit wieder abgeschaltet und erst dann das nächste Bit ausgegeben (Bild **6.**2b). So wird, wie in Bild **6.**2 gezeigt, in 8 Schritten weiter verfahren bis die Spannung U_e mit der Genauigkeit ΔU_{out} durch das passende Bitmuster, das jeweils unter Bild **6.**2a, b steht, angenähert („ausgewogen") ist.

In beiden Verfahren ergibt sich, bezogen auf den Gesamthub, eine Genauigkeit der Digitalisierung von $0,03906$ V $\cdot$ $100/9,96$ V $= 0,39\%$, die besser ist als die Genauigkeit einfacher Drehspulinstrumente.

Vorteil des Wägeverfahrens ist die nicht von der Eingangsspannung U_e abhängende Konvertierungszeit, da stets 8 Schritte erforderlich sind. Beim Treppenverfahren sind im ungünstigsten Falle 255 Stufen und somit 255 Ausgabeschritte notwendig.

6.1.2 Festlegung der Hardware

Da für die Programmierung dieses Problems nur wenige RAM-Speicherzellen erforderlich sein werden, ist es zweckmäßig als Prozessor die MC6802-MPU zu verwenden, die bereits einen (128 Byte)-RAM-Speicher an Bord hat. Ein weiterer Vorteil ist die einfache in Bild **6.**3 dargestellte Taktversorgung. Weder das Programm für das Treppenverfahren, noch das für das Wägeverfahren dürften länger als etwa 500 Byte werden, so daß als Programmspeicher ein (1 k $\times$ 8 Bit)-MCM2708-EPROM ausreicht. Wegen der einfacheren Spannungsversorgung (nur 5 V erforderlich) ist es jedoch zweckmäßiger das (2 k $\times$ 8 Bit)-MCM2716-EPROM zu verwenden. Für die Ankopplung der 7-Segment-Anzeigen wird eine PIA-MCM6821 (PIA2) und für die Steuerung des DA-Wandlers eine zweite PIA (PIA1) vorgesehen. Damit ergibt sich die in Bild **6.**3 dargestellte Konfiguration.

6.1.2.1 Adressierung Da es sich hier um ein Minimalsystem handelt, das nicht erweitert werden soll, werden EPROM und PIAs unvollständig adressiert:

Für die Bausteinanwahl werden also nur die beiden höchstwertigsten Adreßbits A15 und A14 verwendet, so daß sich die Basisadressen von Tafel **6.**4 ergeben. Die RAM-Adresse $\$0000$ ist durch die MPU-interne Decodierung bereits vorgegeben. Im Programm werden wir die Basisadressen RAM $\$0000$, PIA1 $\$4000$, PIA2 $\$8000$, EPROM $\$F800$ verwenden.

Da nur an CA1 von PIA1 Interrupts auftreten, braucht auch nur dessen IRQA-Ausgang mit dem Prozessor-IRQ-Eingang verbunden werden. Da es sich um einen Open-Drain-Ausgang handelt, ist ein 4,7 kΩ Pull-up-Widerstand vorzusehen. Sollte der Prozessor – z. B. durch eine Störung – die Programmkontrolle verloren haben, kann er durch Betätigen der Restart-Taste Res wieder an den Programmanfang zurückgeführt werden.

6.1.2.2 Externe Hardware Als Anzeigeelemente können drei 7-Segment-Displays oder der besseren Ablesbarkeit wegen auch Displays mit 4×7-Punkt-Matrix (z. B. 5082–7300 von Hewlett Packard) verwendet werden. Letztere enthalten bereits intern den erforderlichen Decoder, so daß sie direkt im 8421-BCD-Code angesteuert werden können. Diese

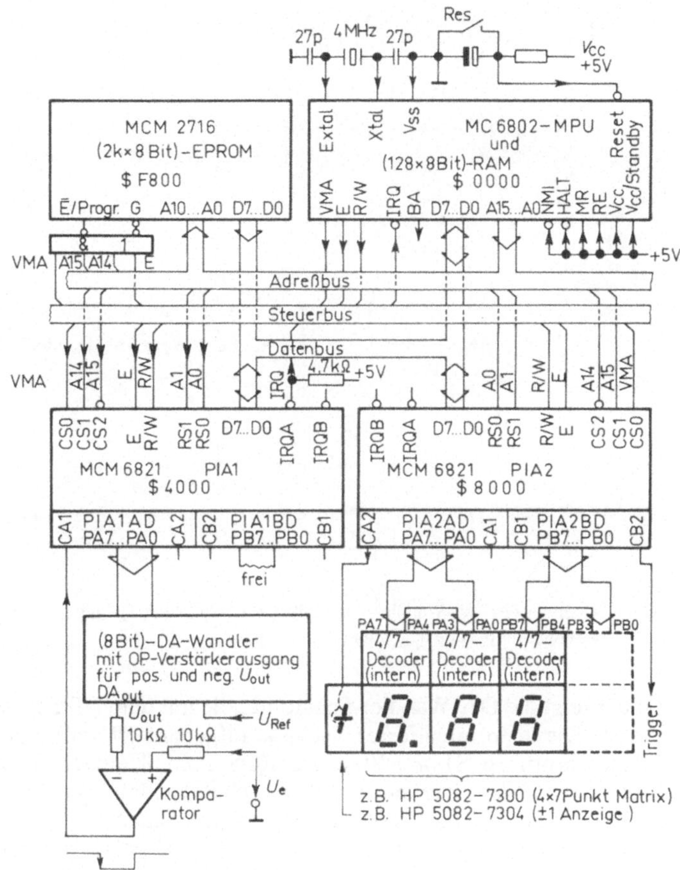

Bild **6.**3 Aufbau (Hardware-Schaltung) des mikrorechnergesteuerten Digitalvoltmeters.

Tafel **6.**4 Adressierung von RAM, PIA1, PIA2 und EPROM

A15	A14	angewählter Baustein	Basisadresse
0	0	internes RAM (128 Byte)	$0000
0	1	PIA1 (4 Byte)	$(4–7)xx0
1	0	PIA2 (4 Byte)	$(8–B)xx0
1	1	EPROM (2048 Byte)	$(C–F)800

x = Hexazahl 0 bis F

BCD-Eingänge benötigen nur den Eingangsstrom eines TTL-Eingangs und können deshalb direkt von den PIA-Ausgängen ohne Zwischenschaltung von Treibern angesteuert werden. Für die Darstellung des Vorzeichens wird eine ±1-Anzeige (z. B. 5082–7304) verwendet, bei der der Minusbalken ständig angesteuert bleibt und der Plusbalken nur bei positiven Anzeigewerten zusätzlich eingeschaltet wird.

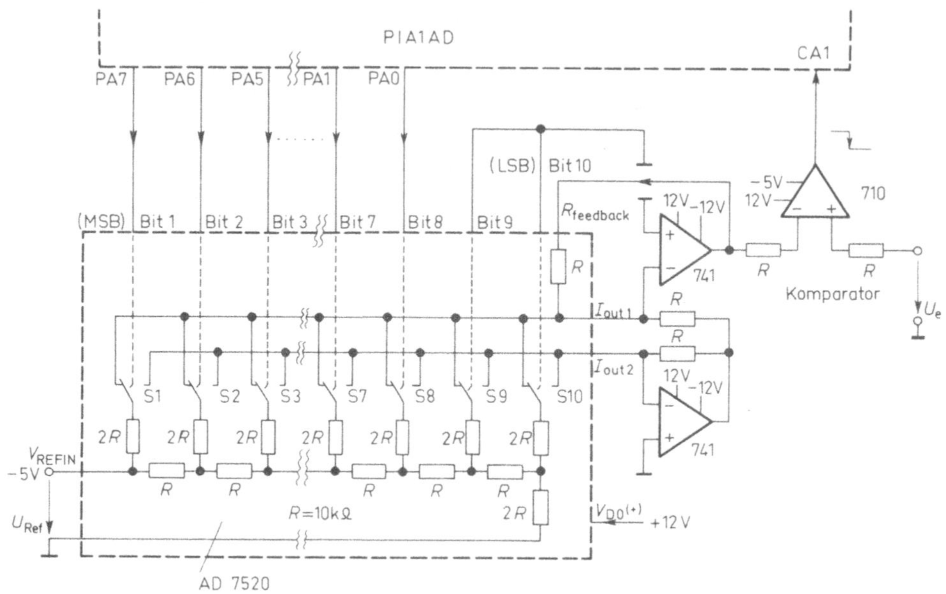

Bild **6**.5 Schaltung des DA-Wandlers AD7520 (R–$2R$-Schaltkette) und Umwandlung der Ausgangsströme in spannungsproportionale Signale

Bild **6**.5 zeigt die DA-Wandler-Schaltung, die mit dem (10 Bit)-Wandler AD7520 aufgebaut ist. Dieser in integrierter Technik aufgebaute Wandler arbeitet nach dem R–$2R$-Kettenleiterprinzip. S1 bis S10 sind in MOS-Technik aufgebaute Schalter. Die Stromausgänge I_{out1} und I_{out2} werden von den nachgeschalteten Operationsverstärkern auf 0 V gehalten (virtuelle Erde). Gleichgültig wie die Schalter stehen, welches Bitmuster also von dem PIA angelegt wird, ist der Ausgangswiderstand der Ausgänge I_{out} bezogen auf die Referenzspannung $U_{Ref} = -5$ V stets $R_{out} = 10$ kΩ. Die invertierend geschalteten Verstärker arbeiten deshalb gegengekoppelt mit der Spannungsverstärkung $V = 1$. Man erhält dann am Eingang des Komparators wegen der zweifachen Invertierung –5 V, wenn alle Schalter am rechten Anschlag liegen (PIA gibt das Bitmuster $00 aus) und wegen der nur einfachen Invertierung etwa +5 V, wenn alle Schalter am rechten Anschlag liegen (PIA gibt Bitmuster $FF aus). Die Genauigkeit des DA-Wandlers wird hier reduziert, da die beiden niederwertigen Bits nicht mit angesteuert werden.

6.1.3 Programm-Entwicklung

Bevor mit der Erstellung eines Assembler-Programms begonnen wird, sollte man, zumindest bei etwas komplizierteren Problemen, aus der Problemformulierung Ablaufdiagramme (Flußdiagramme) entwickeln, die in möglichst übersichtlicher Weise alle im Programmablauf auftretenden Verzweigungen und Schleifen erkennen lassen.

6.1.3.1 Programmierung des Treppenverfahrens Das Gesamtprogramm zerfällt in das Hauptprogramm, in welchem die Treppenspannung erzeugt wird, und in die Interrupt-

Bild 6.6
Flußdiagramm des Hauptprogramms für die Steuerung
des Digitalvoltmeters nach dem Treppenverfahren

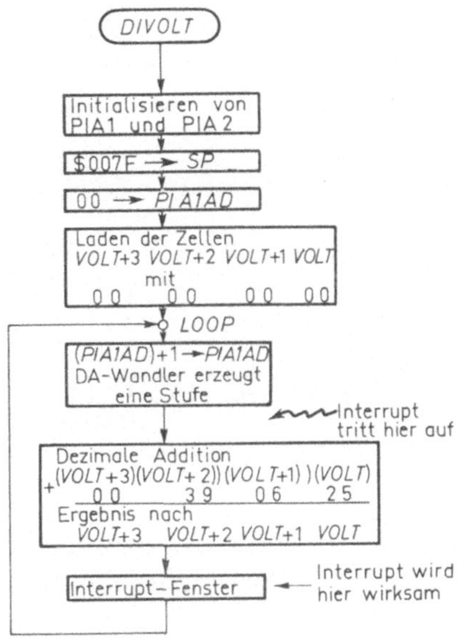

Service-Routine, in der die gemessenen Daten nach Korrektur auf die Anzeigen ausgegeben werden. Bild **6.**6 und **6.**7 zeigen hierzu die Flußdiagramme.

Hauptprogramm Das Programm mit dem Namen *DIVOLT* beginnt mit dem Initialisieren der PIAs und dem Laden des Stackpointers *SP*. Der A-Port von PIA1 wird als Ausgang und für CA1 Interrupt-enable beim Übergang $1 \to 0$ programmiert. A- und B-Port von PIA2 werden als Ausgänge programmiert. PIA2 wird Interrupt-disable geschaltet. Die Leitung CA2 von PIA2 wird als Ausgang programmiert, der das Vorzeichen steuert, und Leitung CB2 von PIA2 dient als Triggerausgang für einen Oszillographen. Dann wird das Bitmuster $00 in *PIA1AD* geschrieben, so daß am DA-Wandlerausgang –5 V auftreten. Vor dem Eintritt in die Treppenerzeugungsschleife werden die Zellen mit den symbolischen Adressen *VOLT*+3 *VOLT*+2 *VOLT*+1 *VOLT* mit $00 $00 $00 $00 geladen.

Durch Inkrementieren des Ausgangsregisters von *PIA1AD* wird am Beginn eines jeden Schleifendurchlaufs vom DA-Wandler eine Stufe von 39,0625 mV Höhe erzeugt. Entsprechend wird danach in die *VOLT*-Zellen dieses Spannungsäquivalent dezimal addiert. Übersteigt bei einem Schleifendurchlauf die DA-Wandler-Ausgangsspannung, also die Treppe, die Eingangsspannung U_e, schaltet der Komparator von High auf Low. PIA1 meldet den Interrupt dem Prozessor, und dieser unterbricht die Treppenschleife im Interrupt-Fenster nachdem zuvor das letzte Spannungsäquivalent noch addiert wurde.

Interrupt-Service-Routine Wie das Flußdiagramm in Bild **6.**7 zeigt, holt der Prozessor zunächst das Zählergebnis vom Register *PIA1AD* und löscht dabei das Interrupt-Flag Bit $b7$ im Control-Register des A-Ports von PIA1. Dann wird das Ausgangsregister von *PIA1AD* wieder gelöscht und somit die Treppenspannung wieder auf –5 V zurückgeschaltet. Der Komparatorausgang wechselt daraufhin wieder von Low auf High zurück.

Ist das Zählergebnis (Anzahl der Stufen) $255 \geqq m \geqq 128$, gilt für die Eingangsspannung $U_e \geqq 0$ V, und es muß die Spannung

$$U_{\text{Anz}} = m \cdot 39{,}0625 \text{ mV} - 5000 \text{ mV}$$

berechnet und angezeigt werden. Ist $0 \leqq m < 128$, so wird

$$U_{\text{Anz}} = -(5000 \text{ mV} - m \cdot 39{,}0625 \text{ mV})$$

berechnet und angezeigt. Um Rundungsfehler zu vermeiden, wird intern mit 8 BCD-Stellen (4 Byte) gerechnet. Ausgegeben werden jedoch nur die 3 höchstwertigsten Stel-

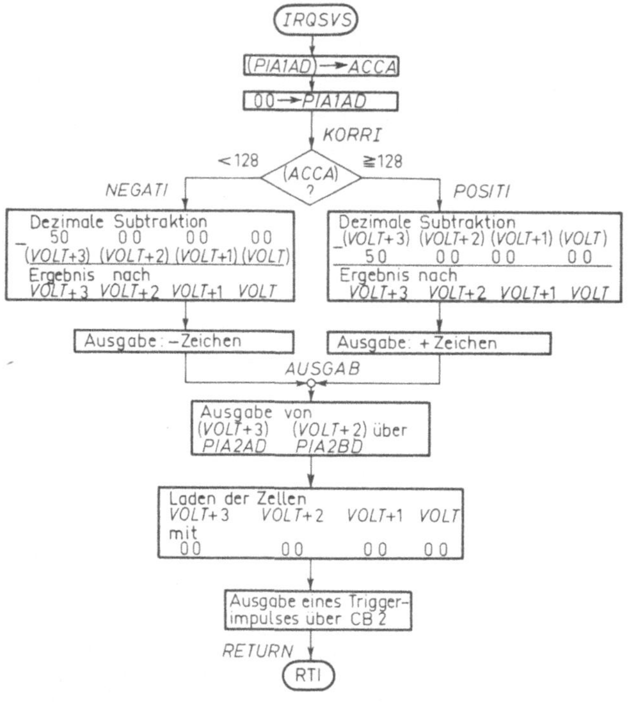

Bild 6.7 Flußdiagramm der Interrupt-Service-Routine des Treppenverfahrens

len. Nach der Ausgabe werden die *VOLT*-Zellen wieder gelöscht, um den nächsten Durchlauf vorzubereiten. Mit RTI wird wieder in das Interrupt-Fenster des Hauptprogramms zurückgekehrt und bei *LOOP* der nächste Meßdurchlauf begonnen.

Assembler-Programm für das Treppenverfahren:

```
              NAM     DIVOLT
*DEFINATOR
PIA1AD        EQU     $4000           DA-Wandler-PIA
PIA1AC        EQU     PIA1AD+1
PIA2AD        EQU     $8000           Anzeigen-PIA
PIA2AC        EQU     PIA2AD+1
PIA2BD        EQU     PIA2AC+1
PIA2BC        EQU     PIA2BD+1
              ORG     $0000
VOLT          RMB     4               VOLT-Zellen reservieren
              ORG     $FFF8
              FDB     IRQSVS          IRQ-Vektor laden
              ORG     $FFFE
              FDB     DIVOLT          RESTART-Vektor laden
*DEFINATORENDE
*
```

```
*HAUPTPROGRAMM
            ORG     $F800
DIVOLT      CLR     PIA1AC          Initialisieren der PIAs
            CLR     PIA2AC          gemäß den Forderungen
            CLR     PIA2BC
            LDAA    #$FF
            STAA    PIA1AD          Alle Leitungen sind Ausgänge
            STAA    PIA2AD
            STAA    PIA2BD
            LDAA    #%00000101      PIA1 Interrupt-enable beim
            STAA    PIA1AC          Übergang 1→0
            LDAA    #%00111100      PIA2 A- und B-Port-Leitung
            STAA    PIA2AC          CA2 und CB2 als Ausgang und
            STAA    PIA2BC          auf High-Level
            LDS     #$7F            Stackpointer initialisieren
            CLR     PIA1AD          DA-Wandler-PIA löschen
            LDX     #0
            STX     VOLT            VOLT-Zellen löschen
            STX     VOLT+2
*
LOOP        INC     PIA1AD          Ausgang einer Stufe
            LDAA    VOLT
            ADDA    #$25            Addieren des Spannungsäquivalents
            DAA                     39,0625 mV pro Stufe
            STAA    VOLT            in die VOLT-Zellen
            LDAA    VOLT+1
            ADCA    #$06
            DAA
            STAA    VOLT+1
            LDAA    VOLT+2
            ADCA    #$39
            DAA
            STAA    VOLT+2
            LDAA    VOLT+3
            ADCA    #0
            DAA
            STAA    VOLT+3
*
            CLI
            NOP                     Interrupt-Fenster
            SEI
            BRA     LOOP            Zurück zu LOOP
*
*INTERRUPT-SERVICE-ROUTINE
*
IRQSVS      LDAA    PIA1AD          Zählergebnis holen
            CLR     PIA1AD          PIA1 löschen
```

KORRI	TSTA		Wenn (ACCA) < 128 = \$80,
	BPL	NEGATI	dann negative U_e
POSITI	LDAA	VOLT+3	
	ADDA	#\$50	(VOLT+3) − 50 als Zehner-
	DAA		Komplementaddition
	STAA	VOLT+3	
	LDAA	#%00111100	Ausgabe des Plus-Zeichens
	STAA	PIA2AC	durch CA2 high
	BRA	AUSGAB	
*			
NEGATI	LDX	#VOLT	In den VOLT-Zellen aufsum-
KOMPLE	LDAA	#\$99	miertes Ergebnis zur Zahl
	SUBA	0,X	99 99 99 99 komplementieren
	STAA	0,X	als Vorbereitung zur Subtrak-
	INX		tion 50 00 00 00 minus Inhalt
	CPX	#VOLT+4	der VOLT-Zellen
	BNE	KOMPLE	
*			
	SEC		
	LDX	#VOLT	
SUBTRA	LDAA	#0	Ausführung der Subtraktion
	ADCA	0,X	als dezimale Komplement-
	DAA		addition
	STAA	0,X	
	INX		
	CPX	#VOLT+4	
	BNE	SUBTRA	
	LDAA	#%00110100	Minus-Zeichen ausgeben durch
	STAA	PIA2AC	CA2 low
*			
AUSGAB	LDAA	VOLT+2	
	STAA	PIA2BD	Ausgabe der 2 höherwertigen
	LDAA	VOLT+3	Bytes über PIA2 zu den
	STAA	PIA2AD	Anzeigen
*			
	LDX	#0	
	STX	VOLT	VOLT-Zellen löschen
	STX	VOLT+2	
*			
	LDAA	#%00110100	Ausgabe eines Triggerimpulses
	STAA	PIA2BC	$1 \rightarrow 0 \rightarrow 1$ über CB2 von PIA2.
	LDAA	#%00111100	Damit kann ein Oszillograph
	STAA	PIA2BC	getriggert und die Treppe
*			abgebildet werden
RETURN	RTI		Rückkehr ins Hauptprogramm
*			
	END		

6.1.3.2 Programmierung des Wägeverfahrens Das Flußdiagramm für das Programm des Wägeverfahrens ist in Bild **6.**8 dargestellt. Das Programm *ADUSTU* (**A**nalog-**D**igital-**U**msetzung nach dem **Stu**fenverschlüssler-Prinzip) beginnt mit der Initialisierung der PIAs wie beim Treppenverfahren, jedoch mit der Ausnahme, daß PIA1 Interrupt-disable geschaltet wird. Das Programm arbeitet also ohne Interrupt. Bei der Marke *NEXT* wird das „Auswiegen" der Eingangsspannung U_e vorbereitet. In *ACCB* soll das duale Äquivalent von U_e aufgebaut werden. Er wird deshalb zu Beginn der Konvertierung gelöscht. Die Zelle *BIT* wird mit dem höchstwertigen Bit geladen. Da 8 Schleifendurchläufe erforderlich sind, wird der Schiebezähler *SHIFTC* mit 8 geladen. Die Anfangsadresse *VOLTAB* der Tabelle der Spannungsäquivalente wird im Indexregister X gespeichert. Die Zellen *VOLT* bis *VOLT*+3 werden gelöscht.

Die Konvertierung beginnt mit der Addition $(ACCB) + (BIT)$, so daß beim Eintritt in die Schleife in *ACCB* die Dualzahl %10000000 steht. Diese wird zum DA-Wandler-PIA1 ausgegeben, und der Wandler erzeugt am Komparator-Eingang einen Spannungssprung von $-5\,\mathrm{V}$ auf $0\,\mathrm{V}$. Ist die Eingangsspannung negativ, schaltet der Komparator, und das CA1-Interrupt-Flag $b7$ im Control-Register von *PIA1AC* wird gesetzt. Ein Interrupt wird jedoch nicht ausgelöst, da der PIA1 Interrupt-disable ist. Durch die Abfrage des CA1-Flags wird bei CA1 = 1 in den Zweig *ZUGROS* verzweigt, in dem das Bit durch Subtraktion $(ACCB) - (BIT)$ und Ausgabe zur *PIA1AD* wieder weggenommen wird. Der Komparator schaltet wieder auf high. *PIA1AD* muß einmal gelesen werden, um auch das Flag CA1 zu löschen. Durch 4xINX wird die Adresse der Tabelle der Spannungsäquivalente aktualisiert. Das nächstniederwertige Bit wird durch Rechtsverschieben von (BIT) bereitgestellt und der Schiebezähler dekrementiert. Bei $(SHIFTC) > 0$ beginnt der nächste Durchlauf.

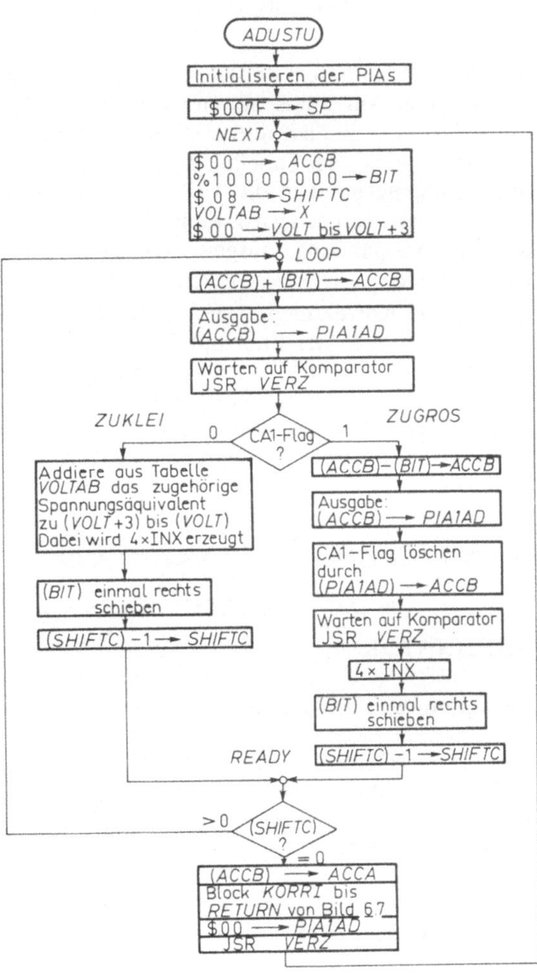

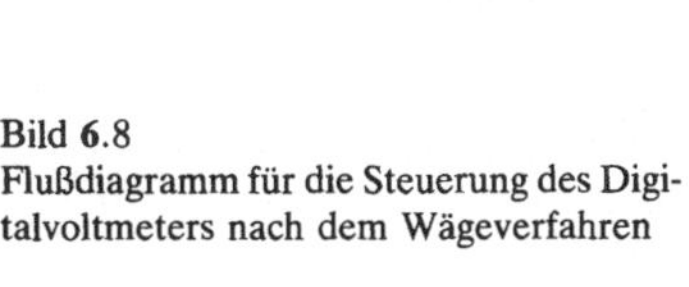

Bild **6.**8
Flußdiagramm für die Steuerung des Digitalvoltmeters nach dem Wägeverfahren

Tafel 6.9 Tabelle der Spannungsäquivalente *VOLTAB*

(*BIT*)	zugehörendes Spannungsäquivalent
%10000000	$128 \cdot 390625 = 50\ 00\ 00\ \underline{00}$ — hat die symbolische Adresse *VOLTAB*
%01000000	$64 \cdot 390625 = 25\ 00\ 00\ 00$
%00100000	$32 \cdot 390625 = 12\ 50\ 00\ 00$
%00010000	$16 \cdot 390625 = 06\ 25\ 00\ 00$
%00001000	$8 \cdot 390625 = 03\ 12\ 50\ 00$
%00000100	$4 \cdot 390625 = 01\ 56\ 25\ 00$
%00000010	$2 \cdot 390625 = 00\ 78\ 12\ 50$
%00000001	$1 \cdot 390625 = \underline{00}\ 39\ 06\ 25$ — hat die symbolische Adresse *VOLTAB*+31

% bedeutet Dualzahl (s. Abschn. 3.1.2)

Schaltet z. B. in diesem der Komparator nicht, da die dann am Komparator auftretende DA-Wandler-Ausgangsspannung von –2,5 V kleiner als die Spannung U_e ist, wird das CA1-Flag nicht gesetzt, und es wird zu *ZUKLEI* verzweigt. Das Bit wird nicht weggenommen, und aus der Tabelle der Spannungsäquivalente (Tafel **6**.9) wird das zugehörige Spannungsäquivalent in die *VOLT*-Zellen addiert. Dabei wird das *X*-Register 4 mal inkrementiert. Danach wird wie im Zweig *ZUGROS* verfahren. Nach 8 Durchläufen ist die Eingangsspannung „ausgewogen" und (*SHIFTC*) = 0. Die Konvertierungsschleife wird verlassen.

Um für die Korrektur und die Ausgabe den gleichen Programmblock verwenden zu können, wie er in der Interrupt-Service-Routine des Treppenverfahrens zwischen den Marken *KORRI* und *RETURN* benutzt wird, wird die in *ACCB* aufgebaute Dualzahl nach *ACCA* transferiert. Nach jeder Ausgabe zur *PIA1AD*, die einen Sprung am Ausgang des DA-Wandlers erzeugt, wird eine Verzögerungsschleife (Subroutine *VERZ*) durchlaufen, um dem Komparator Zeit zum Schalten zu geben, und das CA1-Flag zu setzen.

Assembler-Programm für das Wägeverfahren:

```
              NAM     ADUSTU

*DEFINATOR
                 :
Definition der PIAs wie im Programm von Abschn. 6.1.3.1
                 :
              ORG     $0000
VOLT          RMB     4            VOLT-Zellen reservieren
BIT           RMB     1            BIT-Zelle reservieren
SHIFTC        RMB     1            Schiebezähler-Zelle reserv.
              ORG     $FFFE
              FDB     ADUSTU       RESTART-Vektor laden
*DEFINATORENDE
*
```

*PROGRAMMBEGINN

```
            ORG     $F800
ADUSTU      CLR     PIA1AC          Initialisierung der PIAs wie
            CLR     PIA2AC          im Programm von Abschn. 6.1.3.1
            CLR     PIA2BC
            LDAA    #$FF
            STAA    PIA1AD
            STAA    PIA2AD
            STAA    PIA2BD          aber mit der Ausnahme:
            LDAA    #%00000100      PIA1-A-Port Interrupt-disable.
            STAA    PIA1AC          CA1-Flag durch 1→0-Flanke
            LDAA    #%00111100      gesetzt.
            STAA    PIA2AC
            STAA    PIA2BC
            LDS     #$7F            Stackpointer initialisieren
*
NEXT        CLRB
            LDAA    #%10000000      BIT-Zelle mit MS-Bit laden
            STAA    BIT
            LDAA    #8              Schiebezähler mit 8 laden
            STAA    SHIFTC
            LDX     #0
            STX     VOLT            VOLT-Zellen löschen
            STX     VOLT+2
            LDX     #VOLTAB         Anfangsadresse von VOLTAB be-
                                    reitstellen
*
LOOP        ADDB    BIT
            STAB    PIA1AD          Ausgabe (ACCB) + (BIT)
            JSR     VERZ            Warten auf Komparator (45 µs)
            TST     PIA1AC          CA1-Flag?
            BMI     ZUGROS          Wenn CA1 = 1, goto ZUGROS!
*
ZUKLEI      LDAA    VOLT            Addition des Spannungsäquiva-
            ADDA    0,X             lents aus der Tafel VOLTAB zu
            DAA                     dem Inhalt der VOLT-Zellen
            STAA    VOLT
            INX
            LDAA    VOLT+1
            ADCA    0,X
            DAA
            STAA    VOLT+1
            INX
            LDAA    VOLT+2
            ADCA    0,X
            DAA
            STAA    VOLT+2
            INX
```

```
        LDAA   VOLT+3
        ADCA   0,X
        DAA
        STAA   VOLT+3
        INX
        LSR    BIT        (BIT) 1 × rechts schieben
        DEC    SHIFTC     Schiebezähler dekrementieren
        BRA    READY
*
ZUGROS  SUBB   BIT        (Bit) war zu groß und muß
        STAB   PIA1AD     wieder weggenommen werden.
        LDAB   PIA1AD     CA1-Flag löschen
        JSR    VERZ       45 µs Delay
        INX
        INX               4 × INX um VOLTAB-Adresse auf
        INX               dem Laufenden zu halten
        INX
        LSR    BIT        (BIT) 1 × rechts schieben
        DEC    SHIFTC     Schiebezähler dekrementieren
READY   BNE    LOOP
*
        TBA               (ACCB) → (ACCA)
KORRI   TSTA
                 :
                 :
```

Gleicher Programmteil wie in der Interrupt-Service-Routine des Treppenverfahrens von Abschn. 6.1.3.1, aber ohne RTI.

```
                 :
                 :
RETURN  CLR    PIA1AD     PIA1AD löschen; DA-Wandler
        JSR    VERZ       schaltet auf –5 V; Komparator
        JMP    NEXT       geht auf high.
*
VERZ    LDAA   #5         Subroutine Verzögerung
DEL     DECA              Einschließlich JSR VERZ Verzögerung
        BNE    DEL        von 45 µs (bei f_cyc = 1 MHz)
        RTS
*
VOLTAB  FCB    0,0,0,$50,0,0,0,$25         Tabelle der Spannungs-
        FCB    0,0,$50,$12,0,0,$25,6       äquivalente laden.
        FCB    0,$50,$12,3,0,$25,$56,1     (s. Tafel 6.9)
        FCB    $50,$12,$78,0,$25,6,$39,0
*
        END
```

Wird dieses Programm von einem Entwicklungssystem (z. B. Exorciser) übersetzt, wird sowohl der Restart-Vektor $FFFE $FFFF mit der Startadresse *ADUSTU* = $F800 des Programms als auch die Tabelle der Spannungsäquivalente mit der Anfangsadresse

VOLTAB übersetzt und beim Laden des Programms mit geladen. Die symbolische Adresse *VOLTAB* erhält dann diejenige absolute Adresse zugeteilt, die der Adresse des letzten Programmbefehls (RTS) folgt. Die Tabelle wird also unmittelbar hinter dem Programm abgelegt. Steht das übersetzte Programm (Binär-File) im Speicher des Entwicklungssystems, kann es von dort über einen PROM-Programmiermodul in das MCM2716-EPROM programmiert werden. Das EPROM wird dabei nur zu einem kleinen Teil gefüllt.

7 Anhang

7.1 Zahlensysteme

Eine vorgegebene Quantität kann, wenn sie in abzählbare Einheiten zerlegt wird, ausgezählt und durch das Ergebnis des Zählvorgangs, also durch eine Zahl, gekennzeichnet werden. Für das Auszählen der Quantität kann man sich verschiedener Zählsysteme bedienen, denen dann jeweils ein bestimmtes Zahlensystem zugeordnet ist. Von den (unendlich) vielen möglichen Zahlensystemen haben für den täglichen Gebrauch und auch für die Mikroprozessortechnik nur wenige Bedeutung erlangt:

Dualsystem: Gezählt wird in Vielfachen von 2 (modulo 2)

Oktalsystem: Gezählt wird modulo 8

Dezimalsystem: Gezählt wird modulo 10

Hexadezimalsystem: Gezählt wird modulo 16

Die Darstellung der Quantität als Zahl wird in den verschiedenen Systemen durch eine Kette von Ziffern durchgeführt, wobei jedem Platz, auf dem eine Ziffer steht, eine bestimmte Wertigkeit zugeordnet ist. Diese Wertigkeit ist von System zu System verschieden.

Tafel 7.1 Darstellung der Quantität Q in den verschiedenen Zahlensystemen

Quantität Q	Dezimalzahl 10^2 100	10^1 10	10^0 1	Dualzahl 2^8 256	2^7 128	2^6 64	2^5 32	2^4 16	2^3 8	2^2 4	2^1 2	2^0 1	Oktalzahl 8^2 64	8^1 8	8^0 1	Hexadezimalzahl 16^2 256	16^1 16	16^0 1
			0									0			0			0
				1									1			1			1
						2								1	0			2			2
							3								1	1			3			3
								4							1	0	0			4			4
卌			5							1	0	1			5			5
卌				6							1	1	0			6			6
卌 ||			7							1	1	1			7			7
卌						8					1	0	0	0		1	0			8
卌							9					1	0	0	1		1	1			9
卌 卌	1	0					1	0	1	0		1	2			A
卌 卌		1	1					1	0	1	1		1	3			B
卌 卌			1	2					1	1	0	0		1	4			C
卌 卌				1	3					1	1	0	1		1	5			D
卌 卌					1	4					1	1	1	0		1	6			E
卌 卌 卌	1	5					1	1	1	1		1	7			F
卌 卌 卌		1	6				1	0	0	0	0		2	0		1	0
卌 卌 卌			1	7				1	0	0	0	1		2	1		1	1
⋮	⋮	⋮	⋮	⋮	⋮	⋮	⋮	⋮	⋮	⋮	⋮	⋮	⋮	⋮	⋮	⋮	⋮	⋮
||| + 50 × (卌)	2	5	3		1	1	1	1	1	1	0	1	3	7	5		F	D
|||| + 50 × (卌)	2	5	4		1	1	1	1	1	1	1	0	3	7	6		F	E
51 × (卌)	2	5	5		1	1	1	1	1	1	1	1	3	7	7		F	F
	+ 51 × (卌)	2	5	6	1	0	0	0	0	0	0	0	0	4	0	0	1	0	0
⋮	⋮	⋮	⋮	⋮	⋮	⋮	⋮	⋮	⋮	⋮	⋮	⋮	⋮	⋮	⋮	⋮	⋮	⋮

Die im Kopf der Tabelle mit Dezimalzahlen dargestellten Zeilen geben die Wertigkeit der betreffenden Stelle (Spalte) an.

In Tafel **7.1** ist einer durch eine Strichliste gekennzeichneten Quantität Q die in den 4 Zahlensystemen dieser Quantität zugeordnete Zahl angegeben. Da in allen Zahlensystemen soweit möglich die gleichen uns vom Dezimalsystem her bekannten Ziffern verwendet werden, muß, wenn Zahlen aus verschiedenen Systemen auftreten, eine Kennzeichnung derselben vorgenommen werden. Nur dann ist die dargestellte Quantität festgelegt. Meist wird diese Kennzeichnung durch einen angehängten Index durchgeführt. So ist also z. B. durch

$$17_{10} = 10001_2 = 21_8 = 11_{16} \triangleq || \ |\!|\!|\!|\!| \ |\!|\!|\!|\!| \ |\!|\!|\!|\!|$$

dieselbe Quantität Q definiert. In der Assembler-Sprache (Abschn. 3.1.2) werden zur Kennzeichnung gesonderte Symbole vorangestellt. Mit der dortigen Darstellung ist

$$17 = \%10001 = @21 = \$11$$

Da beim Hexadezimalsystem modulo 16 gezählt wird, reicht der Ziffernvorrat 0 bis 9 des Dezimalsystems nicht aus. Es wurde deshalb vereinbart, die Buchstaben ABCDEF als weitere 6 Ziffern zu verwenden, deren Zuordnung zur entsprechenden Dezimalzahl aus Tafel **7.1** zu entnehmen ist.

Ganze Zahlen Allgemein läßt sich eine Zahl in Form eines Polynoms darstellen. Für eine n-stellige ganze Zahl erhält man

$$Q = a_{n-1}B^{n-1} + a_{n-2}B^{n-2} + \cdots + a_2B^2 + a_1B^1 + a_0B^0 \tag{7.1}$$

In Gl. (7.1) sind die Koeffiezienten a_i die im betreffenden Zahlensystem auftretenden Z i f f e r n und die Potenz B^i der B a s i s B gibt die W e r t i g k e i t der bei dieser Potenz stehenden Ziffer a_i an.

D u a l s y s t e m : Es ist $B = 2$ und $a_i = 0$ oder 1

z. B. $17_{10} = 1 \cdot 2^4 + 0 \cdot 2^3 + 0 \cdot 2^2 + 0 \cdot 2^1 + 1 \cdot 2^0 = 10001_2$

O k t a l s y s t e m : Es ist $B = 8$ und $a_i = 0, 1, 2, 3, 4, 5, 6$ oder 7

z. B. $17_{10} = 2 \cdot 8^1 + 1 \cdot 8^0 = 21_8$

D e z i m a l s y s t e m : Es ist $B = 10_{10}$ und $a_i = 0, 1, 2, 3, 4, 5, 6, 7, 8$ oder 9

z. B. $17_{10} = 1 \cdot 10^1 + 7 \cdot 10^0$

H e x a d e z i m a l s y s t e m : Es ist $B = 16_{10}$ und $a_i = 0, 1, 2, 3, 4, 5, 6, 7, 8, 9,$ A, B, C, D, E oder F. Somit entsprechen die hexadezimalen Ziffern A bis F den dezimalen Zahlen 10_{10} bis 15_{10}.
Z. B. ist

$$17_{10} = 1 \cdot 16^1 + 1 \cdot 16^0 = 11_{16}$$

Gebrochene Zahlen Werden nicht nur ganzzahlige Vielfache der Einheit einer Quantität beim Auszählen zugelassen, sondern können auch Bruchteile der Einheit auftreten, so ist für die Zahlendarstellung das Polynom von Gl. (7.1) zu negativen Potenzen von B zu erweitern. Eine gebrochene Zahl wird deshalb dargestellt durch

$$Q = a_{n-1}B^{n-1} + \ldots + a_1B^1 + a_0B^0 + a_{-1}B^{-1} + \ldots + a_{-m}B^{-m} \tag{7.2}$$

Z. B. ist

$$10001{,}1101_2 = 1 \cdot 2^4 + 0 \cdot 2^3 + 0 \cdot 2^2 + 0 \cdot 2^1 + 1 \cdot 2^0 + 1 \cdot 2^{-1} + 1 \cdot 2^{-2} + 0 \cdot 2^{-3}$$
$$+ 1 \cdot 2^{-4} = 17{,}8125_{10}$$
$$21{,}61_8 = 2 \cdot 8^1 + 1 \cdot 8^0 + 6 \cdot 8^{-1} + 1 \cdot 8^{-2} = 17{,}8125_{10}$$
$$11{,}D_{16} = 1 \cdot 16^1 + 1 \cdot 16^0 + D \cdot 16^{-1} = 17{,}8125_{10}$$

7.2 Zahlenumwandlung

Dualzahl, Oktalzahl und Hexadezimalzahl sind eng miteinander verwandt, denn die Basis $B = 8 = 2^3$ der Oktalzahl und die Basis $B = 16_{10} = 2^4$ der Hexadezimalzahl sind Potenzen der Basis $B = 2$ der Dualzahl. Dies gilt jedoch nicht für das gebräuchlichste Zahlensystem, das Dezimalsystem, denn $B = 10_{10}$ ist keine Zweierpotenz.

Umwandlung von Dual- in Oktalzahlen und umgekehrt Da die Basis des Oktalsystems $B = 8 = 2^3$ ist, wird eine gegebene Dualzahl wie im folgenden Beispiel vom Komma aus in beide Richtungen in Dreiergruppen abgeteilt. Jede Dreiergruppe wird getrennt in die zugehörige oktale Ziffer umgewandelt.

$$
\begin{array}{ccc|ccc}
2^8 2^7 2^6 2^5 2^4 2^3 2^2 2^1 2^0 & & & 2^{-1} 2^{-2} 2^{-3} 2^{-4} 2^{-5} 2^{-6} & & \leftarrow \text{Wertigkeit (dual)} \\
0\,1\,1 \mid 1\,1\,1 \mid 1\,0\,1 & \;\vdots\; & 0\,1\,1 \mid 1\,0\,0 & & = 11111101{,}0111_2 \\
3 \quad 7 \quad 5 & \;\vdots\; & 3 \quad 4 & & = 375{,}34_8 \\
8^2 \quad 8^1 \quad 8^0 & \;\vdots\; & 8^{-1} \quad 8^{-2} & & \leftarrow \text{Wertigkeit (oktal)}
\end{array}
$$

Z. B. gilt für die höchste Stelle der Oktalzahl

$$3 \cdot 8^2 = 1 \cdot 2^7 + 1 \cdot 2^6 = 2^6 (1 \cdot 2^1 + 1 \cdot 2^0) = 3 \cdot 2^6 = 3 \cdot (2^3)^2 = 3 \cdot 8^2$$

Bei der Abtrennung in Dreiergruppen wird die Dualzahl rechts und links durch Nullen so ergänzt, daß am Anfang und am Ende eine vollständige Dreiergruppe entsteht. Das Verfahren ist in beide Richtungen ausführbar, d. h., soll eine Oktalzahl in die zugehörige Dualzahl umgewandelt werden, wird jeder oktalen Ziffer die entsprechende 3stellige Dualzahl zugeordnet. Die Oktalzahl kann deshalb als eine für den Menschen besser lesbare K u r z s c h r i f t der Dualzahl (oder auch eines sonstigen binären Bitmusters) aufgefaßt werden.

Umwandlung von Dual- in Hexadezimalzahlen und umgekehrt Hier ist die Basis des Hexadezimalsystems $B = 16_{10} = 2^4$, und deshalb wird eine vorgegebene Dualzahl vom Komma aus in beide Richtungen in Gruppen von 4 Stellen eingeteilt. Wiederum wird jeder einzelnen Gruppe die zugehörige hexadezimale Ziffer zugeordnet. Dies ist am folgenden Beispiel gezeigt:

$$
\begin{array}{cc|cc}
2^7 2^6 2^5 2^4 2^3 2^2 2^1 2^0 & & 2^{-1} 2^{-2} 2^{-3} 2^{-4} & \leftarrow \text{Wertigkeit (dual)} \\
1\,1\,1\,1 \mid 1\,1\,0\,1 & \;\vdots\; & 0\,1\,1\,1 & = 11111101{,}0111_2 \\
\text{F} \quad\quad \text{D} & \;\vdots\; & 7 & = FD{,}7_{16} \\
16^1_{10} \quad 16^0_{10} & \;\vdots\; & 16^{-1}_{10} & \leftarrow \text{Wertigkeit (hexadezimal)}
\end{array}
$$

Für die höchste Stelle der Hexadezimalzahl gilt z. B.

$$\text{F} \cdot 16^1_{10} = 15_{10} \cdot 16_{10} = 2^4 (1 \cdot 2^3 + 1 \cdot 2^2 + 1 \cdot 2^1 + 1 \cdot 2^0)$$

Auch hier ist das Verfahren in beide Richtungen durchführbar, so daß auch das Hexadezimalsystem als eine Art K u r z s c h r i f t des Dualsystems betrachtet werden kann. In der Mikroprozessortechnik wird das Hexadezimalsystem gegenüber dem Oktalsystem als Kurzschrift bevorzugt. Der Grund hierfür ist die Byte-Struktur der Mikrorechner. In den (8 Bit)-Systemen werden Daten stets Byte-weise übertragen, und Adressen bestehen aus 2 Bytes. Somit sind Datenwörter durch genau 2 hexadezimale Ziffern (Bereich 00 bis FF_{16}) und Adressen durch 4 hexadezimale Ziffern (Bereich 0000 bis $FFFF_{16}$) darstellbar.

Umwandlung von Dual- in Dezimalzahlen und umgekehrt Da die Basis $B = 10_{10}$ des Dezimalsystem keine Zweierpotenz darstellt, ist eine so einfache Konvertierung wie beim Oktal- und Hexadezimalsystem nicht möglich. Wird eine Dualzahl vorgegeben, so muß die zugehörige Dezimalzahl durch Summation derjenigen mit ihrer Wertigkeit multiplizierten Stellen der Dualzahl berechnet werden, die mit 1 besetzt sind. Wir benutzen im Beispiel die schon vorher verwendete Dualzahl.

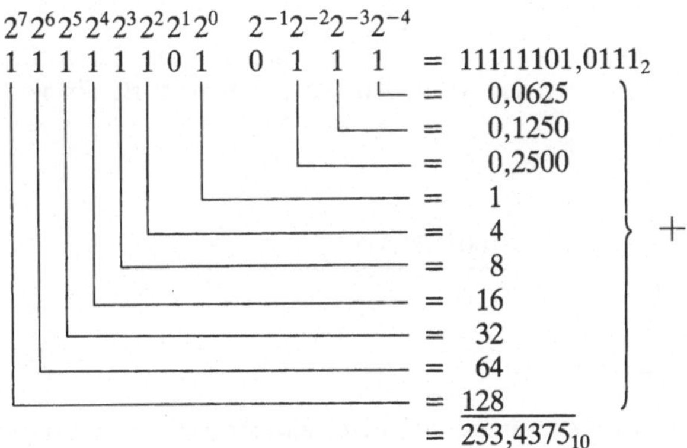

Diese Summation wird häufig nach dem aus der Mathematik bekannten H o r n e r - s c h e n S c h e m a durchgeführt.

Ist dagegen die Dezimalzahl vorgegeben, und soll die Dualzahl berechnet werden, so muß geprüft werden durch welche Zweierpotenzen die Dezimalzahl dargestellt werden kann. Es ist also der umgekehrte Weg wie beim obigen Verfahren zu beschreiben. Häufig wird jedoch bei ganzen Zahlen das Verfahren der fortlaufenden Division durch 2 und bei Brüchen das Verfahren der fortlaufenden Multiplikation mit 2 für die Konvertierung verwendet. Das Verfahren wird an der Dezimalzahl $253{,}4375_{10}$ durchgeführt:

Konvertierung des ganzzahligen Anteils durch fortlaufende Division durch 2:

$$
\begin{aligned}
253 : 2 &= 126 \quad \text{Rest } 1 \\
126 : 2 &= 63 \quad \text{Rest } 0 \\
63 : 2 &= 31 \quad \text{Rest } 1 \\
31 : 2 &= 15 \quad \text{Rest } 1 \\
15 : 2 &= 7 \quad \text{Rest } 1 \\
7 : 2 &= 3 \quad \text{Rest } 1 \\
3 : 2 &= 1 \quad \text{Rest } 1 \\
1 : 2 &= 0 \quad \text{Rest } 1
\end{aligned}
\quad\Bigg\} \longrightarrow 11111101_2
$$

Die Reste in Pfeilrichtung gelesen ergeben den ganzzahligen Anteil der Dualzahl.

Konvertierung des gebrochenen Anteils durch fortlaufende Multiplikation mit 2:

$$
\begin{array}{lclll}
0,4375 \cdot 2 = & | & 0 & ,8750 \\
0,8750 \cdot 2 = & | & 1 & ,7500 \\
0,7500 \cdot 2 = & | & 1 & ,5000 & \quad 0,0111_2 \\
0,5000 \cdot 2 = & | & 1 & ,0000 \\
0,0000 \cdot 2 = & \downarrow & 0 & ,0000
\end{array}
$$

Hier liefern die vor das Komma geschobenen Einsen oder Nullen in Pfeilrichtung gelesen die gebrochene Dualzahl. Bei der Multiplikation darf stets nur der gebrochene (Nachkomma) Anteil benutzt werden. Die Gesamtzahl ergibt sich durch Addition des ganzen und gebrochenen Anteils zu $11111101,0111_2$.

Während der ganze Anteil einer Dezimalzahl stets exakt durch eine gleichgroße Dualzahl dargestellt werden kann, ist dies bei einer gebrochenen Dezimalzahl meist nicht der Fall. Nicht immer läßt sich nämlich der gebrochene Anteil der Dezimalzahl durch eine gebrochene Dualzahl mit einer endlichen Anzahl von Stellen darstellen. Wie das folgende Beispiel zeigt, äußert sich dies durch die Tatsache, daß bei der fortlaufenden Multiplikation der Wert 0,0 nie erreicht wird. Konvertiert wird z. B. die gebrochene Dezimalzahl $0,6_{10}$.

$$
\begin{array}{lclll}
0,6 \cdot 2 = & | & 1 & ,2 \\
0,2 \cdot 2 = & | & 0 & ,4 \\
0,4 \cdot 2 = & | & 0 & ,8 & \quad 0,10011001100111_2.\ldots\ldots \\
0,8 \cdot 2 = & | & 1 & ,6 \\
0,6 \cdot 2 = & | & 1 & ,2 \\
0,2 \cdot 2 = & \downarrow & 0 & ,4 \\
\quad \vdots
\end{array}
$$

Hier zeigt sich, daß $0,6_{10}$ durch eine Summe negativer Zweierpotenzen nicht exakt darstellbar ist.

7.3 Darstellung negativer Zahlen

Ist B die Basis des verwendeten Zahlensystems, können mit n Stellen insgesamt B^n verschiedene Zahlen dargestellt werden. Ist beim Dualsystem $B = 2$ und sind mit $n = 8$ Zahlen von 1 Byte Länge gegeben, so können $N = 2^8 = 256_{10}$ verschiedene Zahlen gebildet werden. Verwendet man nur positive Zahlen, dann ist der Zahlenbereich

$$
\begin{array}{lll}
0000\ 0000 \text{ bis} & 1111\ 1111_2 & \text{(duale Darstellung)} \\
00 \qquad\quad \text{ bis} & FF_{16} & \text{(hexadezimale Darstellung)} \\
0 \qquad\qquad \text{ bis} & 255_{10} & \text{(dezimale Darstellung)}
\end{array}
$$

darstellbar. Die Null ist natürlich eine der 256_{10} darstellbaren Zahlen.

Mit $B = 2$ und $n = 16_{10}$, ein Fall wie er in der Mikroprozessortechnik bei der Darstellung von Adressen auftritt, können $N = 2^{16} = 65536_{10}$ Zahlen gebildet werden, und es ist mit positiven Zahlen der folgende Zahlenbereich darstellbar:

$$
\begin{array}{lll}
0000 \text{ bis} & FFFF_{16} & \text{(hexadezimale Darstellung)} \\
0 \quad\ \text{ bis} & 65535_{10} & \text{(dezimale Darstellung)}
\end{array}
$$

Sollen sowohl positive als auch negative Zahlen dargestellt werden, muß der gesamte zur Verfügung stehende Zahlenbereich je zur Hälfte den positiven und den negativen Zahlen zugeteilt werden. Für $n = 4$ und $B = 2$, also für eine 4stellige Dualzahl, sind in Tafel 7.2 3 verschiedene Möglichkeiten der Aufteilung wiedergegeben.

Bei der Aufteilung nach Vorzeichen und Betrag wird das höchstwertige Bit der Dualzahl (hier a_3) als Vorzeichenbit definiert und mit $a_3 = 0$ eine positive und mit $a_3 = 1$ eine negative Zahl markiert. Die folgenden niederwertigen Bit stellen den Betrag der Zahl dar.

Einser-Komplement Das Einser-Komplement einer Dualzahl ist die Ergänzung zur größten im Zahlenbereich darstellbaren Dualzahl, derjenigen Dualzahl also, bei der alle Stellen mit 1 besetzt sind (hier $1111_2 = 15_{10}$). Diese Zahl ist um 1 kleiner als die nächst höhere Zweierpotenz (hier $2^4 = 10000_2 = 16_{10}$).

Ist A eine n-stellige Dualzahl, dann ist das Einser-Komplement A' von A

$$A' = (2^n - 1) - A \tag{7.3}$$

Man bildet das Einser-Komplement also durch Subtraktion, z. B.

$$
\begin{array}{rclcl}
- & 1\ 1\ 1\ 1_2 & = & - & 15_{10} \\
- & 1\ 0\ 1\ 0_2 & = & - & 10_{10} & = A \\
\hline
& 0\ 1\ 0\ 1_2 & = & & 5 & = A'
\end{array}
$$

Das gleiche Ergebnis für A' erhält man jedoch im Dualsystem auch, wenn die zu komplementierende Zahl A bitweise invertiert wird.

Tafel 7.2 Aufteilung des Zahlenbereichs einer 4stelligen Dualzahl in positive und negative Zahlen

Dualzahl				Zugeordnete Dezimalzahlen			
					Positive und negative Zahlen		
a_3	a_2	a_1	a_0	nur positive Zahlen	Vorzeichen und Betrag	Einser-Komplement	Zweier-Komplement
0	0	0	0	0	0	0	0
0	0	0	1	1	1	1	1
0	0	1	0	2	2	2	2
0	0	1	1	3	3	3	3
0	1	0	0	4	4	4	4
0	1	0	1	5	5	5	5
0	1	1	0	6	6	6	6
0	1	1	1	7	7	7	7
1	0	0	0	8	−0	−7	−8
1	0	0	1	9	−1	−6	−7
1	0	1	0	10	−2	−5	−6
1	0	1	1	11	−3	−4	−5
1	1	0	0	12	−4	−3	−4
1	1	0	1	13	−5	−2	−3
1	1	1	0	14	−6	−1	−2
1	1	1	1	15	−7	−0	−1

Kennzeichnend für die negativen Zahlen in Tafel 7.2 ist, daß das höchstwertige Bit auf 1 steht. Bei der Zuordnung nach dem Einser-Komplement wird jedoch nicht die dem höchstwertigen Bit folgende Dualzahl als Betrag gewertet, sondern es wird diejenige Zahl als negative Zahl zugeordnet, die sich aus der Ergänzung zu $2^n - 1$ ergibt. Im obigen Beispiel wird deshalb durch die Zahl 1010_2 die negative Zahl -5 festgelegt. Nachteilig ist hierbei, daß die Zahl 0 sowohl durch $0000 = 0$ als auch durch $1111 = -0$ doppelt dargestellt wird.

Zweier-Komplement Bei einer n-stelligen Dualzahl A ist das Zweierkomplement A^* die Ergänzung zur nächsthöheren Zweierpotenz 2^n, in Tafel 7.2 also zu $2^4 = 10000_2 = 16_{10}$. Das Zweier-Komplement ist deshalb um 1 größer als das zugehörige Einser-Komplement:

$$A^* = 2^n - A = A' + 1 \tag{7.4}$$

Man erhält also im Dualsystem das Zweier-Komplement einer Zahl A, indem man die Zahl bitweise invertiert (Einser-Komplement) und dann noch 1 addiert.

Das Komplement des Komplements ist wieder die Ausgangszahl A sowohl beim Einser- als auch beim Zweier-Komplement:

$$A'' \quad = (2^n - 1) - A' = (2^n - 1) - [(2^n - 1) - A] = A$$
$$A^{**} = 2^n - A^* = 2^n - (2^n - A) = A$$

Wie Tafel 7.2 zeigt, tritt bei der Zuordnung der negativen Zahlen nach dem Zweier-Komplement die Null nicht mehr doppelt auf. Für die Arithmetik mit positiven und negativen Zahlen (Zweier-Komplement-Arithmetik) ist die Darstellung negativer Zahlen durch ihr Zweier-Komplement am vorteilhaftesten und wird deshalb in allen digitalen Rechnern verwendet.

7.4 Zweier-Komplement-Arithmetik

Bei der Addition oder Subtraktion von zwei Zahlen A und B können diese sowohl positiv als auch negativ sein. Ist eine Zahl positiv, so liege sie als Betrag vor; ist sie negativ, sei sie als Zweier-Komplement A^* oder B^* dargestellt. Das Ergebnis der Rechnung soll sich, wenn es positiv ist, ebenfalls als Betrag, und wenn es negativ ist als Zweier-Komplement ergeben.

Wir wollen im folgenden jeweils den allgemeinen Fall betrachten und parallel dazu ein Beispiel mit 8stelligen Zahlen ($n = 8$) durchführen.

Addition Zu berechnen ist die Summe

$$S = A + B \tag{7.5}$$

wobei A und B positive oder negative Zahlen sein können.

Fall 1: Es sei $A > 0$, $B > 0$ und somit $S = A + B > 0$. Da hier die Summe S positiv ist, muß das Ergebnis, sofern der zulässige Zahlenbereich nicht überschritten wird, der Betrag der Summe S sein.

Beispiel:

$$+\quad\begin{array}{r} 0100\ 0100_2\ =\ 68_{10}\ =\ A \\ 0011\ 0111_2\ =\ 55_{10}\ =\ B \end{array}$$

$$0\ 0111\ 1011_2\ =\ 123_{10}\ =\ S$$

Die Summe S ist positiv, und der Zahlenbereich wurde zum positiven hin nicht überschritten, denn $S = 123_{10} = 0111\ 1011_2 < 127_{10} = 0111\ 1111_2 = 7F_{16}$, also kleiner als die größte zulässige positive Zahl.

F a l l 2: Es sei $A < 0$, $B < 0$ und somit wird auch $S = A + B < 0$. A und B liegen als Zweier-Komplemente A^* und B^* vor. Man erhält für die Summe

$$S = A + B = (2^n - A) + (2^n - B) \tag{7.6}$$

und durch Umstellung von Gl. (7.6) das Zweier-Komplement der Summe

$$S^* = 2^n - S = A + B - 2^n \tag{7.7}$$

Beispiel:

$$+\quad\begin{array}{r} 1011\ 1100_2\ =\ -68_{10}\ =\ A^* \\ 1100\ 1001_2\ =\ -55_{10}\ =\ B^* \end{array}$$

$$1\ 10000\ 0101_2\ =\ -123_{10}\ +\ 2^8\ =\ S^*\ +\ 2^8$$

Die Addition der beiden Zweier-Komplemente liefert als Ergebnis das Zweier-Komplement der Summe $S^* + 2^8$. Die Subtraktion der Konstanten $2^8 = 1\ 0000\ 0000_2$ kann entfallen, da die in der neunten Stelle stehende 1 ohnehin nicht im darstellbaren Zahlenbereich liegt. Wie gefordert erhält man also die negative Summe direkt in der Form des Zweier-Komplements.

F a l l 3: Es sei $A > 0, B < 0$ mit $|A| > |B|$. Diese Addition einer negativen Zahl $S = A + (-B) = A - B$ ist eine Subtraktion, deren Ergebnis $S > 0$ ist. Unter Verwendung des Zweier-Komplements B^* ergibt sich

$$S + 2^n = A + B^* = A + (2^n - B) = A - B \tag{7.8}$$

Beispiel:

$$+\quad\begin{array}{r} 0100\ 0100_2\ =\ 68_{10}\ =\ A \\ 1100\ 1001_2\ =\ -55_{10}\ =\ B^* \end{array}$$

$$1\ 0000\ 1101_2\ =\ 13_{10}\ +\ 2^8\ =\ S\ +\ 2^8\ =\ A - B\ +\ 2^8$$

Auch hier kann die Subtraktion der in der neunten Stelle stehenden 1, die die Wertigkeit 2^8 hat, entfallen, da sie ohnehin außerhalb des Zahlenbereichs liegt. Das Ergebnis ist wie gefordert positiv und liegt als positive Zahl (Betrag) vor.

Ist $|A| < |B|$, dann liefert die Addition $S = A + (-B)$ ein negatives Ergebnis $S < 0$. Durch Umstellen von Gl. (7.8) erhält man

$$S^* = 2^n - S = B - A \tag{7.9}$$

Beispiel:

$$+\quad \begin{array}{l} 0011\ 0111_2 \;=\; 55_{10} = A \\ 1011\ 1100_2 \;=\; -68_{10} = B^* \end{array}$$

$$0\ 1111\ 0011_2 \;=\; -13_{10} = S^* = B - A$$

Das Ergebnis, das hier $S = -|B{-}A|$ ergibt und negativ ist, liegt wie gefordert als Zweier-Komplement vor.

Subtraktion Die Subtraktion $A{-}B$ braucht nicht gesondert behandelt zu werden. Wie Fall 3 zeigt, kann sie als Addition einer negativen Zahl, also als Zweier-Komplement-Addition durchgeführt werden. Ein Mikroprozessor benötigt also prinzipiell keine Subtraktionsschaltung. Soll er einen Operanden subtrahieren, muß er lediglich diesen komplementieren (invertieren und 1 addieren) und dann das erhaltene Zweier-Komplement addieren. Ist der zu subtrahierende Operand negativ, soll also $D = A - (-B) = A + B$ gebildet werden, liegt B als Zweierkomplement B^* vor, und die nochmalige Komplementierung, die für die Subtraktion erforderlich ist, liefert

$$D = A - (-B) = A - B^* = A + (B^*)^* = A + B$$

Beispiel:

$$+\quad \begin{array}{l} 1011\ 1100_2 \;=\; -68_{10} = B^* \;\triangleq\; -B \\ 0100\ 0100_2 \;=\; 68_{10} = (B^*)^* = B \\ 0011\ 0111_2 \;=\; 55_{10} = A \end{array}$$

$$0\ 0111\ 1011_2 \;=\; 123_{10} = A - (-B) = A + (B^*)^* = A + B$$

Diese Beispiele zur Zweier-Komplement-Arithmetik zeigen, wie vorteilhaft es ist, negative Zahlen durch ihr Zweier-Komplement darzustellen. Es ist keine Vorzeichenarithmetik erforderlich. In jedem Fall erhält man ein vorzeichenrichtiges Ergebnis. Ist das Ergebnis positiv, erhält man den Betrag; ist es dagegen negativ, ergibt sich das Zweier-Komplement. Dieser einfache Zusammenhang besteht nicht, wenn z. B. die negativen Zahlen durch ein dem Betrag vorangestelltes Vorzeichenbit dargestellt werden.

7.5 Binär codierte Dezimalzahlen (BCD-Codes)

Mit den Ziffern 0 und 1 können Dezimalzahlen durch ihre äquivalenten Dualzahlen dargestellt werden. Eine weitere Möglichkeit ergibt sich, wenn jede einzelne dezimale Ziffer 0 bis 9 durch eine Gruppe der dualen Ziffern 0 und 1 dargestellt wird. Für die Darstellung der dezimalen Ziffern 0 bis 9 sind mindestens 4 duale Stellen erforderlich. Mit 3 dualen Stellen wäre nur der dezimale Ziffernvorrat 0 bis 7 darstellbar, denn es sind nur $2^3 = 8$ verschiedene Ziffern codierbar. Mit 4 Stellen dagegen sind $2^4 = 16_{10}$ verschiedene Ziffern codierbar, von denen jedoch bei der Codierung von Dezimalziffern nur 10_{10} ausgenutzt werden. Die 6 nicht verwendeten Bitkombinationen werden als P s e u d o t e t r a d e n oder P s e u d o d e z i m a l e n bezeichnet.

Alle BCD-Codes (**B**inary **C**oded **D**ecimal Numbers) sind deshalb redundante Codes. Je nach dem welches binäre Bitmuster den dezimalen Ziffern zugeordnet wird, können (fast) beliebig viele verschiedene BCD-Codes gebildet werden. Tafel 7.3 gibt eine kleine Auswahl verschiedener BCD-Codes wieder.

Für Codes, bei denen eine Wertigkeit angegeben ist, läßt sich die dargestellte dezimale Ziffer aus der Summe der mit ihrer Wertigkeit multiplizierten Code-Bits berechnen. So läßt sich z. B. die 6 aus

$$6 = 0 \cdot 8 + 1 \cdot 4 + 1 \cdot 2 + 0 \cdot 1 \qquad \text{im 8421-Code}$$
$$6 = 1 \cdot 2 + 1 \cdot 4 + 0 \cdot 2 + 0 \cdot 1 \qquad \text{im Aiken-Code}$$
$$6 = 1 \cdot 4 + 0 \cdot 2 + 1 \cdot 2 + 0 \cdot 1 \qquad \text{im 4221-Code}$$
$$6 = 0 \cdot 7 + 1 \cdot 4 + 1 \cdot 2 + 0 \cdot 1 + 0 \cdot 0 \qquad \text{im 74210-Code}$$

berechnen. Beim 74210-Code ist die angegebene Wertigkeit für die Ziffer 0 nicht gültig. Beim einschrittigen Glixon-Code ändert sich beim Übergang von einer Ziffer zu einer benachbarten Ziffer stets nur eines der 4 Bit. Eine Wertigkeit ist für diesen Code nicht angebbar. Der 74210-Code hat die Eigenschaft, daß in jedem Code-Wort stets nur 2 Bit auf 1 stehen. Er wird deshalb auch 2-aus-5-Code genannt, ist hoch redundant (22 Pseudodezimalen) und eignet sich gut zur sicheren Übertragung von Daten.

Der bei weitem wichtigste BCD-Code ist jedoch der 8421-Code, der ein hinter der 9 abgebrochener Dual-Code ist. Zwei im BCD-8421-Code dargestellte Dezimalziffern können von einem (8 Bit)-Datenwort des (8 Bit)-Mikroprozessors aufgenommen werden.

Der MC6800-Mikroprozessor hat speziell für die Arithmetik mit BCD-Ziffern, von denen jeweils 2 in einem Byte enthalten sind, den Decimal-Adjust-Befehl DAA (s. Abschn. 2.4.3), so daß auch ein dezimales Rechnen mit Zahlen, die im BCD-8421-Code vorliegen, möglich ist.

Tafel 7.3 Zusammenstellung einiger BCD-Codes

BCD-Codes $\rightarrow$	8421-Code	Aiken-Code	4221-Code	Glixon-Code	74210-Code $\binom{5}{2}$-Code
Wertigkeit $\rightarrow$	8 4 2 1	2 4 2 1	4 2 2 1	keine	7 4 2 1 0
0	0 0 0 0	0 0 0 0	0 0 0 0	0 0 0 0	1 1 0 0 0
1	0 0 0 1	0 0 0 1	0 0 0 1	0 0 0 1	0 0 0 1 1
2	0 0 1 0	0 0 1 0	0 0 1 0	0 0 1 1	0 0 1 0 1
3	0 0 1 1	0 0 1 1	0 0 1 1	0 0 1 0	0 0 1 1 0
4	0 1 0 0	0 1 0 0	0 1 1 0	0 1 1 0	0 1 0 0 1
5	0 1 0 1	1 0 1 1	0 1 1 1	0 1 1 1	0 1 0 1 0
6	0 1 1 0	1 1 0 0	1 0 1 0	0 1 0 1	0 1 1 0 0
7	0 1 1 1	1 1 0 1	1 0 1 1	0 1 0 0	1 0 0 0 1
8	1 0 0 0	1 1 1 0	1 1 1 0	1 1 0 0	1 0 0 1 0
9	1 0 0 1	1 1 1 1	1 1 1 1	1 0 0 0	1 0 1 0 0
Dargestellte Dezimalzahl	4-stellige BCD-Codes				5-stelliger BCD-Code

Tafel 7.4 Zusammenstellung des vollständigen ASCII-Codes

									b7 → 0	0	0	0	0	0	0	0
									b6 → 0	0	0	0	1	1	1	1
									b5 → 0	0	1	1	0	0	1	1
									b4 → 0	1	0	1	0	1	0	1
b7	b6	b5	b4	b3 ↓	b2 ↓	b1 ↓	b0 ↓	Hex. → ↓	0	1	2	3	4	5	6	7
				0	0	0	0	0	NUL	DLE	SP	0	@	P	`	p
				0	0	0	1	1	SOH	DC1	!	1	A	Q	a	q
				0	0	1	0	2	STX	DC2	"	2	B	R	b	r
				0	0	1	1	3	ETX	DC3	#	3	C	S	c	s
				0	1	0	0	4	EOT	DC4	$	4	D	T	d	t
				0	1	0	1	5	ENQ	NAK	%	5	E	U	e	u
				0	1	1	0	6	ACK	SYN	&	6	F	V	f	v
				0	1	1	1	7	BEL	ETB	'	7	G	W	g	w
				1	0	0	0	8	BS	CAN	(	8	H	X	h	x
				1	0	0	1	9	HT	EM	)	9	I	Y	i	y
				1	0	1	0	A	LF	SUB	*	:	J	Z	j	z
				1	0	1	1	B	VT	ESC	+	;	K	[	k	{
				1	1	0	0	C	FF	FS	,	<	L	\	l	|
				1	1	0	1	D	CR	GS	−	=	M	]	m	}
				1	1	1	0	E	SO	RS	.	>	N	^	n	~
				1	1	1	1	F	SI	US	/	?	O	←	o	DEL RUB

Wichtige Steuerzeichen:

SP	Space (Zwischenraum)	ESC	Escape
CR	Carriage Return (Wagenrücklauf)	BEL	Klingel
LF	Line Feed (Zeilenvorschub)	EOT	End of Tape (Beendigungszeichen)
DEL	Delete/Rubout (Löschen)		

7.6 ASCII-Code

Der ASCII-Code (ASCII ist die Abkürzung von American Standard Code of Information Interchange = Amerikanischer Normcode für Nachrichtenaustausch) ist ein alphanumerischer Code, mit dem Ziffern Buchstaben und Sonderzeichen codiert werden können. Sollen Ziffern, Klein- und Großbuchstaben sowie eine angemessene Zahl von Sonderzeichen codiert werden, so sind hierfür 7 Bit erforderlich, mit denen dann $2^7 = 128_{10}$ verschiedene Zeichen codierbar sind. Werden nur die Großbuchstaben codiert, so sind bereits 6 Bit ausreichend. Die meisten ASCII-Eingabetastaturen besitzen nur die Großbuchstaben. Zeichengeneratoren von Bildschirmausgabegeräten können dagegen meist auch die kleinen Buchstaben darstellen.

Der vollständige ASCII-Code codiert Klein- und Großbuchstaben, Ziffern und Sonderzeichen.

Der unvollständige ASCII-Code codiert nur Großbuchstaben, Ziffern und Sonderzeichen.

Bei der Eingabe in Mikroprozessor-Systeme wird jedem ASCII-Zeichen ein Byte zugeordnet, d. h., bei der Eingabe von z. B. 100 ASCII-Zeichen werden im Speicher 100 Zellen belegt. In Tafel 7.4 ist der vollständige ASCII-Code zusammengestellt. Das Bitmuster, das einem Zeichen in der Zeichenmatrix zugeordnet ist, findet man, indem man links der Zeile die 4 niederwertigeren Bits $b3\ b2\ b1\ b0$ (oder die niederwertigere Hexaziffer) und darüber der Spalte die 4 höherwertigeren Bits $b7\ b6\ b5\ b4$ (oder die höherwertigere Hexaziffer) entnimmt. Bit $b7$ ist stets 0. So sind also z. B. der Buchstabe G durch 0100 0111 = \$47 oder das Steuerzeichen LF (Line Feed = Zeilenvorschub) durch 0000 1010 = \$0A codiert. Die ersten beiden Spalten enthalten Steuerungszeichen, deren wichtigste in der Legende zu Tafel 7.4 erklärt sind. Viele der Steuerungszeichen können mit einem ASCII-Tastenfeld durch gleichzeitiges Drücken der Control- und einer Buchstabentaste erzeugt werden, z. B. das Zeichen EOT $\triangleq$ \$04 durch Drücken von CTRL D.

7.7 Literaturverzeichnis

[1] Motorola: M6800 Microprocessor Applications Manual, 1975
[2] Motorola: M6800 Mikroprozessor Programmierhandbuch
[3] Motorola: M6800 Microprocessor Programming Manual, 1975
[4] Motorola: microprocessor course, 1979
[5] Motorola: microcomputer components (Datenbuch), 1979
[6] Motorola: memory products (Datenbuch), 1979
[7] Motorola: M6800 Microcomputer System Design Data, 1976
[8] Motorola: Vom Computer zum Mikroprozessor, 1975
[9] Leventhal, L. A.: 6800 Programmieren in Assembler. München 1978
[10] Osborne, A.: Einführung in die Mikrocomputertechnik. München 1977
[11] Schmidt, V.: Digitalschaltungen mit Mikroprozessoren. Stuttgart 1978
[12] Schaller, G.; Nüchel, W.: Entwurf von Schaltwerken mit Mikroprozessoren. Stuttgart 1979

[13] M a r t i n, W.: Mikrocomputer in der Prozeßdatenverarbeitung. München–Wien 1977
[14] L e s e a, A.; Z a k s, R.: Microprocessor Interface Techniques. Berkeley–Paris 1977
[15] Z a k s, R.: Microprocessors. Berkeley–Paris 1977
[16] Motorola: Mikroprozessoren, Aufbau und Arbeitsweise
[17] Motorola: Programmable Timer Fundamentals and Application Manual

Sachverzeichnis

Moeller, Leitfaden der Elektrotechnik

Herausgegeben von Prof. Dr.-Ing. **H. Fricke**, Braunschweig, Prof. Dr.-Ing. **H. Frohne**, Hannover, und Prof. Dr.-Ing. **P. Vaske**, Hamburg

Band I

Grundlagen der Elektrotechnik

Teil 1: Elektrische Netzwerke

Von Prof. Dr.-Ing. **H. Fricke**, Braunschweig, und Prof. Dr.-Ing. **P. Vaske**, Hamburg

17., neubearbeitete und erweiterte Auflage. XVIII, 733 Seiten mit 567 teils mehrfarbigen Bildern, 34 Tafeln und 553 Beispielen. Geb. DM 59,–   ISBN 3-519-06403-0

Band II

Elektrische Maschinen und Umformer

Teil 1: Aufbau, Wirkungsweise und Betriebsverhalten
Von Prof. Dr.-Ing. **P. Vaske**, Hamburg

12., neubearbeitete und erweiterte Auflage. XII, 289 Seiten mit 248 teils zweifarbigen Bildern, 12 Tafeln und 61 Beispielen. Kart. DM 38,–   ISBN 3-519-16401-9

Teil 2: Berechnung elektrischer Maschinen
Von Prof. Dr.-Ing. **P. Vaske**, Hamburg, und Dipl.-Ing. **J. H. Riggert** †, Köln

8., überarbeitete Auflage. X, 178 Seiten mit 108 Bildern und 17 Beispielen. Kart. DM 34,–
ISBN 3-519-16402-7

Band III

Bauelemente der Halbleiterelektronik

Von Prof. Dr. rer. nat. **H. Tholl**, Hamburg

Teil 1: Grundlagen, Dioden und Transistoren
XII, 236 Seiten mit 203 Bildern, 18 Tafeln und 60 Beispielen. Kart. DM 38,–   ISBN 3-519-06418-9

Teil 2: Feldeffekt-Transistoren, Thyristoren und Optoelektronik
XII, 323 Seiten mit 309 Bildern, 32 Tafeln und 77 Beispielen. Kart. DM 42,–   ISBN 3-519-06419-7

Band IV

Grundlagen der elektrischen Meßtechnik

Von Prof. Dr.-Ing. **H. Frohne**, Hannover, und Prof. Dr.-Ing. **E. Ueckert**, Hannover
In Vorbereitung   ISBN 3-519-06406-5

Band V

Grundlagen der Regelungstechnik

Von Prof. Dr.-Ing. **F. Dörrscheidt**, Paderborn, und Prof. Dr.-Ing. **W. Latzel**, Paderborn
In Vorbereitung   ISBN 3-519-06421-9

Fortsetzung nächste Seite

B. G. Teubner Stuttgart

Moeller, Leitfaden der Elektrotechnik (Fortsetzung)

Band VI

Hochspannungstechnik

Von Prof. Dr.-Ing. **G. Hilgarth**, Braunschweig/Wolfenbüttel
X, 162 Seiten mit 138 Bildern, 13 Tafeln und 35 Beispielen. Kart. DM 34,–   ISBN 3-519-06422-7

Band VII

Programmierbare Taschenrechner in der Elektrotechnik
Anwendung der TI 58 und TI 59

Von Prof. Dr.-Ing. **P. Vaske**, Hamburg, Prof. Dr.-Ing. **F. Dörrscheidt**, Paderborn, und Prof. Dr.-Ing.
D. Selle, Braunschweig/Wolfenbüttel
unter Mitwirkung von Prof. Dipl.-Ing. **R. Flosdorff**, Aachen, und Prof. Dr.-Ing. **G. Hilgarth**, Braun-
schweig/Wolfenbüttel
XII, 425 Seiten mit 143 Bildern, 32 Tafeln, 129 Beispielen und 40 Programmen. Kart. DM 42,–
ISBN 3-519-06420-0

Band IX

Elektrische Energieverteilung

Von Prof. Dipl.-Ing. **R. Flosdorff**, Aachen, und Prof. Dr.-Ing. **G. Hilgarth**, Braunschweig/Wolfenbüttel
4., neubearbeitete und erweiterte Auflage. XIV, 350 Seiten mit 274 Bildern, 46 Tafeln und 72 Beispielen. Kart. DM 42,–   ISBN 3-519-36411-5

Band X

Grundlagen der Digitaltechnik

Von Prof. Dipl.-Ing. **L. Borucki**, Krefeld
XII, 238 Seiten mit 262 Bildern, 74 Tafeln und 51 Beispielen. Kart. DM 38,–   ISBN 3-519-06415-4

Band XI

Grundlagen der elektrischen Nachrichtenübertragung

Von Prof. Dr.-Ing. **H. Fricke**, Braunschweig, Prof. Dr.-Ing. habil. **K. Lamberts**, Clausthal, und Prof.
Dipl.-Ing. **E. Patzelt**, Braunschweig/Wolfenbüttel
XV, 375 Seiten mit 302 Bildern, 15 Tafeln und 39 Beispielen. Geb. DM 48,–   ISBN 3-519-06416-2

Band XII

Grundlagen der Verstärker

Von Prof. Dr.-Ing. **H. Gad**, Lemgo, und Prof. Dr.-Ing. **H. Fricke**, Braunschweig
ca. 280 Seiten. Kart. ca. DM 42,–   ISBN 3-519-06417-0

Preisänderungen vorbehalten

B. G. Teubner Stuttgart